高等学校“十三五”规划教材

无机及分析化学实验

第二版

黄少云 主编

游 丹 李伟伟 程清蓉 副主编

化学工业出版社

·北京·

《无机及分析化学实验》共9章，第1章绪论，介绍无机及分析化学实验目的、方法、成绩评定等；第2章实验室基本知识，介绍实验室规则、废物的处理等；第3章实验室常用仪器及使用；第4章基本测量仪器的使用；第5章常用试剂和试纸，第6章实验室基本操作；第7章实验数据表达与处理；第8章基础实验；第9章设计与综合实验。全书共49个实验，每个实验包括实验目的、实验原理、实验用品、实验步骤、思考题等内容。

《无机及分析化学实验》可作为化学化工及相关专业本科生的教材，也可供相关人员参考使用。

图书在版编目（CIP）数据

无机及分析化学实验/黄少云主编．—2版．—北京：化学工业出版社，2017.6（2024.8重印）
高等学校“十三五”规划教材
ISBN 978-7-122-29536-1

Ⅰ.①无…　Ⅱ.①黄…　Ⅲ.①无机化学-化学实验-高等学校-教材②分析化学-化学实验-高等学校-教材　Ⅳ.①O61-33②O65-33

中国版本图书馆CIP数据核字（2017）第086913号

责任编辑：宋林青　　文字编辑：刘志茹
责任校对：吴　静　　装帧设计：关　飞

出版发行：化学工业出版社（北京市东城区青年湖南街13号　邮政编码100011）
印　　装：大厂聚鑫印刷有限责任公司
787mm×1092mm　1/16　印张13　字数316千字　　2024年8月北京第2版第7次印刷

购书咨询：010-64518888　　售后服务：010-64518899
网　　址：http://www.cip.com.cn
凡购买本书，如有缺损质量问题，本社销售中心负责调换。

定　　价：25.00元

前言

本书第一版自2008年出版以来已经多次重印，根据我校多年使用经验，结合当前工科基础化学实验的教学需要，在初版的基础上进行适当修订。本次修订后全书内容由六章改为九章，第1章绪论，介绍无机及分析化学实验的目的、方法、成绩评定等；第2章实验室基本知识，介绍实验室规则、废物的处理等；第3章实验室常用仪器及使用；第4章基本测量仪器的使用；第5章常用试剂和试纸；第6章实验室基本操作；第7章实验数据表达与处理；第8章基础实验；第9章设计与综合实验。全书共49个实验。

与第一版相比，为了便于学生更好地掌握化学实验室的常用仪器及其使用方法，将原第3章、第5章进行重新组织，对这一部分的实验教学内容进行了细分并强化；在基础实验中根据我们的教学心得也对部分实验内容进行了优化，并加强了在实际工作中分析方面的实验教学内容，从而让学生了解实际的实验操作技能；为适应环境、制药和药剂以及生物工程等专业学生的训练需要，本次修订新增相关专业的实验内容。

本书由黄少云任主编，游丹、李伟伟和程清蓉任副主编，参加编写的有黄少云、游丹、李伟伟、程清蓉、周红、齐小玲、张汉平、李庆祥、胡锦东、杨小红等。书中所有的插图由刘新洋、熊昶绘制。全书由游丹收集整理和修改，黄少云审阅。

本书再版过程中化学工业出版社给予了大力支持，在此表示衷心的感谢。

限于编者水平，书中难免有疏漏和不妥之处，敬请读者批评指正。

编者

2017年5月

第一版前言

本书是按照“湖北省化学基础课实验教学示范中心”的建设要求，结合工科基础化学实验教学现状，在武汉工程大学编写的《无机化学实验讲义》和《大学基础化学实验》的基础上，并结合基础化学课程组部分教师的科学研究成果编写而成的。

为加强对学生宽口径的培养，提高学生的综合素质，全面掌握化学基本知识和实验基本技能，本书在编写上进行了改革尝试。全书分为6章，绪论包括无机及分析化学实验的目的、方法、成绩评定等；实验室的基本知识包括实验室规则、安全守则、事故的处理、废物的处理；实验室常用仪器及基本操作，包括玻璃仪器及其洗涤、干燥与存放，滴定分析主要仪器的使用与滴定操作等；实验数据的表达与处理，介绍测量误差、有效数字及运算规则等；基础实验共31个，包括基本操作实验、化学常数测定和化学基本原理实验、元素化学实验、滴定分析实验；设计与综合实验包括设计性实验、综合实验和文献实验。

本教材有三个特点：①内容丰富，涉及面广，能满足工科化学类专业的需求；②将本课程组科研成果转化为综合研究性实验，为培养创新思维打基础；③实验编排上按基础、综合、研究顺序，循序渐进，强调实验基本操作和基本技能的锻炼、科研素质的形成和创新能力的培养，同时也兼顾理论知识的巩固和提高。

参加本书编写的有：潘志权、黄少云、艾军、周红、游文章、杨小红、齐小玲、张汉平、李伟伟、李庆祥、程清蓉、胡锦东、冉国芳等。全书由潘志权、黄少云修改和审阅。

限于编者的水平，书中难免有疏漏和不妥之处，敬请读者批评指正。

编者

2008年3月

目录

第1章 绪论

1.1 无机及分析化学实验目的

无机与分析化学都是实践性很强的学科。化学离不开实验，化学实验是化学理论产生的基础，可以说没有化学实验就没有化学的规律和成果。化学实验是检验化学理论正确的唯一标准，因此无机及分析化学实验是大学化工类专业必修的基础化学课程，化学实验教学在化学教学中起到课堂教学不能替代的特殊作用。通过对无机及分析化学实验课的教学，使学生加深对无机和分析化学基本理论的理解，熟练掌握无机和分析化学实验的基本操作技能；使学生在熟悉元素及化合物的重要性质和反应的基础上，掌握无机物的制备、分离、提纯以及定量测定的基本操作技能；通过对学生细致的观察和记录现象，归纳综合、正确地处理数据和分析实验结果的能力的培养，使学生养成严格、认真和实事求是的科学态度和独立思考的习惯，提高观察、分析和解决问题的能力。

1.2 无机及分析化学实验方法

1.2.1 预习

预习是做好实验，达到实验预期效果所必需的。学生在实验之前，一定要在熟悉实验基本原理和基础知识的基础上，认真阅读有关实验教材，明确本实验的目的和任务、有关的原理、操作的主要步骤及注意事项，做到心中有数，打有准备之仗并写好预习报告。预习报告中的有关内容部分要留有足够空位，以便实验时及时、准确地进行记录。

1.2.2 实验

① 每人都必须备有实验记录本和报告本，随时把必要的数据和现象清楚地记录下来(详见7.3节)。

② 在进行每一步操作时，都要思考这一步操作的目的和作用，应得到什么现象等，并认真操作，细心观察，理论联系实际，不能只是“照方配药”。

③ 实验过程中要勤于思考，仔细分析，如发现实验现象与理论不相符，不能随意否定，应认真分析和查找原因。

a. 检查操作步骤，是否与实验教材不一样或自行设计的实验步骤不合理。

b. 做对照实验或空白实验，检查试剂是否不纯或方法是否不对。

c. 自行检查没发现问题应请教其他同学或老师，总之要尊重实验事实，不要轻易说“我错了”。

④ 严格遵守操作程序，并要熟悉实验所涉及的仪器、药品和试剂的性能、性质和特点，因此，实验前对不熟悉的仪器、药品和试剂，应查阅有关书籍（或讲义）或请教指导教师和他人。在确定已完全熟悉仪器、药品和试剂后再进行实验，以免造成实验失败，甚至损坏仪器，更重要的是预防发生意外事故。

⑤ 自觉遵守实验室规则，保持实验室整洁、安静，使实验台整洁、仪器安置有序，注意节约和安全。

⑥ 遇到不安全事故发生，应沉着冷静，妥善处理，并及时报告指导教师。

1.2.3 实验结束

实验结束后应立即清理仪器，洗涤器皿，并按要求妥善放置。切断（或关闭）电源、水阀和气路，做好实验台和实验室清洁。

对实验所得结果和数据，按实际情况及时进行整理、计算和分析。总结实验中的经验教训，认真写好实验报告（详见 7.3 节），按时交给指导教师。

整个实验过程中，要求学生养成严格、认真、实事求是的科学态度和独立工作能力。

1.3 无机及分析化学实验成绩的评定

实验教学考核的内容包括：预习、实验操作、实验记录、实验态度、安全卫生和实验报告，据此进行综合评定。

每课前需上实验计算机考核系统完成预习，由计算机评分，占总成绩的 20%；实验结果输入实验计算机考核系统，计算机评分，占总成绩的 20%；实验态度、安全卫生和实验报告由任课老师根据学生的实验情况给分，占总成绩的 60%，并由任课老师输入实验计算机考核系统，由计算机给出学生的实验考核成绩。

每次实验成绩不及格者，必须补做，成绩及格后才能参加课程考核。

第2章 实验室基本知识

2.1 实验室规则

① 实验前必须认真预习实验教材，明确实验的目的、内容和要求，熟悉实验步骤和原理。

② 实验过程中必须严格遵守实验室的规章制度和仪器设备的操作规程，服从教师和实验技术人员的指导。

③ 爱护仪器设备，节省能源和原材料、药品、试剂等；实验前要认真检查，实验结束要清扫现场，仪器设备、工具、量具等要归还原处，发现丢失或损坏要立即报告。

④ 与本实验无关的仪器设备及其他物品，未经允许不得动用；不准将任何物品带出实验室。

⑤ 进入实验室后要保持室内安静，不得高声喧哗和打闹，不准抽烟和吃食物，不准随地吐痰，乱抛纸屑、杂物，要保持实验室和仪器设备的整齐清洁。

⑥ 实验时必须注意安全，防止人身伤害和设备事故。仪器设备发生故障或事故时，应立即切断电源，并及时向指导老师报告，待指导老师查明原因并排除故障后方可继续实验。

⑦ 实验结束，实验记录经指导老师检查并认可后方可离开实验室。

⑧ 对违反实验室规章制度和操作规程，擅自动用与本实验无关的仪器设备或私自拆卸仪器设备而造成损失和事故的，责任人必须写出书面检查，并视情节轻重和认错态度及损失、事故的大小，按有关章程予以处理。

⑨ 进入配置计算机、精密仪器等的实验室前，务必搞好个人卫生，不得将脏物带入室内。进入时必须换拖鞋，实验结束打扫卫生后方可离开。

2.2 实验室安全守则

化学实验中使用的水、电、气和易燃易爆及有毒或腐蚀性的药品，均存在着不安全因素，使用不当会给国家财产和个人造成危害。凡在实验室操作的人员必须重视安全问题，遵守操作规程，严格遵守实验室安全守则，以避免事故的发生。

① 遵守实验室各项制度，尊重教师的指导及实验室工作人员的职权和劳动。

② 保持实验室的整洁和安静，注意桌面和仪器的整洁，爱护仪器，节约试剂、水和电等。

③ 保持水槽干净，切勿把固体物品投入水槽中。废纸和废屑应投入废纸箱内，废酸和废碱小心倒入废液缸内，切勿倒入水槽，以免腐蚀下水管。

④ 酒精灯要用火柴点燃，添加酒精时要先熄灭火焰，待稍冷后再加，熄灭酒精灯应用灯帽罩住。试管加热液体时，管口要朝向无人处，以防液体冲出容器对人造成伤害。

⑤ 产生有刺激性气味和有毒气体的实验要在通风橱中进行，气体的检查只能用相应的方法，如试纸或试剂，除必须进行的气体气味检验外，不得嗅气体。若必须进行气体的气味检验时，只能用手轻轻地扇动空气，使少量气体进入鼻孔。

⑥ 避免浓酸、浓碱等腐蚀性试剂溅在皮肤、衣服或鞋袜上。用 HNO_3、HCl、$HClO_4$、H_2SO_4等试剂时，操作应在通风橱中进行。通常应把浓酸加入水中，而不要把水加入浓酸中。

⑦ 汞盐、氰化物、As_2O_3、钡盐、重铬酸盐等试剂有毒，使用时要特别小心。氰化物与酸作用放出剧毒的 HCN！严禁在酸性介质中加入氰化物。

⑧ 使用 CCl_4、乙醚、苯、丙酮、三氯甲烷等有毒或易燃的有机溶剂时要远离火源和热源，用过的试剂倒入回收瓶中，不要倒入水槽中。

⑨ 试剂切勿入口。实验器皿切勿用作食具。不得在实验室内吃食物和饮水。离开实验室时要仔细洗手，如曾使用过毒物，还应漱口。

⑩ 每个实验人员都必须知道实验室内电闸、水阀和煤气阀的位置，实验完毕离开实验室时，应把这些阀、闸关闭。

2.3 实验室事故处理

化学实验除树立安全第一的观念，按操作规程进行安全操作外，还应以预防为主，以免在事故发生后束手无策。因此实验室应配备必要的医药箱，以便在实验中发生意外事故时供实验室急救用，平时不许随便挪动或借用。医药箱应配备的主要药品与工具如下。

(1) 药品 碘酒或红汞、甲紫、云南白药、消炎粉、烫伤油膏、甘油、无水乙醇、硼酸溶液（1%～3%，饱和）、2%醋酸溶液、碳酸氢铵溶液（1%～5%）、20%硫代硫酸钠溶液、高锰酸钾溶液（3%～5%）、5%硫酸铜溶液，生理盐水、可的松软膏、蓖麻油等。

(2) 医用材料 纱布、药棉、棉签、绷带、医用胶布、创可贴等。

(3) 工具 医用镊子、剪刀。

下面是一些实验室常见事故的处理。

2.3.1 创伤

化学实验中常用到各种玻璃仪器，一不小心容易被碎玻璃划伤或刺伤。发生创伤事故时，先用药棉揩净伤口，若伤口内有碎玻璃或其他异物，应先取出。轻伤可用生理盐水或硼酸溶液擦洗伤处，并用 3%的 H_2O_2溶液消毒，然后涂上红汞，撒上消炎粉，并用纱布包扎或贴上创可贴。伤口较深，出血过多时，可用云南白药止血，并立即送医院救治。玻璃溅进眼里，千万不要揉擦，不转眼球，任其流泪，速送医院处理。

2.3.2 灼伤

(1) 烫伤 一旦被蒸气、红热玻璃、陶器等烫伤，切勿用水冲洗，轻者应在伤处涂烫伤药膏，如獾油，还可用3%～5%高锰酸钾溶液擦洗伤处，撒上消炎粉；重者需送医院救治。

(2) 酸灼

① 先用大量水冲洗，然后用饱和碳酸氢钠溶液或稀氨水冲洗，最后用水冲洗，随即送医院急救。

② 酸溅入眼睛时，先用大量水冲洗，再用1%碳酸氢钠溶液洗，最后用蒸馏水或去离子水洗。

③ 氢氟酸烧伤。应用大量水冲洗后，再用肥皂水或2%～5%碳酸氢钠溶液冲洗，或5%碳酸氢钠溶液湿敷局部，再用可的松软膏或紫草油软膏及硫酸镁糊剂。

(3) 碱灼 先用大量水冲洗，再用2%硼酸或2%醋酸溶液浸洗，最后用水洗，再用饱和硼酸溶液洗，最后滴入蓖麻油。

(4) 其他灼伤

① 溴灼伤一般不易愈合，一旦被溴灼伤，应立即用乙醇或硫代硫酸钠溶液冲洗伤口，再用水冲洗干净，并敷以甘油。若起泡，则不宜把水泡挑破。

② 磷灼伤用5%硫酸铜溶液、1%硝酸银溶液冲洗伤口，并用浸过硫酸铜溶液的绷带包扎，或送医院治疗。

③ 苯酚灼伤皮肤，先用大量水冲洗，然后用4∶1的乙醇（70%）与氯化铁（$1mol \cdot L^{-1}$）的混合溶液洗涤。

2.3.3 中毒

(1) 刺激性、有毒气体吸入 误吸入有毒气体（如煤气、硫化氢等）而感到不舒服时，应及时到窗口或室外呼吸新鲜空气；误吸入溴蒸气、氯气等有毒气体时，立即吸入少量酒精和乙醚的混合蒸气，以便解毒。必要时作人工呼吸或送医院治疗。

(2) 毒物误入口 立即内服5～10mL稀$CuSO_4$温水溶液，再用手指伸入喉咙，促使呕吐毒物并立即就医。

2.3.4 起火

小火用湿布、石棉布或砂子覆盖燃物；大火应使用灭火器，而且需根据不同的着火情况选用不同的灭火器，必要时应报火警（119）。

(1) 油类、有机溶剂（如酒精、苯或醚等）**着火时** 应立即用湿布、石棉或沙子覆盖燃物；如火势较大，可使用CO_2泡沫灭火器或干粉灭火器、1211灭火器灭火。但不可用水扑救。活泼金属着火，可用干燥的细沙覆盖灭火。

(2) 精密仪器、电气设备着火时 应立即切断电源，小火可用石棉布或湿布覆盖灭火，大火用四氯化碳灭火器灭火，亦可用干粉灭火器或1211灭火器灭火。绝对不可用水或CO_2泡沫灭火器。

(3) 衣服着火 应迅速脱下衣服，或用石棉布覆盖着火处，或卧地打滚。

2.4 实验室废料处理

在化学实验室中废弃物的种类繁多，会遇到各种有毒的废渣、废液和废气，如不加处理而随意排放，就会对周围的环境、水源和空气造成污染，形成公害。对“三废”中的有用成分，也应加以回收，变废为宝，综合利用。

2.4.1 废渣处理

废渣主要采用掩埋法处理；对于有回收价值的废渣应收集起来统一处理，回收利用；无回收价值的无毒废渣可直接掩埋，无回收价值的有毒废渣应集中起来先进行化学处理，然后深埋于远离水源的指定地点，由专人记载。

2.4.2 废液处理

常采用中和法、萃取法、化学沉淀法和氧化还原法等处理。

(1) 中和法 废酸、废碱液可采用中和法处理，将废酸（碱）液与废碱（酸）液中和至近中性（如有沉淀过滤）后排放。

(2) 萃取法 主要适用于一些含有机物质的废液的处理。利用与水不混溶但对污染物有良好的溶解性的溶剂（萃取剂），将污染物完全或部分分离出来，从而达到净化废水的目的。

(3) 化学沉淀法 废液中含有重金属离子如汞、铅、铬、铜等离子时，碱土金属离子钙、镁离子，以及一些含砷、硫等非金属离子时，可用此法处理。主要方法如下。

① 氢氧化物沉淀 如用氢氧化钠沉淀剂处理重金属废水。

② 硫化物沉淀 用 H_2S 或 Na_2S 作硫化剂，使之生成难溶硫化物沉淀，沉降分离后，调溶液至近中性后排放。如在含 Hg^{2+} 的废液中通入 H_2S 或加入 Na_2S，使 Hg^{2+} 形成 HgS 沉淀，过滤后残渣可回收或深埋，溶液调至近中性后排放。

③ 其他类型沉淀 如将石灰投入含砷废水中，使生成难溶的砷酸盐和亚砷酸盐；还有 $BaCO_3$ 或 $BaCl_2$ 作为沉淀剂除 CrO_4^{2-} 等。

(4) 氧化还原法 废水中的有机物或各种具有氧化性、还原性的物质可以通过加入合适的氧化或还原剂使其转化为无害物质而除去，如少量含氰废液可用适量高锰酸钾将 CN^- 氧化；大量含氰废液则需将废液用碱调至 pH>10 后，加入足量的次氯酸盐，充分搅拌，放置过夜，使 CN^- 分解为 CO_3^{2-} 和 $N_2(g)$ 后，再将溶液 pH 值调到至近中性后排放。

第3章 实验室常用仪器及使用

3.1 实验室常用仪器介绍

实验室常用仪器有普通玻璃仪器、石英玻璃仪器、瓷制器皿、金属器皿、塑料制品和其他用品。现就无机及分析化学实验室学生常用的仪器作简单介绍。

3.1.1 常用玻璃仪器和瓷制器皿

仪器及名称	规格和主要用途	注意事项
250 200 150 100 50 烧杯	烧杯容积(mL)为50、100、250、300、400、500、800、1000、2000等多种规格，是常温和加热条件下，简单化学反应最常用的反应容器。溶液配制最常用的容器	加热前应将外壁擦干。用火焰给烧杯加热时要垫上石棉网，以均匀供热。溶解或加热时，液体的量不得超过烧杯容积的2/3。用玻璃棒搅拌时，不要触及杯底或杯壁
滴瓶　细口瓶　广口瓶	广口瓶、细口瓶和滴瓶统称试剂瓶，有无色和棕色两种，棕色试剂瓶用于盛装需避光的试剂。广口瓶用于盛放固体试剂，细口瓶和滴瓶用于盛放液体试剂，滴瓶在需滴加溶液时使用。瓶口内部为磨砂设计，保持密封，防止试剂外漏 试剂瓶规格较多，常用的有：广口瓶和细口瓶（容积：mL），250、500、1000；滴瓶，60、100、200	1. 不能直接加热。 2. 瓶盖不能互换。 3. 盛放碱液要用橡皮塞。 4. 滴瓶不能长期盛放碱液。 5. 不用时应洗干净并在磨口处垫上纸条，以防止玻璃磨口黏结
200 150 100 50 0 20 50 75 250 200 150 100 锥形瓶　具塞锥形瓶　碘量瓶	锥形瓶、具塞锥形瓶、碘量瓶(碘瓶)有容积(mL)为50、100、150、250、500等规格。它们主要用于滴定实验中，盛装被滴定剂，其次是在普通实验中，制取气体或作为反应容器。具塞锥形瓶和碘量瓶防止液体挥发和固体升华	液体最好不超过其容积的1/2；加热时外部要擦干并使用石棉网(电炉加热除外)。具塞锥形瓶和碘量瓶不用时应洗干净，并在磨口处垫上纸条，以防止玻璃磨口黏结

续表

仪器及名称	规格和主要用途	注意事项
扁型 高型 称量瓶	分扁型(矮型)和高型两种。其规格按容积(mL)或以外径(mm)×高(mm)表示。如:10mL、20mL、30mL,或者25×40、50×30等。用于化学分析中准确称取一定量的固体药品	不能直接加热;称量瓶的盖子是磨口配套的,不得丢失、弄乱;称量瓶使用前应洗净烘干;不用时应洗净,在磨口处垫一小纸,以方便打开盖子;干燥药品时磨口塞不能盖紧,应留有缝隙
试管 离心试管 胶头滴管	1. 普通试管一般没有刻度;其规格按外径(mm)×管长(mm)分,有15×150、18×180、20×200,其用途为:①加热少量固体或液体;②制取少量气体反应器;③ 收集少量气体;④用作少量试剂的反应容器,在常温或加热时使用。 2. 离心试管分有刻度和无刻度两种。其容量(mL)有5、10、15、20等规格,可用于少量沉淀的离心分离。 3. 胶头滴管由拉制的玻璃管和橡皮乳头组成。其长度(mm)有90、100等规格。其用途:①用于吸取或滴加少量液体(一般不超过1mL);②吸取沉淀的上层清液,用于沉淀的分离	1. 反应液体不超过试管容积的二分之一; 2. 普通试管可以直接在酒精灯火焰上加热。加热时试管外必须擦干,并使用试管夹夹持; 3. 加热时试管口不要对着人; 4. 离心试管只能用水浴加热; 5. 胶头滴管不能倒置,也不能平放于桌面上。应插入干净的瓶中或试管内,往试管中滴加液体时,尖嘴不可接触试管壁
50 25 100 50 比色管	比色管外形与普通试管相似,但比试管多一条精确的刻度线并配有橡胶塞或玻璃塞,且管壁比普通试管薄,常见的有10mL、25mL、50mL三种容积的规格。用于目视比色分析	1. 不能加热,要轻拿轻放; 2. 同一比色实验中要使用同样规格的比色管; 3. 清洗比色管时不能用硬毛刷刷洗; 4. 比色时光照条件要相同
表面皿 玻璃蒸发皿 瓷蒸发皿	表面皿口径(mm)有35、60、75、90、100、120、150等规格,其用于构建气室,观察气体产生的反应现象;用于烧杯、蒸发皿、漏斗等仪器的盖子。代替天平的秤盘称量腐蚀性物质 蒸发皿一般为瓷质,也有玻璃、石英或金属等质地。其容积(mL)有75、100、200、400等规格。用于蒸发浓缩液体	表面皿不能用火直接加热,玻璃蒸发皿加热需放在石棉网上。瓷蒸发皿可直接用火加热,但不可骤冷
长颈漏斗 短颈漏斗 漏斗架	玻璃漏斗分为长颈漏斗和短颈漏斗两种,口径(mm)有30、60、75、90、120等几种规格。主要用途是过滤等,长颈漏斗特别适用定量分析中的过滤。过滤时用漏斗架支撑和固定,漏斗架一般为木质,也有铁质和有机玻璃的。铁架台和铁环固定也可替代漏斗架	玻璃漏斗不能直接加热

续表

仪器及名称	规格和主要用途	注意事项
坩埚式　漏斗式 砂芯漏斗	砂芯漏斗是耐酸玻璃过滤仪器，系采用优良硬质高硼玻璃组成，具有较高的理化性能。有40、60、75、100、130、500等几种容积（mL）。按其烧结的多孔滤板的孔径，一般分为6级（G_1～G_6），如G_1～G_4滤板代号、孔径（μm）：G_1，20～30；G_2，10～15；G_3，4.5～9；G_4，3～4 化学实验室砂芯漏斗与抽滤瓶配套减压过滤晶体或沉淀。G_1，滤除粗沉淀物及胶状沉淀物；G_2，滤除粗沉淀物及气体洗涤；G_3，滤除细沉淀物，过滤水银；G_4，滤除细沉淀或极细沉淀物	1. 不能用火直接加热 2. 砂芯漏斗新的用酸溶液进行抽滤，并用蒸馏水冲洗干净，烘干后使用，烘干温度以150℃为宜，最高不得超过500℃。在烘干过程中，切勿中途开烘箱，要待烘箱降至室温后再打开烘箱取出，以防炸裂 3. 使用后需进行洗涤处理，以免因沉淀物堵塞而影响过滤功效
抽滤瓶　布氏漏斗	布氏漏斗质地为瓷；抽滤瓶质地为玻璃，较厚，能承受一定的压力 布氏漏斗规格用直径（mm）表示有：40、60、80、100、120、150、200、250、300等 抽滤瓶规格用容积（mL）表示有：100、250、500、1000等 抽滤瓶与布氏漏斗配套减压过滤晶体或沉淀	1. 不能用火直接加热 2. 滤纸要略小于漏斗内径
玻璃研钵　瓷研钵	研钵是实验中研碎实验材料的容器，配有钵杵。常用的为瓷制品，也有由玻璃、铁、玛瑙、氧化铝材料制成的研钵。常用的有口径（mm）为60，90两种。主要用于研磨固体物质或进行粉末状固体的混合。按固体的性质和硬度选用不同质地的研钵，如瓷研钵	易爆物质只能轻轻压碎，不能研磨。研钵不能进行加热，尤其是玛瑙制品，切勿放入电烘箱中干燥。使用后及时清洗干净，晾干
干燥器　真空干燥器	干燥器有普通干燥器和真空干燥器，口径（mm）有100、150、180、210、240、250、300、400等规格。内放变色硅胶、氢氧化钠等干燥剂，用于冷却或存放样品时保持样品或产物的干燥	干燥剂不可放得太多；搬移干燥器时，要用双手拿着，用大拇指紧紧按住盖子；高温物体待稍冷后放入。真空干燥器取出样品时，先手动旋开阀门，释放真空方可取出样品
蒸馏水瓶或放水瓶	蒸馏水瓶用于盛放蒸馏水或溶液。其容积（mL）有2500、5000、10000、20000等规格	瓶塞和瓶颈孔使用时对准，不用时不能对准。经常检查放水口是否漏水

3.1.2 常用基本度量仪器

仪器及名称	规格和主要用途	注意事项
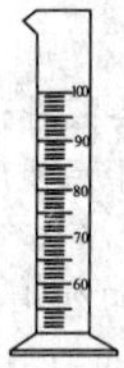 量筒  量杯	量筒和量杯主要用于量度液体体积，规格以所能量度的最大容量(mL)表示，常用的有10、25、50、100、250、500、1000等	1. 保证实验精确度的前提下选择合适的量筒； 2. 不可加热，不可量过热液体； 3. 不可用作反应容器
 刻度移液管  大肚移液管	大肚移液管和刻度移液管(吸量管)统称为移液管，用于准确移取一定体积的溶液，可准确到0.01mL。在滴定分析中准确移取溶液，一般使用移液管，反应需控制试液加入量时一般使用吸量管。常用的移液管有5mL、10mL、25mL和50mL等规格	洗净后不能用烘箱烘干，应按图放置 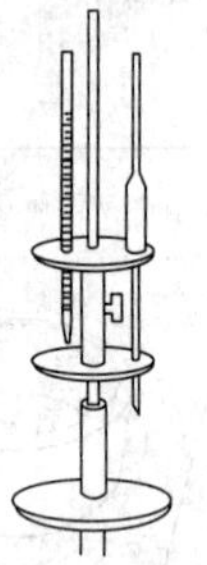
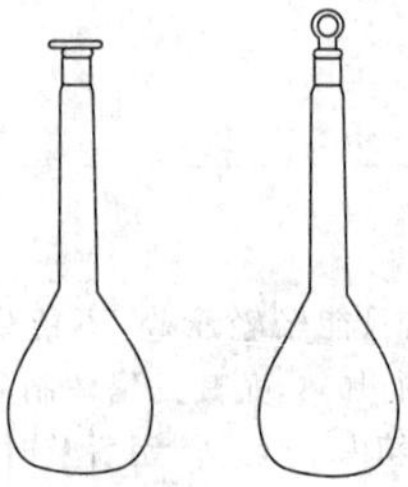 容量瓶	容量瓶是用于配制准确的一定浓度的溶液的精确仪器。有白色和棕色两种，常和移液管配合使用。通常(mL)有25、50、100、250、500、1000等规格，实验中常用的是100mL和250mL的容量瓶	瓶塞和瓶不能分离；使用前检查是否漏液；不能在容量瓶中溶解溶质，用后洗净，并在塞子与瓶口之间夹一条纸条，不得在烘箱中烘干
 酸式滴定管 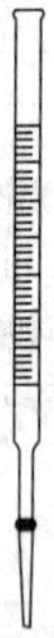 碱式滴定管	滴定管分为两等级，普通滴定管和微量滴定管；这里介绍实验室常用的普通滴定管。根据使用要求，普通滴定管又分为碱式和酸式两种。前者用于量取对玻璃管有侵蚀作用的液态试剂；后者用于量取对橡皮有侵蚀作用的液体。滴定管容积一般为25mL和50mL，可精确到0.01mL。滴定管在容量分析中准确读取滴定剂的体积。也可以量取准确体积的液体	洗净后不得在烘箱中烘干，按下图放置 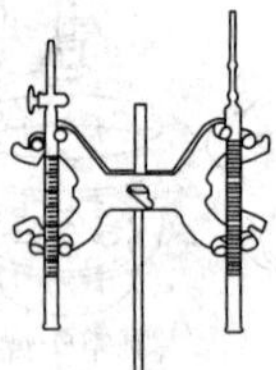
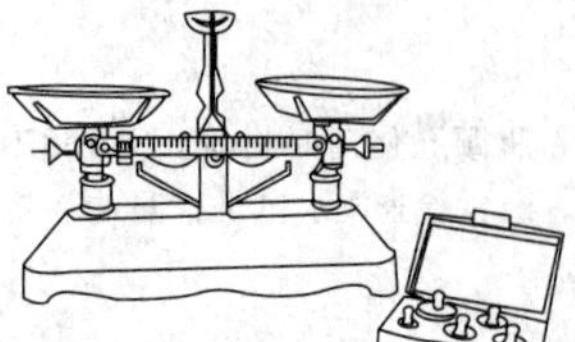 托盘天平	托盘天平也称架盘天平和普通药物天平，最大称量(g)为100、200、500、1000等几种。用于称量不要求很准确的样品或称量质量较大的原料和样品等。精确度一般为0.1g或0.2g	砝码要用镊子夹取，使用时要轻放轻拿；游码也不能用手移动；过冷过热的物体不可放在天平上称量

续表

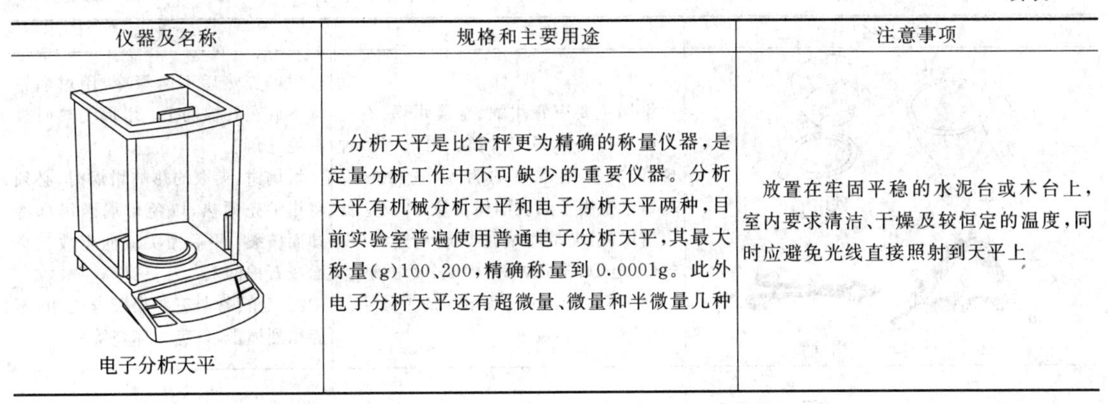

仪器及名称	规格和主要用途	注意事项
电子分析天平	分析天平是比台秤更为精确的称量仪器，是定量分析工作中不可缺少的重要仪器。分析天平有机械分析天平和电子分析天平两种，目前实验室普遍使用普通电子分析天平，其最大称量(g)100、200，精确称量到0.0001g。此外电子分析天平还有超微量、微量和半微量几种	放置在牢固平稳的水泥台或木台上，室内要求清洁、干燥及较恒定的温度，同时应避免光线直接照射到天平上

3.1.3 其他仪器

仪器及名称	规格和主要用途	注意事项
试管架 试管夹	试管架：放试管用 试管夹：加热试管时夹试管用	试管架：洗净的试管应倒插在木棍上 试管夹：防止烧损或锈蚀，使用时手握长柄，大拇指按在长柄上
毛刷 药勺 洗瓶	毛刷：洗刷玻璃仪器 药勺：取固体药品用 洗瓶：盛装蒸馏水，冲洗玻璃仪器内壁	毛刷：小心刷子顶端的铁丝撞破玻璃仪器 药勺：不能取灼热的药品 洗瓶：使用时瓶嘴不要碰冲洗的玻璃仪器内壁
点滴板 洗耳球	点滴板：多组分微量比较性检验的常用工具 洗耳球：用于移液管和吸量管定量抽取液体	点滴板：观察白色沉淀用黑色点滴板，观察有色沉淀用白色点滴板 洗耳球：使用时防止溶液吸入球体内
十字夹 铁环 铁架台 铁夹	铁架台、十字夹和铁环等用于固定或放置反应器；蝴蝶夹滴定时用于固定滴定管；铁环可以代替漏斗架使用	防止受潮锈蚀

续表

仪器及名称	规格和主要用途	注意事项
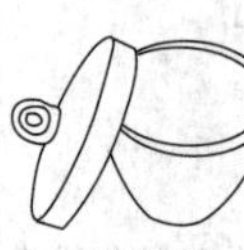 瓷坩埚 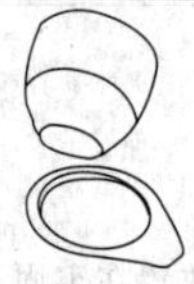　铁坩埚 泥三角 　坩埚钳	坩埚主要有瓷坩埚、金属坩埚、石英坩埚和石墨坩埚几大类。坩埚有多种规格，实验室常见的为 10～100mL。坩埚主要用于灼烧固体物质，作反应器 坩埚钳：夹持坩埚加热或从热源（煤气灯、电炉、马弗炉等）中取、放坩埚 泥三角：灼烧时放置坩埚的工具	坩埚加热后不能骤冷，用坩埚钳取下放在石棉网上；坩埚受热时放在泥三角上 坩埚钳：夹取灼热的坩埚时，必须将钳尖先预热，以免坩埚因局部冷却而破裂；用后钳尖应向上放在桌面或石棉网上 泥三角：常与三脚架配合使用；不能猛烈撞击，以免损坏瓷管
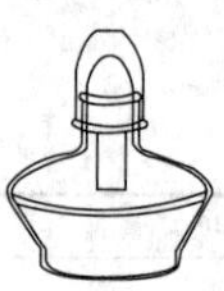 酒精灯 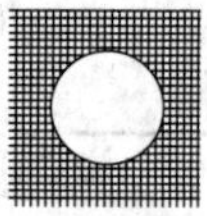　石棉网 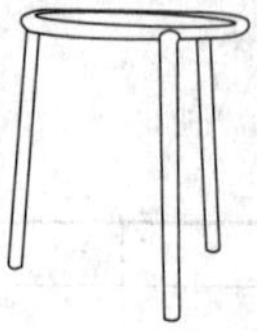　三脚架	酒精灯：以酒精为燃料的加热工具 石棉网：加热时垫上使加热物体受热均匀 三脚架：放置较大或较重的受热容器	酒精灯：注意酒精灯中酒精的量不可太多；一定要用火柴点燃酒精灯，不可用两个酒精灯对接借火；用完不可用嘴去吹，必须用灯帽盖灭 石棉网：不能与水接触 三脚架：防止受潮锈蚀
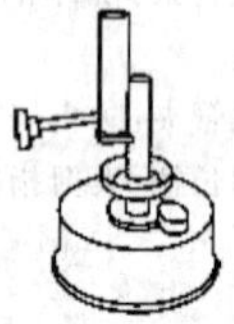 座式酒精喷灯 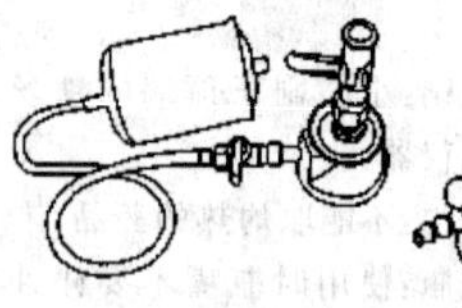挂式酒精喷灯 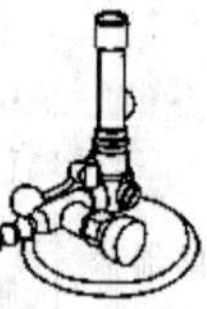　煤气灯	酒精喷灯：以酒精为燃料的实验中常用的热源。主要用于需加强热的实验、玻璃加工等 煤气灯：实验室中以煤气为燃料的加热工具	酒精喷灯：使用时，环境温度一般应在 35℃以下，周围不要有易燃物，灯管在工作时产生高温，防止烫伤 煤气灯：使用时注意调节空气和煤气（或天然气）的大小，以获得适当的火焰。注意煤气或天然气使用安全，用后应及时关闭煤气灯开关
 水浴锅	用于间接加热，可用于粗略的控温实验	用后擦干，防止锈蚀
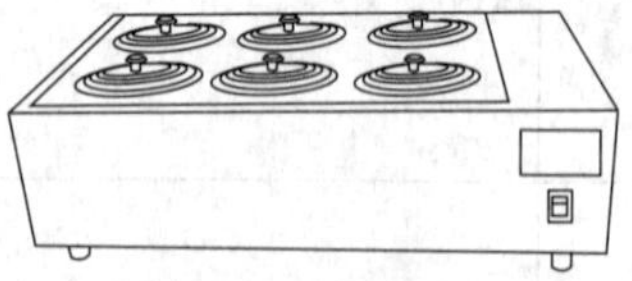 恒温水浴锅	用于蒸发、干燥、浓缩、恒温加热	箱外壳必须有效接地 在未加水之前，切勿打开电源，以防电热管的热丝烧毁
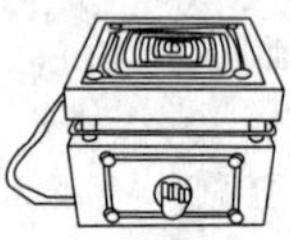 电炉 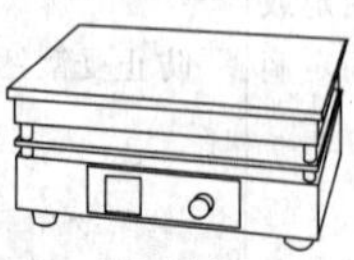　电加热板	溶液加热，电加热板可用于控温反应	防止烫伤！ 防止液体溅到电炉的电阻丝或电加热板面板上； 电炉加热不要放石棉网

续表

仪器及名称	规格和主要用途	注意事项
电热恒温干燥箱(烘箱)	干燥仪器、药品、实验样品	不宜干燥易燃挥发物品，以免发生爆炸
马弗炉	高温加热用	灼烧样品后，待温度降到200℃以下方可开门，待温度降到100℃左右，用专门的工具取出样品，防止烫伤 时时监控炉内温度，防止温度过高引起事故

3.2 实验室常用玻璃仪器的洗涤、干燥及简单加工

3.2.1 玻璃仪器的洗涤、干燥和存放

3.2.1.1 玻璃仪器的洗涤方法

进行实验前，所用的玻璃仪器都需要洗涤干净。根据不同的对象和不同的实验目的，仪器的洗涤方法有所不同。

(1) 一般玻璃仪器的洗涤 试管、烧杯、锥形瓶、试剂瓶、量筒、量杯等玻璃仪器容积精确度不高，故洗涤可能引起的容积变化可以忽略。这一类玻璃仪器如没有油污污染，通常用自来水反复冲洗几次就可将仪器洗涤干净。水洗若达不到目的，可用毛刷刷洗。

若这一类玻璃仪器有油污污染，一般先用自来水冲洗，然后用毛刷蘸去污粉、洗衣粉反复刷洗后，用自来水冲洗干净。

(2) 容积精确度高的玻璃仪器的洗涤 滴定管、移液管等玻璃仪器的容积精确度要求高，不允许洗涤过程中因划伤内壁等原因引起容积变化，因此洗涤时需用柔软的毛刷蘸洗洁精刷洗或洗涤液（洗液）浸泡后冲洗干净。

注意：用毛刷洗涤玻璃仪器时，要防止毛刷的铁丝损坏玻璃仪器。

(3) 特殊形状的玻璃仪器的洗涤 移液管、滴定管、容量瓶等特殊形状的玻璃仪器部分或全部部位不能用毛刷刷洗，需用洗液洗涤。一些长久不用的杯皿器具和刷子刷不掉的结垢，也需用洗液洗涤。

洗液洗涤仪器，是利用洗液本身与污物发生化学反应，将污物去掉。因此污物不同选用的洗液也不同。现介绍几种洗液。

① 强酸氧化剂洗液：用$K_2Cr_2O_7$和H_2SO_4配成。配制浓度各有不同，从5%～12%的各种浓度都有。配制方法大致相同：取一定量的$K_2Cr_2O_7$（工业品即可），先用1～2倍的

水加热溶解，稍冷后，将工业品浓 H_2SO_4 按所需体积徐徐加入 $K_2Cr_2O_7$ 水溶液中（千万不能将水或溶液加入 H_2SO_4 中），边倒边用玻璃棒搅拌，并注意不要溅出，混合均匀，冷却后，装入洗液瓶备用。新配制的洗液为红褐色，氧化能力很强。洗液用久后变为黑绿色，即说明洗液已无氧化洗涤能力。

例如，配制12％的洗液500mL。取60g工业品 $K_2Cr_2O_7$ 置于100mL水中（加水量不是固定不变的，以能溶解为度），加热溶解，冷却，徐徐加入浓硫酸340mL，边加边搅拌，冷后装瓶备用。

由于铬酸洗液对环境的污染，近来铬酸洗液在实验室中使用较少。凡是能够用其他洗涤剂进行清洗的仪器，一般都不需要使用铬酸洗液洗涤。对于一些形状复杂并且容量准确的仪器，不宜使用毛刷摩擦其内壁。此时，可选用液体洗涤剂清洗。用铬酸洗液清洗效果很好。

用铬酸洗液清洗仪器的方法是先用自来水冲洗（必要时配合洗耳球使用），然后倒入或吸取一定量的洗液，倾斜容器，来回转动，使容器内壁全部被洗液所润湿，片刻之后将洗液倒回原瓶，用自来水冲洗干净。用此方法一般可以将容器清洗干净。仪器污染比较严重，可以用洗液浸泡一段时间，或使用热的洗液清洗。

应注意：铬酸洗液腐蚀性很强，不可配合毛刷使用。用过的废液溶剂应回收。

② 碱性高锰酸钾洗液：用 $KMnO_4$ 和 NaOH 水溶液配成。用碱性高锰酸钾作洗液，作用缓慢，适合洗涤有油污的器皿。配法：取4g $KMnO_4$ 加少量水溶解后，再加入10％NaOH 100mL。浸泡后器壁上会析出一层二氧化锰，需用盐酸或盐酸加过氧化氢除去。

③ 纯酸纯碱洗液：根据器皿污垢的性质，直接用浓盐酸（HCl）或浓硫酸（H_2SO_4）、浓硝酸（HNO_3）浸泡或浸煮器皿（温度不宜太高，否则浓酸挥发对人有刺激性）。纯碱洗液多采用10％以上的烧碱（NaOH）、氢氧化钾（KOH）或碳酸钠（Na_2CO_3）液浸泡或浸煮器皿（可以煮沸）。

④ 特殊污染物洗液：如酸性硫酸亚铁洗液，清洗由于贮存高锰酸而残留在玻璃器皿上的棕色污斑，浸泡后洗刷即可。

3.2.1.2 玻璃仪器的洗涤标准和要求

洗净的玻璃仪器应为透明且不挂水珠，如图3.1所示。

(a) 洗净：水均匀分布(不挂水珠)　(b) 未洗净：器壁附着水珠(挂水珠)

图3.1 洗涤干净和未洗净的试管

通常情况下自来水洗净的玻璃仪器还留有一些金属离子，如 Ca^{2+}、Mg^{2+}、Cl^- 等，必要时应使用蒸馏水或去离子水冲洗2～3次。使用蒸馏水或去离子水冲洗的原则是“少量多次”，这样洗涤效果好，又不造成太大的浪费。

特别需要注意的是，洗净的玻璃仪器不可用抹布擦拭。若需要干燥，可按仪器干燥方法处理。

3.2.1.3 玻璃仪器的干燥

在某些情况下需要使用干燥的玻璃仪器进行实验，此时就需要对玻璃仪器进行干燥处理。干燥玻璃仪器的主要方法如下。

(1) 晾干 不急用的玻璃仪器可以放在仪器架上，让其自然干燥。度量玻璃仪器都采用晾干方式。见图 3.2。

(2) 烘干 洗净不挂水珠的玻璃仪器可以放在烘箱内烘干。烘箱温度控制在 105℃为宜。也可将需烘干器皿的水滴甩干，试管口朝下插入玻璃仪器气流烘干器支架上烘干（见图 3.3）。

(3) 烤干 在进行试管加热分解固体药品时，试管通常需要干燥。

临时干燥试管可使用酒精灯烤干。其他耐热仪器，如烧杯、蒸发皿等也可以使用酒精灯小心烤干。

烤干试管的方法是：选择一支洗净且不挂水珠的试管，用蒸馏水冲洗干净，试管夹夹住试管上部约 1/3 处，试管口朝下在酒精灯火焰上加热干燥（见图 3.4）。火焰应从试管底部开始移向试管口，如此反复多次直至烤干。不可将火焰停留在试管的某一个部分集中加热，应不停地在火焰上移动试管，使试管受热均匀。先将试管下半部分的水分蒸发干，然后再加热试管上半部分。

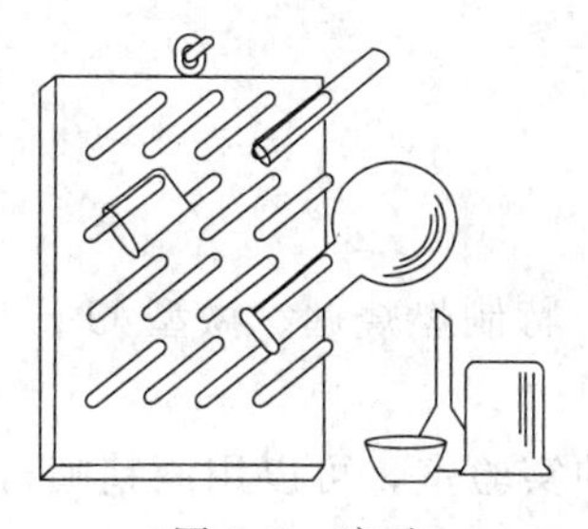

图 3.2 晾干

图 3.3 玻璃仪器气流烘干器

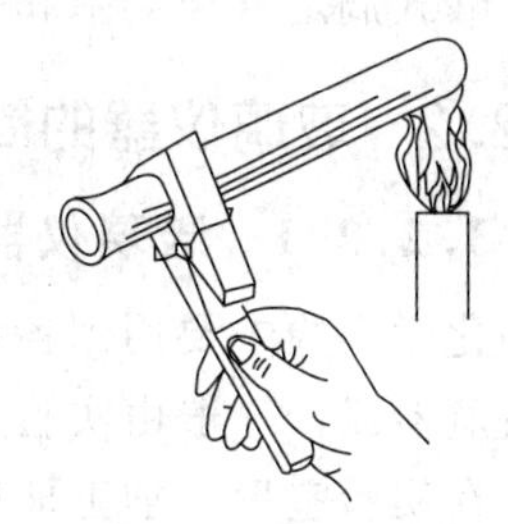

图 3.4 烤干试管（试管口始终朝下）

加热时，试管口始终朝下，以防水珠落入加热的试管底部，使试管炸裂。

刚烤干的试管不要用手拿，不要沾冷水。

烧杯、蒸发皿等可放在石棉网上用酒精灯烤干。

使用酒精灯烤干仪器时，应使用小火烤干。

(4) 吹干 使用压缩空气，或使用吹风机吹干（见图 3.5）。

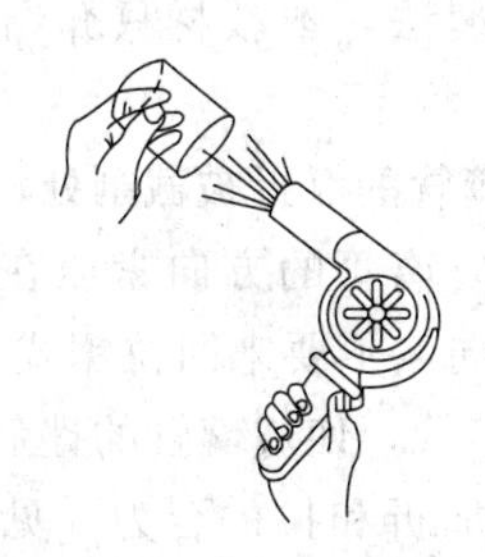

图 3.5 吹干

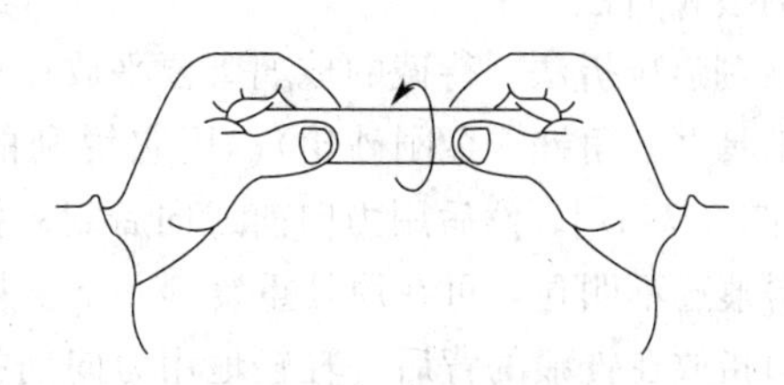

图 3.6 有机溶剂润湿试管

(5) 使用有机溶剂 一般使用酒精或 1∶1 体积比的酒精和丙酮的混合溶剂。

将适量有机溶剂倒入容器中，倾斜容器并不断转动，使溶剂润湿容器全部内壁（见图 3.6），然后倾出溶剂并回收。容器内剩下的溶剂自然晾干。若配合使用吹风机，效果会更好。

移液管、滴定管、容量瓶等计量仪器一般不需要干燥，更不能烤干。确实需要干燥，可使用有机溶剂干燥或晾干。

实验中仪器选择是否需要干燥，反映了操作者的实验基本技能。

3.2.1.4 玻璃仪器的存放

洗净或已干燥的仪器要分类进行存放。

元素化学实验中使用最多的是试管。实验完毕，试管应放在试管架上，试管口可朝下。切不可将实验后的反应物存放在试管内，以防止试管内的某些沉淀板结，不便于清洗。

其他较大型的玻璃仪器，如烧瓶、大烧杯等，应放在相应的仪器架上。没有仪器架的实验室，这些仪器一般存放在实验台的柜子中，按仪器大小前后放置，以方便取用。

小型的仪器可放置在抽屉中。要注意仪器放置后不能随意滚动，开启抽屉时用力要缓，不可突然拉开抽屉，造成仪器相互碰撞损坏。

另外，移液管有专门的仪器架存放。

暂时不用的滴定管洗净后放在滴定管架上夹好，管口朝下。取用时，一定要先用一只手握牢滴定管，再用另一只手松开滴定管夹。切不可冒冒失失在没有握牢滴定管的情况下先松开滴定管夹，造成滴定管跌落损坏。长期不用时，滴定管洗净后应放在实验柜内专门的地方，酸式滴定管玻璃塞和塞套之间要用滤纸隔开，防止粘结。

3.2.2 玻璃仪器的简单加工和塞子钻孔

3.2.2.1 玻璃仪器的简单加工

化学实验中要用到各种规格的导管、滴管、毛细管、安瓿、特制燃烧匙、微型U形管等玻璃器皿，一般由实验人员自制。

在实验室里，加工玻璃的热源用煤气灯最方便。没有煤气的实验室，可以用酒精喷灯。普通酒精灯的火焰温度较低，如果加粗灯芯，装上防风罩，也能完成一般的弯曲和拉管等简单加工。

不同的玻璃，加工时温度要求不同。因此，识别玻璃的种类是必要的。玻璃按质料不同，可以分为硬质玻璃（如GG-17玻璃、95料玻璃等）和软质玻璃（普通钙钠玻璃、钾玻璃）。前者软化温度高，后者软化温度低。可以根据质料特点鉴别玻璃，一般软质玻璃管端呈青绿色，硬质玻璃管端呈浅黄色或无色，颜色越浅，质料越硬。

(1) 玻璃管（棒）的截割 截割玻璃管应根据管径和厚薄不同，采用相应的方法。管径小于12mm的一般用刻痕拉折法，大于12mm的用刻痕胀裂法，本教材只介绍实验室常用的刻痕拉折法。

刻痕拉折法 待截的玻璃管要平放在桌上，一手握住玻璃管的靠近被截割处，另一手拿截割工具（三角锉或金刚砂轮），用它锐利的棱边，按垂直于玻璃管的方向紧压在准备截割处[见图3.7(a)]。然后用力向前或向后划一锉痕（应向一个方向，不要来回拉锯式地锉）。如果划得痕迹不明显，可在原处重复锉一下。最后用双手拿起玻璃管，使玻璃管的锉痕朝外，两手的拇指放在锉痕的背后，轻轻地用力向前推压，对玻璃管施加折和拉的合力[见图3.7(b)]，就能折断玻璃管，而且截口平整[见图3.7(c)]。要折断较粗的玻璃管，可增加锉痕的周长，注意锉痕应在玻璃管的同一横截面上，截断时用布包住玻璃管，以免划伤手指。

注意：控制手臂的用力，防止戳伤左右的同学。千万不可双手相对用力挤压，这样很容易戳伤自己。

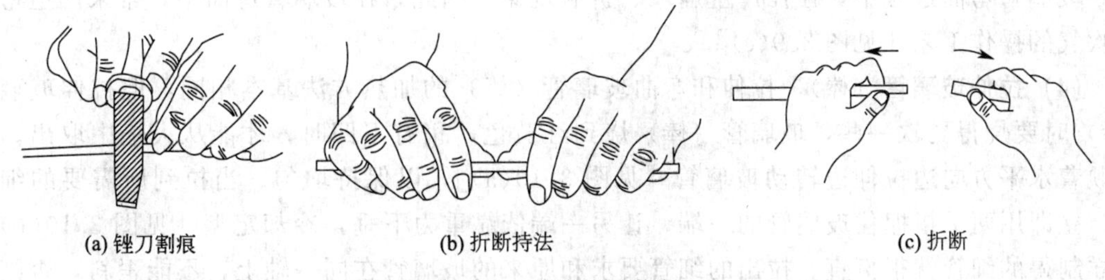

图 3.7 玻璃棒的截断

(2) 玻璃断面的熔平 玻璃管（棒）新截割的断面锋利，容易划破手指或橡皮管，必须熔平。熔平的方法是把断面放在火焰上强热，当断面红热发亮时，缓慢离开火焰，让它自然冷却。熔平时要防止玻璃管过热熔化而变形。并将烧制好的玻璃管（棒）放在石棉网上冷却。注意刚烧好的玻璃管（棒）两头温度较高，防止烫伤。

(3) 弯制导管 弯制导管就是根据需要截取适当长度的玻璃管，加热到软化状态后弯制成不同形状。制作成功的导管，弯角处没有瘪陷、折皱和扭曲，管径基本不变。图 3.8 是几种弯制成功和不成功的玻璃弯管。

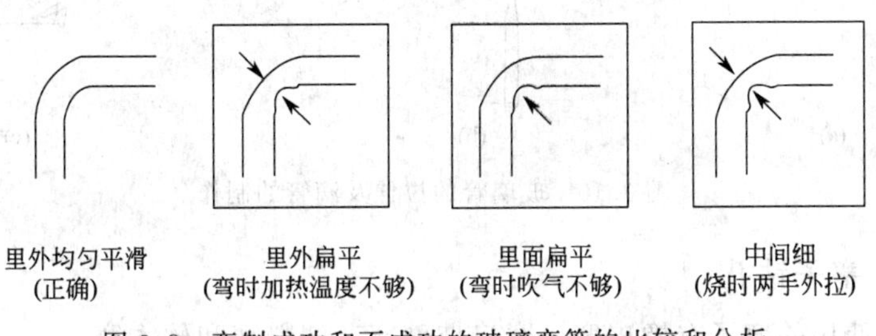

图 3.8 弯制成功和不成功的玻璃弯管的比较和分析

玻璃管的弯制步骤如下。

① 加热 先将要弯曲的玻璃管小火预热一下，然后双手握住玻璃管，将待弯曲部位斜插在氧化焰内，缓慢而均匀地向一个方向转动［见图 3.9(a)］，两手转速要一致，用力要均等。当玻璃管加热到红黄色，变软但未变形前，从火焰中取出。

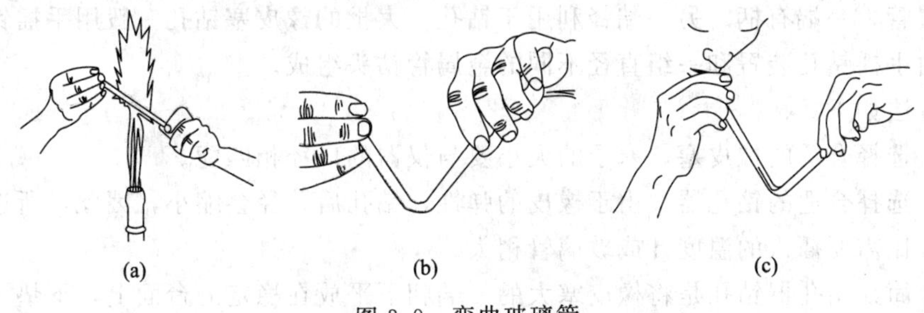

图 3.9 弯曲玻璃管

② 弯曲 从火焰中取出玻璃管（不能在火焰中弯曲）后，稍等 1～2s，使热量扩散均匀，两手水平持着，使弯曲部位在两手下方，玻璃管中间一段已软化，在重力作用下向下弯曲，两手再轻轻地向中心施力（用力应保持在同一平面上），使弯曲到所需要的角度［见图 3.9(b)］。绝对不要用力过大，否则玻璃管在弯曲的地方易瘪陷或折皱。弯好的玻璃管应在同一平面上，至玻璃管冷却变硬后才能松手，把它放在石棉网上继续冷却。

玻璃管弯曲过程中，往往产生扁塌、折皱现象。因此，在玻璃管弯曲中，常采用边弯曲边吹气的操作工艺［见图 3.9(c)］。

(4) 拉伸玻璃管（棒） 拉伸和弯曲玻璃管（棒）的加热方法基本相同，但拉伸玻璃管（棒）时要烧得更软一些，玻璃管（棒）烧到红黄色，稍有下凹时，才能从火焰中取出，然后顺着水平方向边拉伸边转动玻璃管［见图 3.10(a)］，以保持均匀。当拉到所需要的细度时，立即用两手指捏住玻璃管的一端，让另一端依靠重力下垂，冷却定型［见图 3.10(b)］，这样制得的细管就很挺直。拉出的细管要求和原来的玻璃管在同一轴上，不能歪斜，否则要重新拉制。冷却后，根据需要的长度截割玻璃管，中间可作毛细管，两头用作滴管。作滴管必须圆边或称扩口，将粗的一端烧熔后，将镊子尖以 45°插入管内，旋转玻璃管进行扩口［见图 3.10(c)］，扩口要圆。再将细的一端稍加熔平，但注意不要将管口封死，待冷却后装上乳胶滴头就制成了滴管。

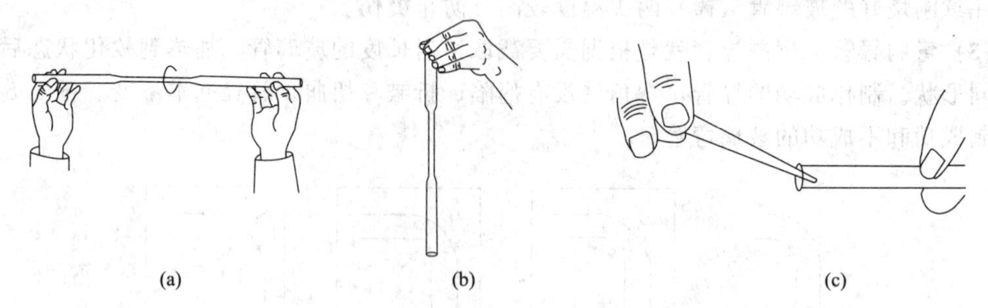

图 3.10 玻璃管的拉伸及滴管的制作

3.2.2.2 塞子钻孔

实验室中所使用的塞子有橡皮塞、磨口玻璃塞、塑料塞和软木塞。

玻璃磨口塞能与瓶口很好地配合，密封性能好。但不同瓶口的磨口塞通常不能交换使用，因此，使用前一般将磨口玻璃塞与瓶用绳系好。

标准磨口玻璃塞通用性较好。

基础化学实验室中常用到橡皮塞。通常，橡皮塞在使用前根据需要必须在橡皮塞上插入玻璃管或温度计，因此橡皮塞必须钻孔。橡皮塞钻孔所使用的仪器是钻孔器，它是一组直径不同的金属管，一端有柄，另一端锋利用于钻孔。大批的橡皮塞钻孔一般用手摇钻孔器，手摇钻孔器由手摇钻孔装置和一组直径不同的金属管钻头组成。

钻孔方法如下：

首先，选择合适的橡皮塞，塞子的大小要与仪器的口径相匹配。

其次，选择合适的钻孔器。由于橡皮的弹性，钻孔后孔径会缩小，因此，所选择的钻孔器的外径应比需要插入的温度计或玻璃管稍大。

钻孔：简易钻孔器钻孔是将橡皮塞大的一端朝下平放在稳定的台面上，下垫一木板，以防止钻穿后损坏实验台面。左手握牢橡皮塞，右手握住钻孔器柄，垂直向下在橡皮塞上选定的位置钻孔。钻孔时钻孔器应朝一个方向旋转，一边旋转一边朝下用力。注意右手要拿稳，左手要将塞子握牢，以防止钻孔器失控误伤左手。开始钻孔时用力不要太大，当钻孔器进入到橡皮塞后可适当加力，均匀钻进［见图 3.11(a)］。手摇钻孔器钻孔是将手摇钻孔器固定在工作台上，通过手摇旋转螺杆下降，均匀钻进［见图 3.11(b)］。当钻到超过塞子高度的 2/3 时，一边旋转一边朝外用力拔出钻孔器，将塞子倒过来，再在橡皮塞大的一端对准另一

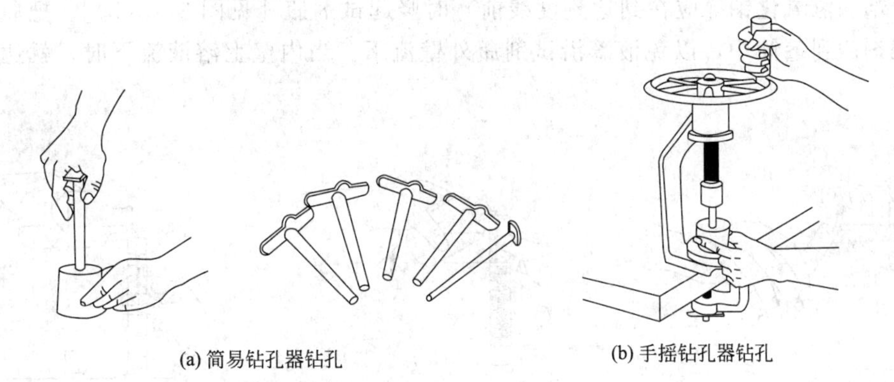

图 3.11 钻孔器和钻孔方法

端所钻的孔，如前法继续钻孔，直到两端贯穿为止。拔出钻孔器，用钻孔器配套的金属杆捅出钻孔器内的橡皮。

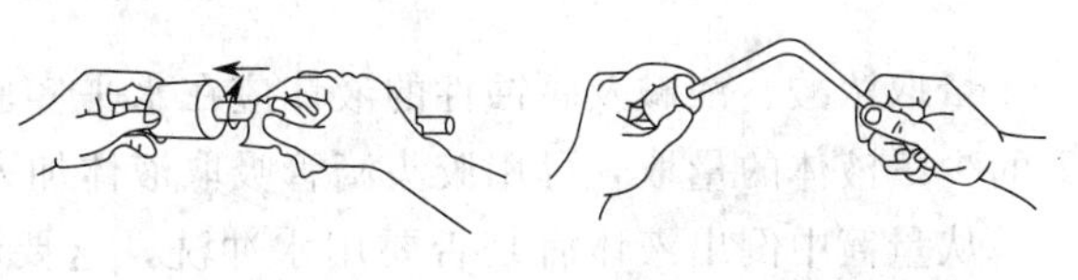

图 3.12 将玻璃管插入橡皮塞

钻好孔的橡皮塞应检查孔的大小和形状。孔的大小以玻璃管或温度计稍用力能够插入为宜。很轻易就能插入，说明孔钻大了。若孔太小或不光滑，必须使用圆锉修整。

最后，将玻璃管或温度计插入橡皮塞孔内。正确的方法是先在玻璃管或温度计前端涂上凡士林或用甘油或水润湿，用抹布包住玻璃管或温度计，如图 3.12 将玻璃管或温度计插入橡皮塞孔内。小心操作，以防玻璃管或温度计折断伤手。

3.3 基本度量仪器的使用

3.3.1 常用玻璃度量仪器的使用

3.3.1.1 量筒

量筒是用来量取和量度液体体积的一种玻璃仪器。由于量筒越大，管径越粗，其精确度越小，由视线的偏差所造成的读数误差也越大。此外，分次量取也能引起误差，因此在量取和量度液体时要根据所取溶液的体积，尽量选用能一次量取的最小规格的量筒。如量取 70mL 液体，既不能选用 50mL，也不能选用 250mL 的量筒，应选用 100mL 量筒。

用量筒量取液体时，量筒的刻度应面对着自己，这样能随时看清所取液体体积的读数。下面就两种情况介绍量筒的使用。

(1) 液体量取 在进行化学实验或配制溶液时，有时需要量取一定体积的液体，如配位滴定时加入缓冲溶液，配制 H_2SO_4 溶液时量取浓 H_2SO_4 等，这种情况对量取液体体积不要求太准确，可按下面的方法量取。

向量筒内注入液体时，应用左手拿住量筒，使量筒略倾斜，右手拿试剂瓶，标签对准手心。使瓶口紧挨着量筒口，使液体缓缓流入［见图 3.13(a)］，待注入的量比所需要的量稍少（液体的最高点到达刻度线）时，应把量筒扶正，并使所取体积的刻度线与目光在同一水平面。让液体沿量筒内壁缓慢流入，当液体凹月面上部到达刻度线（对黏度较大的液体，如浓硫酸、饱和氢氧化钠等应在到达刻度线前）时竖起试剂瓶［见图 3.13(b)］，把瓶口剩余的一滴试剂碰到量筒中，以免液滴沿试剂瓶外壁流下。当内壁上溶液流下时，就达到所取体积。

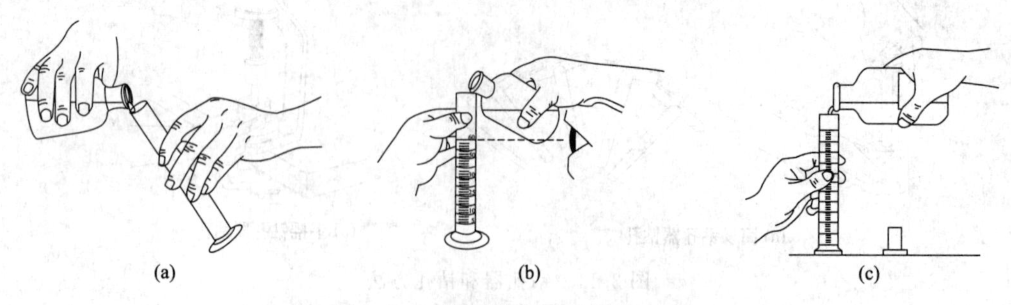

图 3.13　量筒量取液体的操作方法

量取浓酸、浓碱及腐蚀性的液体应在水平实验台上操作［见图 3.13(c)］。对于 5mL 以下的少量液体的量取，可用胶头滴管吸取液体加入到量筒中量取。

从量筒中倒出液体后是否要用水冲洗，这要看具体情况而定。如果量取的液体的体积大，液体的黏度小，一般不需冲洗。当量取液体的体积小，黏度大，就需冲洗。冲洗液倒入所盛液体的容器中，降低误差。如滴定分析实验中，配制 NaOH 标准溶液时，用量筒量取饱和 NaOH 溶液，就需用蒸馏水冲洗量筒。

(2) 液体量度　在化学实验中，有时需要对未知液体体积进行度量，如液体实验产物的量度。这就要求较准确地读取液体的体积。量度的方法是直接注入未知体积的溶液于量筒中，水平置于平整的桌面，稍等片刻再直接读取体积。观察刻度时，视线与量筒内液体的凹液面的最低处保持水平，再读出所取液体的体积。否则，读数会偏高或偏低（见图 3.14）。整个操作过程与量取浓酸、浓碱及腐蚀性的液体相同。

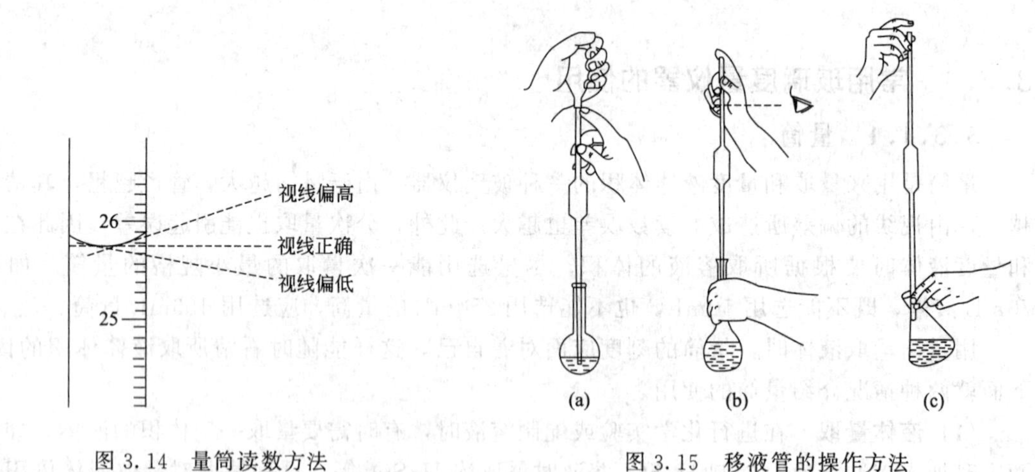

图 3.14　量筒读数方法　　图 3.15　移液管的操作方法

量杯的操作同量筒，但量杯的误差更大。

3.3.1.2　移液管和吸量管

移液管和吸量管都是用于准确移取一定体积溶液的量器。每支移液管只有一个刻度，因此只能移出一定体积的溶液，而吸量管具有分刻度，可根据需要移出不同体积的溶液。具体使用方法如下。

(1) 移液管润洗 在移取溶液前移液管和吸量管都需用待移取的溶液润洗。方法是用滤纸将清洗过的移液管尖端内外的水分吸干，并插入待移取溶液中吸取溶液，当吸至移液管容量的 1/3 时，立即用右手食指按住管口，取出，横持并转动移液管，使溶液流遍全管内壁，将溶液从下端尖口处排入废液杯内。如此操作，润洗 2～3 次后即可吸取溶液。用移液管移取浓度不同的相同溶液时，移取溶液因浓度变化也需润洗移液管。

(2) 吸取溶液 用待吸液润洗过的移液管插入待吸液面下 1～2cm 处，左手拿洗耳球，先把球内空气压出，然后把球的尖端接在移液管管口，慢慢松开左手指使溶液吸入管内［见图 3.15(a)］。当管内液面上升至标线以上 1～2cm 处时，迅速用右手食指堵住管口（此时若溶液下落至标准线以下，应重新吸取），将移液管提出待吸液面，并使管尖端紧触待吸液容器内壁，左手握住待吸液容器，使移液管保持垂直，刻度线和视线保持水平（左手不能接触移液管）。稍稍松开食指（可微微转动移液管或吸量管），使管内溶液液面缓慢平稳下降，直到溶液的弯月面底线与标线上缘相切［见图 3.15(b)］，立即用食指压紧管口。将移液管或吸量管小心移至承接溶液的容器中。

(3) 放出溶液 将移液管或吸量管直立，接收容器倾斜，管下端紧靠接收容器内壁，放开食指，让管内溶液自然地全部沿接收容器内壁流下［见图 3.15(c)］，管内溶液流完后，保持放液状态停留 15s，将移液管或吸量管尖端在接收容器靠点处靠壁前后小距离滑动几下（或将移液管尖端靠接收容器内壁旋转一周），移走移液管（残留在管尖内壁处的少量溶液，不可用外力使其流出，如用洗耳球吹出，因校准移液管或吸量管时，已考虑了尖端内壁处保留溶液的体积。在管身上标有“吹”字的，可用洗耳球吹出，不允许保留）。

3.3.1.3 容量瓶

容量瓶是为准确配制一定浓度的溶液使用的精确仪器。它是一种带有磨口玻璃塞或塑料塞的细长颈、梨形的平底玻璃瓶，颈上有刻度。瓶上标有它的容积和标定时的温度。大多数容量瓶只有一条标线，当液体充满至标线时，瓶内所装液体的体积和瓶上标示的容积相同。

(1) 容量瓶的准备 在使用容量瓶之前，应先检查：容量瓶的容积与所要求的体积是否一致，容量瓶的瓶塞是否已用绳系在瓶颈上。瓶塞是否漏水。检漏的方法是：向瓶中加入自来水到标线附近。塞紧瓶塞，右手食指按住塞子，左手指尖托住瓶底。颠倒 10 次后，用干滤纸片沿瓶口缝处检查，看有无水珠渗出。如不漏水，转动瓶塞 180°，塞紧瓶塞，再颠倒 10 次试验一次。这样检查两次是必要的。因为有时瓶塞与磨口不是在任何方位上都是密合的。

(2) 溶液定量移入容量瓶 固体物质配制溶液是不能直接用容量瓶配制的。通常将固体准确称量后放入烧杯中，加适量纯水（或适当溶剂）使它溶解，然后定量转移到容量瓶中。转移时，玻棒下端要靠住瓶颈内壁，使溶液沿瓶壁流下［见图 3.16(a)］。溶液流尽后，将烧杯轻轻顺玻璃棒上提，使附在玻璃棒、烧杯嘴之间的液滴回到烧杯中。再用洗瓶挤出的水流冲洗玻璃棒和烧杯内壁数次，每次按上法将洗涤液完全转移到容量瓶中，然后用蒸馏水稀释。当水加至容积的 2/3 处时，旋摇容量瓶，使溶液混合（注意不能倒转容量瓶）。

(3) 定容 慢慢加水到距标线 2～3cm 处时，眼睛平视标线，用洗瓶沿瓶颈内壁缓慢加水［见图 3.16(b)］，溶液液面缓慢平稳上升，当溶液凹液面上部到达标线时，停止加水，一般等待约 1min 溶液凹液面底部与标线相切。也可用胶头滴管滴加到溶液凹液面底部与标线相切，但这会增加额外的仪器，增大误差来源，且不如洗瓶定容快。因此，笔者认为应训

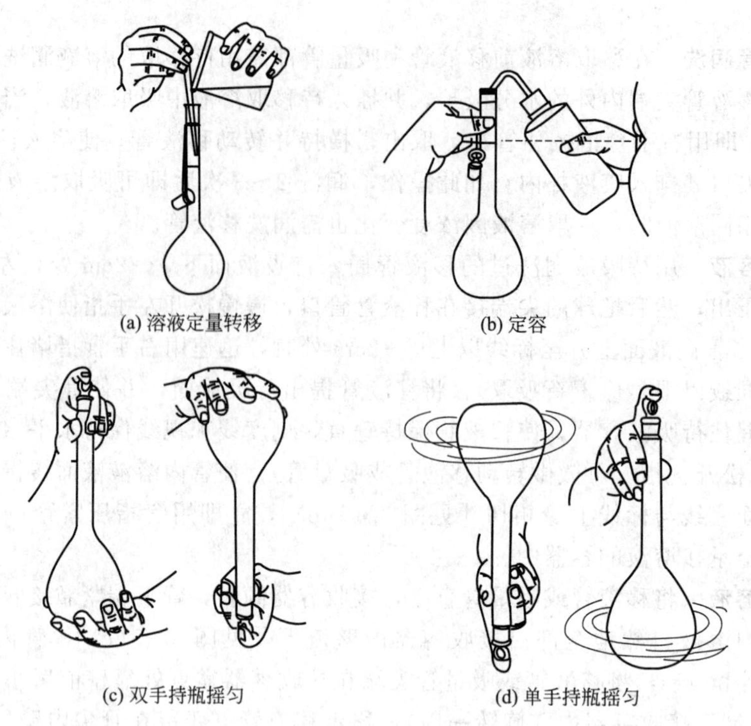

图 3.16 容量瓶配制溶液操作方法

练学生用洗瓶定容，为以后的实际分析工作打下基础。

(4) 摇匀 定容后，用左手食指按住瓶塞，右手手指托住瓶底，注意不要用手掌握住瓶身，以免体温使液体膨胀，影响容积的准确。随后将容量瓶倒转，使气泡上升到顶［见图 3.16(c)］，此时可将瓶振荡数次。再倒转过来，仍使气泡上升到顶。如此反复 10 次以上，才能混合均匀。对于容积小于 250mL 的容量瓶，不必托住瓶底，可单手摇匀，见图 3.16(d)。

容量瓶使用中还必须注意下列事项。

① 用于洗涤烧杯的溶剂总量不能超过容量瓶的标线，一旦超过，必须重新进行配制。

② 由于温度对量器的容积有影响，所以使用时要注意溶液的温度、室内的温度以及量器本身的温度。当溶解或稀释溶质出现吸热放热时，需先将溶质在烧杯中溶解或稀释，并冷却。加热后的溶液也必须冷却至室温后，才能转移到容量瓶中。

③ 容量瓶只能用于配制溶液，不宜在容量瓶内长期存放溶液。如溶液需使用较长时间，应将它转移入试剂瓶中。注意：该试剂瓶应预先经过干燥或用少量该溶液润洗二三次。

3.3.1.4 滴定管

滴定管是滴定时用来准确测量流出的操作溶液体积的量器，分为碱式滴定管和酸式滴定管。前者用于量取对玻璃管有侵蚀作用的液态试剂；后者用于量取对橡皮有侵蚀作用的液体。

(1) 滴定前的准备

① 洗涤：滴定管洗涤可用长的软毛刷蘸洗洁精刷洗，刷洗时要注意，不能让毛刷的铁丝损坏滴定管口。刷洗后用自来水冲洗干净，用蒸馏水润洗几次。若没洗净，可选择合适的洗液洗涤。

② 检漏和旋塞涂凡士林：为了使酸式滴定管活塞转动灵活或防止漏水，需在塞子与塞槽内壁涂少许凡士林。涂抹凡士林按图 3.17 所示操作。涂抹好的旋塞应呈透明状，无气泡，旋转灵活。最后再用水检验是否堵塞或漏水。为了防止在滴定过程中旋塞脱出，可从橡皮管上剪一圈橡皮，套住旋塞末端。

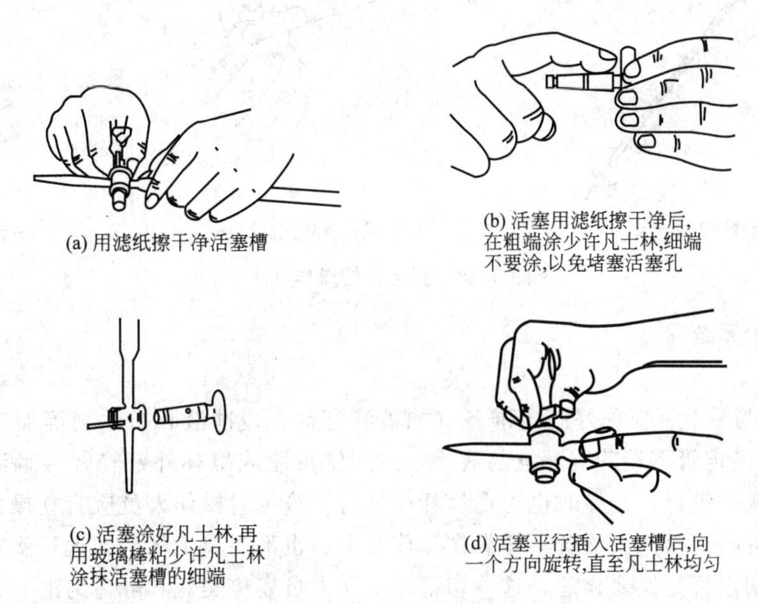

(a) 用滤纸擦干净活塞槽

(b) 活塞用滤纸擦干净后，在粗端涂少许凡士林，细端不要涂，以免堵塞活塞孔

(c) 活塞涂好凡士林，再用玻璃棒粘少许凡士林涂抹活塞槽的细端

(d) 活塞平行插入活塞槽后，向一个方向旋转，直至凡士林均匀

图 3.17 酸式滴定管旋塞涂抹凡士林的操作

对碱式滴定管，在使用前要检查一下橡皮管，控制溶液流出的情况，如橡皮管是否老化、变质，玻璃珠大小是否适当，玻璃珠过大，则不便操作；过小，则会漏水。如不合要求，应及时更换。

(2) 操作溶液的装入

① 润洗滴定管：为避免操作溶液被稀释，需用操作溶液润洗滴定管。操作时左手拿滴定管，滴定管倾斜 50°～60°，右手握试剂瓶，标签向手心，将操作溶液注入滴定管中［见图 3.18(a)］。注入操作溶液约 10mL 后，两手平端滴定管，慢慢转动，使溶液流遍全管，再把滴定管竖起，打开滴定管的旋塞，使溶液从出口管的下端流出。如此润洗 2～3 次，即可装入操作溶液。

② 排去滴定管下端的空气：酸式滴定管旋塞附近或碱式滴定管橡皮管内易产生气泡，每次滴定前都需检查是否有气泡，如有气泡，应排除。操作过程是滴定管尽可能地注满操作溶液，对酸式滴定管，可转动其旋塞，并开至最大，使液体急速流出，以排除空气泡；对碱式滴定管，先使它倾斜，并使管嘴向上，然后用力捏挤玻璃珠附近的橡皮管，使溶液喷出，气泡即随之排出［见图 3.18(b)］。

③ 调节操作溶液液面至 0.00mL 处（即调零）：排除气泡后，液面在 0.00mL 上方，可直接进行调零操作；若液面低于 0.00mL 刻度线，应加入操作液使液面在 0.00mL 上方再进行调零操作。调零时，右手拿着滴定管 0.00mL 刻度线上方，0.00mL 刻度线与视线在同一水平面，左手轻轻转动旋塞（碱式滴定管左手食指和大拇指轻轻捏挤玻璃珠附近的橡皮管），使液面缓慢平稳下降，直到溶液凹液面底部与 0.00 刻度相切［图 3.18(c)］。若开始滴定时，液面在 0.00mL 以下，要记录读数。每次滴定时，液面最好调节到 0.00mL，这样可简

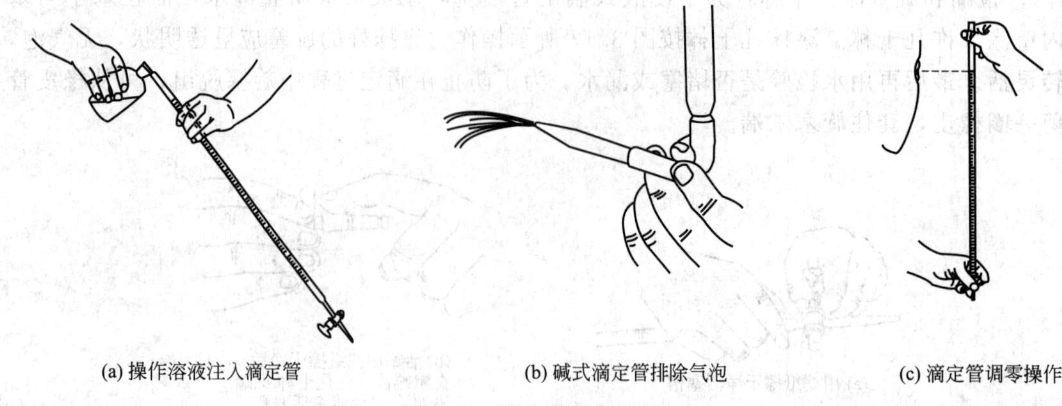

(a) 操作溶液注入滴定管　　(b) 碱式滴定管排除气泡　　(c) 滴定管调零操作

图 3.18　滴定管的操作方法

化记录，并减少系统误差。

(3) 滴定

① 滴定管调零前，应作好滴定准备（如被滴定剂、缓冲液和指示剂等加入到锥形瓶或烧杯）。调零时滴定管下端若有悬挂的液滴，应用锥形瓶或烧杯外壁轻轻接触液滴除去。滴定最好在锥形瓶中进行，必要时也可在烧杯中进行。滴定时操作人员应直立操作，既不能坐着，也不能弓着腰；操作人员既不能靠在工作台上，也不要离工作台太远；滴定装置离操作人员的距离及滴定管高低要合适，这一切都以操作人员姿势美观和舒适为准。

② 酸式滴定管的操作是以左手的大拇指、食指和中指控制旋塞，大拇指在前，食指和中指在后，手指略微弯曲，手心空握，轻轻向内扣住旋塞，既要防止旋塞松动漏液，又不能扣得太紧影响旋塞灵活。剩下的无名指、小指抵住旋塞下部。右手握持锥形瓶，边滴边摇，向同一方向作圆周运动（或用玻璃棒搅拌烧杯中的溶液），不能前后振动，否则可能溅出溶液。碱式滴定管操作则是左手的大拇指在前，食指在后，捏挤玻璃珠外面的橡皮管（注意不要捏挤玻璃珠的下部，如捏在下部，则放手时橡皮管管尖会产生气泡），使之与玻璃珠之间形成一条可控制的缝隙，即可节制液体的流出。滴定时滴定管下端应伸入锥形瓶口内或在烧杯口内至少 1cm（见图 3.19）。

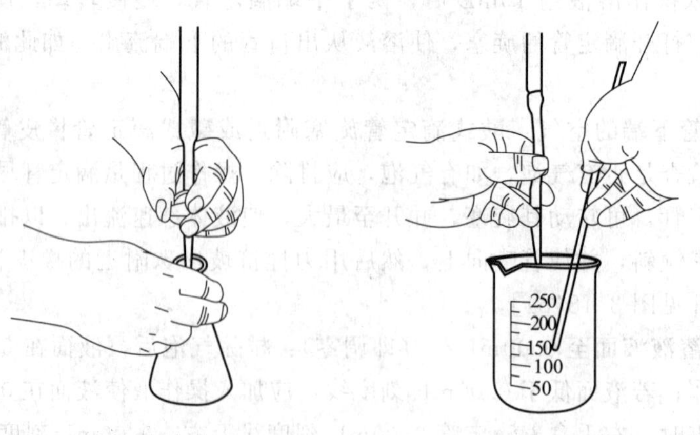

(a) 用酸式滴定管和锥形瓶的滴定操作　　(b) 用碱式滴定管和烧杯的滴定操作

图 3.19　滴定操作方法

③ 滴定速度：滴定时溶液的流出速度一般为 $10mL \cdot min^{-1}$，即为 3～4 滴$\cdot s^{-1}$。在快到

终点时溶液应逐滴（甚至半滴）滴下。滴加半滴的方法是使液滴悬挂管尖而不让液滴自由滴下，再用锥形瓶内壁将液滴靠下来，然后用洗瓶吹入少量水，将内壁附着的溶液洗下去，或用玻璃棒将液滴引入烧杯中。摇动锥形瓶，到达终点时停止滴定。否则继续准确滴定至终点。

④ 滴定时所用操作溶液的体积应不超过滴定管的容量，因为多装一次溶液就要多读两次读数，从而使误差增大。如操作溶液的体积过大，采取减少被滴定剂用量或适当稀释被滴定剂，然后重新滴定。

(4) 滴定管读数

① 滴定管的读数是否正确，在容量分析工作中非常重要，读数不正确是造成分析误差的重要原因。读数时滴定管应垂直地夹在滴定管（蝶形）夹上，或用2个指头垂直地拿着滴定管上端（不可拿着装有溶液部分），待溶液稳定1～2min后读数，读数时视线和预读取的刻度线应在同一水平上［见图3.20(a)］。

② 无色溶液，读取弯月面下层最低点，读数时，最好用黑白纸板作辅助，这样弯月面界线十分清晰［见图3.20(b)］；有色溶液，读取液面最上缘［见图3.20(c)］。滴定管壁带有白底蓝线的称蓝带滴定管，其管中溶液体积的读数方法与前面不同。无色溶液有两个凹液面相交于滴定管蓝线上的某一点，读数时此点应与视线在同一水平面上［见图3.20(d)］。如为有色溶液，视线应与液面两侧最高点相切。

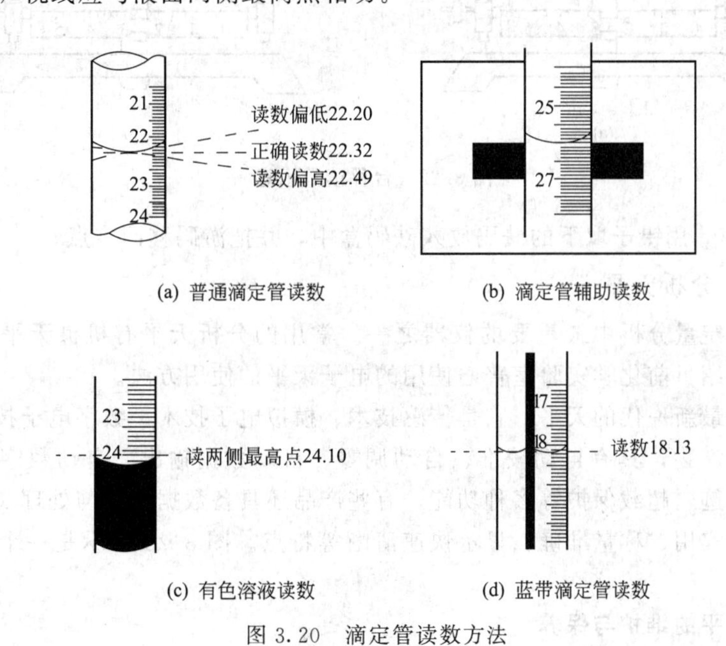

(a) 普通滴定管读数　(b) 滴定管辅助读数

(c) 有色溶液读数　(d) 蓝带滴定管读数

图3.20　滴定管读数方法

③ 滴定管的读数是自上而下的，以mL为单位应该读准到小数点后第二位，显然，第二位是估计数字，要求估计到0.01mL。

3.3.2 台秤和分析天平的使用

3.3.2.1 台秤

台秤又称托盘天平，是实验室常用的称量仪器，其结构见图3.21。台秤能迅速称量物质的质量，但准确度不高，一般只能准确到0.1g。其称量步骤如下。

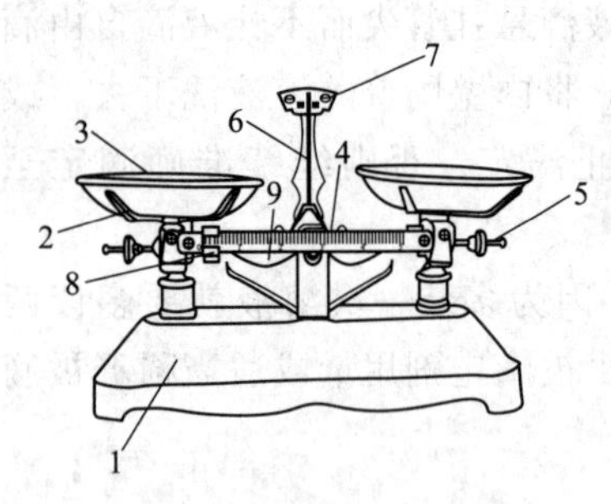

图 3.21 台秤的结构

1—底座；2—托盘架子；3—托盘；4—标尺；5—平衡螺母；6—指针；7—分度盘；8—游码；9—横梁

① 要放置在水平的地方，移动游码至 0 刻度线，此时指针应对准中央刻度线。否则调节平衡螺母，调节零点直至指针对准中央刻度线。调节方法是左端高，向左调。

② 称量时左托盘放称量物，右托盘放砝码。根据称量物的性状，称量物应放在玻璃器皿或洁净的纸上，并在同一天平上先称得玻璃器皿或纸片的质量，然后称量待称物质。一般来说，5g 或 10g 及以上的砝码可用镊子从砝码盒内（台秤的规格不同，砝码盒内的最小砝码的质量不同）夹取，放入右托盘中。添加砝码从估计称量物的最大值加起，逐步减小。5g 或 10g 以下要用镊子拨动游码直至秤盘基本达到平稳时指针对准中央刻度线。这时砝码和游码所示的质量是称量物的质量。物体的质量 ＝砝码的总质量＋游码在标尺上所对的刻度值，如图 3.22 中（a）的质量为 37.2g，（b）的质量为 82.2g。

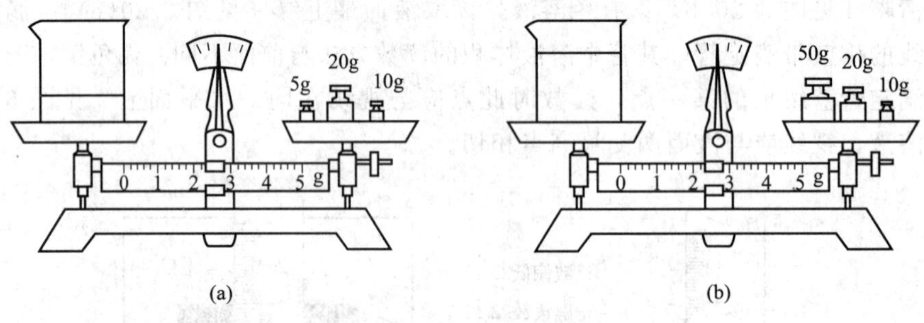

图 3.22 台秤读数示意

③ 称量结束，用镊子取下的砝码放入砝码盒中，并把游码移回零点。

3.3.2.2 分析天平

分析天平是定量分析中最重要的仪器之一。常用的分析天平有机械天平和电子天平两类。本教材只介绍目前化学实验室普遍使用的电子天平的使用方法。

电子天平是最新一代的天平。它是传感技术、模拟电子技术、数字电子技术和微处理器技术发展的综合产物，具有自动校准、自动调零、自动数据输出、自动数字显示、扣除皮重、自动故障寻迹、超载保护等多种功能，有些产品还具备数据储存与处理功能。因此，电子天平具有方便实用、称量准确、显示快速清晰等特点。图 3.23 所示是一个型号电子天平的外形结构。

(1) 电子天平的维护与保养

① 将天平置于稳定的工作台上，避免振动、气流及阳光照射。

② 在使用前调整水平仪气泡至中间位置。

③ 电子天平应按说明书的要求进行预热。

④ 称量易挥发和具有腐蚀性的物品时，要盛放在密闭的容器中，以免腐蚀和损坏电子天平。

⑤ 经常对电子天平进行自校或定期外校，保证其处于最佳状态。

⑥ 如果电子天平出现故障，应及时检修，不可带“病”工作。

⑦ 操作天平不可过载使用，以免损坏天平。

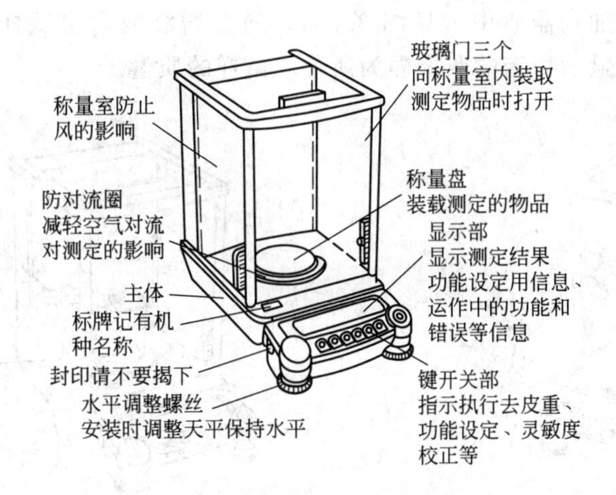

(a) 电子天平的外形结构

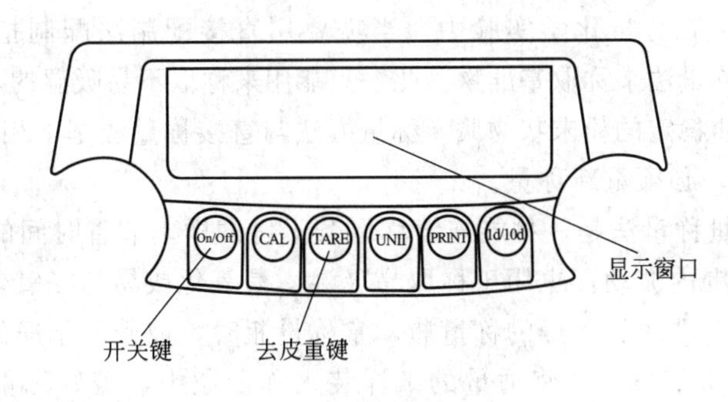

(b) 电子天平操作部分

图 3.23 电子天平外形结构及操作部分

⑧ 若长期不用电子天平时，应暂时收藏为好。

(2) 称量步骤及方法

① 称量前天平的准备　调水平：称量前天平应处于水平状态。查看天平后部水平仪内的气泡是否位于圆环的中央。若气泡未处于圆环的中央，说明天平未处于水平状态，需要调水平。调水平的方法是旋转天平底部的两个地脚螺栓，直至水平仪内的气泡正好位于圆环的中央（见图 3.24）。天平调水平后，不要再挪动天平，否则，可能需要再次调水平。

清洁天平盘：可用软毛刷清扫天平盘。

天平预热：接通电源，按 On/Off 键，使天平自检并预热一段时间。为达到理想的测量结果，电子天平在初次接通电源或长时间断电之后，至少需要预热 30min。只有这样，才能达到所需要的工作温度。

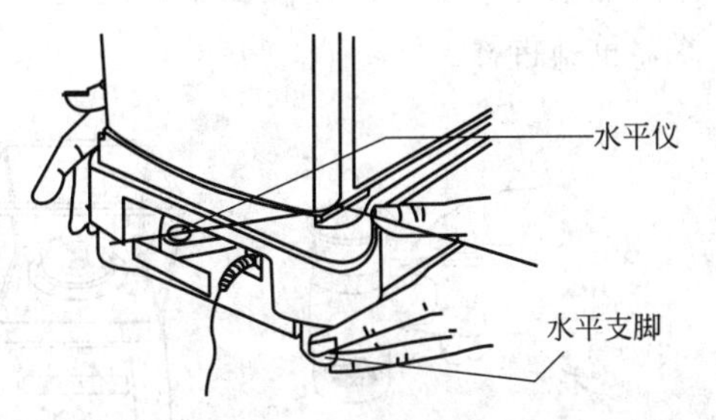

图 3.24 电子天平调水平操作

② 称量方法　直接法：此法适用于在空气中性质稳定，不吸水，不与二氧化碳等反应的物质的称量。方法是先将一洁净、干燥的器皿（如烧杯、表面皿）或称量纸放到天平盘上，关上天平门。待天平显示数字稳定后，按去皮重键（0/T 或 TARE 键），使天平显示零，即去皮重。

然后，用小角匙将试样加到器皿中（见图 3.25），通过增添或取出试样以达到所需质量范围，关上天平门，天平显示稳定的数字即为所称取试样的质量。

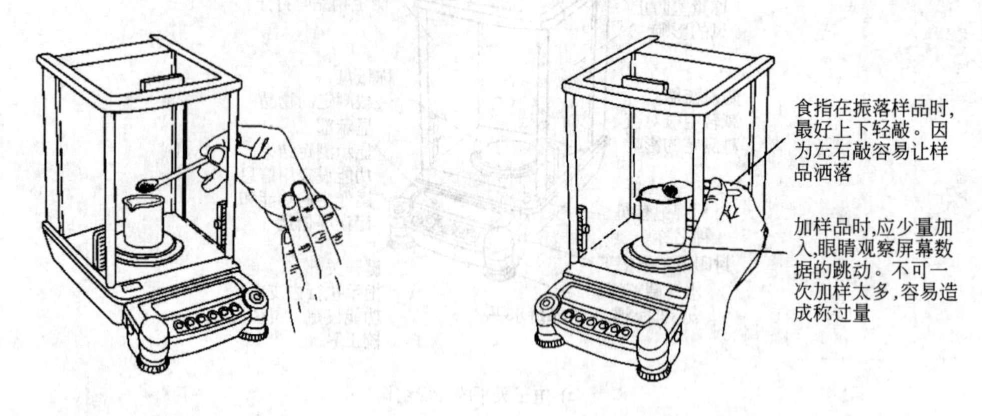

图 3.25 直接法称量　　图 3.26 固定质量称量法

固定质量称量法：在分析化学实验中，当需要用直接配制法配制指定浓度的标准溶液时，常常用指定质量称量法来称取基准物。此法只能用来称取不易吸湿的，且不与空气中各种组分发生作用的、性质稳定的粉末状物质。称量方法与直接称量法基本相同（见图 3.26）。但试样称过量不能取出，必须重新称量。

减量称量法：减量称量法是一种能连续称取若干份试样，节省时间的称量方法。其适用于称量允许在一定范围内波动，也用于称取易吸湿、易氧化或易与二氧化碳反应的试样的称量。称量方法是取一个洗净、干燥的称量瓶，拿称量瓶时，应戴上干净的手套，或用一干净的小纸条套住［见图 3.27(a)］，将适量的试样装入称量瓶中，盖好称量瓶盖，将装好试样的称量瓶放在天平盘上，关上天平门。待天平显示数字稳定后，按去皮重键（0/T 或 TARE 键），使天平显示零［见图 3.27(b)］。然后，用左手拿纸条套住称量瓶，将它从天平盘上取下，举在准备要放试样的容器上方，右手用小纸片捏住称量瓶盖的尖端，打开瓶盖，将盖也举在容器上方，倾斜称量瓶，用盖轻轻敲击称量瓶口，使试样倾出［见图 3.27(c)］。注意不要使试样细粒撒落在容器之外。倾出适当量的试样后，在容器上方，边继续轻敲边把称量瓶慢慢立起，使粘在瓶口的试样落下，在容器上方将瓶盖盖好，再将称量瓶放回天平盘上称量。此时，天平显示的负数即为倾出试样的质量。倾样时，很难一次倾准，因此，往往要分几次倾出，直到达到所要求的称样量［见图 3.27(d)］，如此重复进行，可称取多份试样。如果不小心将试样倾多了，超过了允许的称量范围，应该倒掉容器内的试样，洗净容器，重新再称。

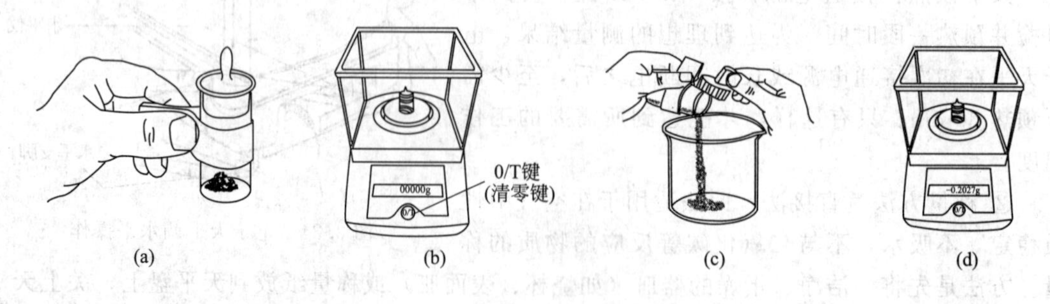

图 3.27 减量称量法操作过程

3.3.3 其他计量仪器的使用

3.3.3.1 温度计

温度计利用了固体、液体、气体受温度的影响而热胀冷缩的现象；在定容条件下，气体（或蒸汽）的压力因不同温度而变化；如热电效应作用和热辐射的影响，电阻随温度的变化而变化等，因此温度计因使用目的不同会有各种各样的类型。本教材只介绍化学实验室常用的水银温度计。

水银温度计是膨胀式温度计的一种，水银的凝固点是－39℃，沸点是356.7℃，用来测量－39～357℃范围内的温度，它只能作为就地监督的仪表。用它来测量温度，不仅简单直观，而且还可以避免外部远传温度计的误差。

(1) 温度计使用方法

① 首先要看清它的量程（测量范围），根据测量范围选择适当的温度计测量被测物体的温度，不允许使用温度超过该种温度计的最大刻度值的测量。

② 测量时温度计的液泡应与被测物体充分接触，且玻璃泡不能碰到被测物体的侧壁或底部。对于流动物质温度的测量，水银温度计应与被测物质流动方向相垂直或呈倾斜状。

③ 在温度计达到稳定状态后读数。读数时温度计不要离开被测物体，且眼睛的视线应与温度计内的液面相平。读数时要看清它的最小分度值，也就是每一小格所表示的值。

④ 对于准确度要求较高的物体温度的测量，使用前应进行校验（可以采用标准液温多支比较法进行校验，或采用精度更高级的温度计校验）。

⑤ 水银温度计常常发生水银柱断裂的情况，消除方法如下。

冷修法：将温度计的测温包插入干冰和酒精的混合液中（温度不得超过－38℃）进行冷缩，使毛细管中的水银全部收缩到测温包中为止。

热修法：将温度计缓慢插入温度略高于测量上限的恒温槽中，使水银断裂部分与整个水银柱连接起来，再缓慢取出温度计，在空气中逐渐冷至室温。

(2) 水银温度计打碎后的处理 水银温度计中的水银在空气中稳定，常温下会蒸发出汞蒸气，蒸气有剧毒，因此不小心打碎后，应按下列方法立即处理。

① 用硫黄粉撒在水银流过的地方，可以通过化学作用使水银变成硫化汞。硫化汞不会通过吸入影响健康，水银也不会大量挥发到空气中对人体造成伤害。此外还要注意室内通风。

② 洒落出来的水银立即用滴管、毛刷收集起来，并用水覆盖（最好用甘油），然后在污染处撒上硫黄粉，无液体后（一般约一周时间）方可清扫。

3.3.3.2 气压计

气压计的种类有水银气压计及无液气压计。这里只介绍化学实验室常用的水银气压计。

实验室用水银大气压力计有动槽式水银气压表和定槽式水银气压表两种。它是利用作用在水银面上的大气压力，和与其相通、顶端封闭且抽成真空的玻璃管中的水银柱对水银面产生的压力相平衡的原理而制成的。

(1) 动槽式水银气压计 动槽式（又名福廷式）水银气压计由内管、外套管与水银槽三部分组成［见图3.28(a)］，在水银槽的上部有一象牙针，针尖位置即为刻度标尺的零点。每次观测必须按要求将槽内水银面调至象牙针尖的位置上。

① 安装 气压计应安装在温度少变、光线充足、既通风又无太大空气流动的实验室内。

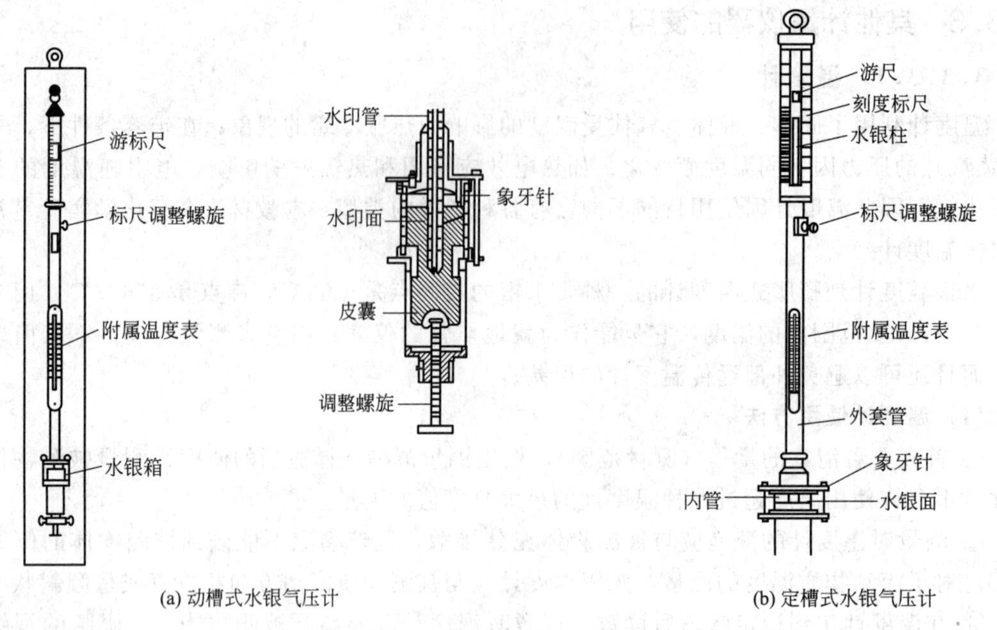

(a) 动槽式水银气压计　　(b) 定槽式水银气压计

图 3.28　实验室用水银大气压力计

气压计应牢固、垂直地悬挂在墙壁、水泥柱或坚固的木柱上，切勿安装在热源（暖气管、火炉）和门窗、空调器旁边，以及阳光直接照射的地方。

安装前，应将挂板牢固地固定在准备悬挂气压计的地方。再小心地从木盒（皮套）中取出气压计，槽部向上，稍稍拧紧槽底调整螺旋 1～2 圈，慢慢地将气压计倒转过来，使表直立，槽部在下。然后先将槽的下端插入挂板的固定环里，再把气压计顶悬环套入挂钩中，使气压计自然下垂后，慢慢旋紧固定环上的三个螺丝（注意不能改变气压表的自然垂直状态），将气压计固定。最后旋转槽底调整螺旋，使槽内水银面下降到象牙针尖稍下的位置为止。安装后要稳定 4h，方能观测使用。

② 观测和记录

a. 观测附属温度表（简称“附温表”），读数精确到 0.1℃。当温度低于附温表最低刻度时，应在紧贴气压表外套管壁旁，另挂一支有更低刻度的温度表作为附温表，进行读数。

b. 调整水银槽内水银面，使之与象牙针尖恰恰相接。调整时，旋动槽底调整螺旋，使槽内水银面自下而上升高，动作要轻而慢，直到象牙针尖与水银面恰好相接（水银面上既无小涡，也无空隙）为止。如果出现了小涡，则需重新进行调整，直至达到要求为止。

c. 调整游尺与读数。先使游尺稍高于水银柱顶，并使视线与游尺环的前后下缘在同一水平线上，再慢慢下降游尺，直到游尺环的前后下缘与水银柱凸面顶点刚刚相切。此时，通过游尺下缘零线所对标尺的刻度即可读出整数。再从游尺刻度线上找出一根与标尺上某一刻度相吻合的刻度线，则游尺上这根刻度线的数字就是小数读数。

d. 读数复验后，降下水银面。旋转槽底调整螺旋，使水银面离开象牙针尖 2～3mm。观测时如光线不足，可用手电筒或加遮光罩的电灯（15～40W）照明。采光时，灯光要从气压表侧后方照亮气压表挂板上的白瓷板，而不能直接照在水银柱顶或象牙针上，以免影响调整的正确性。

(2) 定槽式水银气压计 定槽式（又名寇乌式）水银气压计的构造与动槽式水银气压计大体相同，也分为内管、外套管与水银槽三个部分［见图 3.28(b)］。所不同的是刻度尺零点位置不固定，槽部无水银面调整装置。因此采用补偿标尺刻度的办法，以解决零点位置的变动。

① 安装 安装要求同动槽式水银气压计，安装步骤也基本相同。不同点是当气压计倒转挂好后，要拧松水银槽部上的气孔螺丝，表身应处在自然垂直状态，槽部不必固定。

② 观测和记录

a. 观测附温表。

b. 用手指轻击表身（轻击部位以刻度标尺下部附温表上部之间为宜）。

c. 调整游尺与水银柱顶相切。

d. 读数并记录。

3.4 其他常用仪器的使用

3.4.1 酒精（喷）灯和煤气灯的使用

3.4.1.1 酒精灯

酒精燃烧过程中产生的热量，温度能达到 400～1000℃。因此酒精灯可以对实验材料进行加热，且安全可靠，故酒精灯是以酒精为燃料的实验室中最常用的加热器具。酒精灯分常规酒精灯和酒精喷灯两种。

(1) 常规酒精灯 常规酒精灯由灯体、棉灯绳（棉灯芯）、灯芯瓷套管、灯帽和酒精五大部分组成。它是化学实验室的低温加热工具，适宜温度要求不高的实验（400～500℃）。下面简单介绍常规酒精灯的使用方法。

① 新购置的酒精灯应首先配置灯芯。灯芯通常是用多股棉纱线拧在一起，插进灯芯瓷套管中。灯芯不要太短，一般要有 4～5cm 长灯芯浸入酒精。

对于旧灯，特别是长时间未用的灯，在取下灯帽后，应提起灯芯瓷套管，用洗耳球或嘴轻轻地向灯内吹一下，以赶走其中聚集的酒精蒸气。再放下套管检查灯芯，若灯芯不齐或烧焦都应用剪刀修整为平头等长。

② 新灯或旧灯壶内酒精少于其容积 1/4 的都应添加酒精。酒精不能装得太满，以不超过灯壶容积的 2/3 为宜（酒精量太少，则灯壶中酒精蒸气过多，易引起爆燃；酒精量太多，则受热膨胀，易使酒精溢出，发生事故）。添加酒精时一定要借助小漏斗，以免将酒精洒出。燃着的酒精灯，若需添加酒精，必须熄灭火焰。绝不允许燃着时加酒精，否则，很易着火，造成事故。万一洒出的酒精在桌上燃烧起来，要立即用湿棉布盖灭。用完酒精灯，火焰必须用灯帽盖灭，不可用嘴吹灭，以免引起灯内酒精燃烧，发生危险。

③ 新灯加完酒精后须将新灯芯放入酒精中浸泡，而且移动灯芯套管使每端灯芯都浸透，然后调好其长度，才能点燃。因为未浸过酒精的灯芯，一经点燃就会烧焦。

④ 点燃酒精灯一定要用燃着的火柴，绝不能用一盏酒精灯去点燃另一盏酒精灯。否则易将酒精洒出，引起火灾（有时用打火机也行，但较容易烧到手，不提倡。不过实在没有火柴也可以用打火机，但实验操作考试时必须用火柴）。

⑤ 加热时若无特殊要求，一般用温度最高的外焰来加热器具。加热的器具与灯焰的距离要合适，过高或过低都不正确。与灯焰的距离通常通过灯的垫木或铁环的高低来调节。被加热的器具必须放在支撑物（三脚架、铁环等）上或用坩埚钳、试管夹夹持，绝不允许手拿仪器加热。

⑥ 加热完毕或要添加酒精需熄灭灯焰时，可用灯帽将其盖灭，如果是玻璃灯帽，盖灭后需再重盖一次，放走酒精蒸汽，让空气进入，免得冷却后盖内造成负压。使盖打不开；如果是塑料灯帽，则不用盖两次，因为塑料灯帽的密封性不好。绝不允许用嘴吹灭。

⑦ 酒精灯不用时，应盖上灯帽。如长期不用，灯内的酒精应倒出，以免挥发；同时在灯帽与灯颈之间应夹上小纸条，以防粘连。

⑧ 要用酒精灯的外焰加热，给玻璃仪器加热时应把仪器外壁擦干，否则仪器易炸裂。给试管中的药品加热，首先必须预热，然后再对着药品部位加热。加热时不能让试管接触灯芯，否则试管会炸裂。

（2）酒精喷灯 化学实验室常用的酒精喷灯有座式酒精喷灯和挂式酒精喷灯两种。座式酒精喷灯的酒精贮存在灯座内，挂式喷灯的酒精贮存罐悬挂于高处。酒精喷灯的火焰温度可达 1000℃左右。下面将介绍座式酒精喷灯。

座式酒精喷灯的外形结构见 3.1.3 其他仪器。由灯管、空气调节器、引火碗、螺旋盖、贮酒精罐等部分构成。火焰温度在 800℃左右，最高可达 1000℃，每耗用酒精 200mL，可连续工作 30min 左右。具体使用方法如下。

① 旋开加注酒精的螺旋盖，通过漏斗把酒精倒入贮酒精罐。为了安全，酒精的量不可超过罐内容积的 80%（约 200mL）。随即将盖旋紧，避免漏气。然后把灯身倾斜 70°，使灯管内的灯芯沾湿，以免灯芯烧焦。

② 灯管内的酒精蒸气喷口直径为 0.55mm，容易被灰粒等堵塞，堵塞后就不能引燃，所以每次使用前要检查喷口，如发现堵塞，应用通针或细钢针把喷口刺通。

③ 在引火碗内注 2/3 容量的酒精，用火柴把酒精点燃，对灯管加热（此时要转动空气调节器把入气孔调到最小），待酒精气化，从喷口喷出时，引火碗内燃烧的火焰便可把喷出的酒精蒸气点燃。如不能点燃，也可用火柴来点燃。

④ 当喷口火焰点燃后，再调节空气量，使火焰达到所需的温度。在一般情况下，进入的空气越多，也就是氧气越多，火焰温度越高。

⑤ 熄灭喷灯，可用事先准备的废木板平压灯管上口，火焰即可熄灭，然后垫上布旋松螺旋盖（以免烫伤），使罐内温度较高的酒精蒸气逸出。

⑥ 喷灯使用完毕，应将剩余酒精倒出。

3.4.1.2 煤气灯

煤气灯与酒精灯一样，也是化学实验室中常用的加热器具。有多种式样，但基本构造相同。煤气灯主要由灯管和灯座两部分组成，如图 3.29 所示。灯管和灯座通过灯管下部的螺旋相连，在灯管的下部还有几个小圆孔，为空气入口，旋转灯管，可开启和关闭圆孔，以调节空气的进入量。灯座侧面有一支管为煤气入口，接上橡皮管后与煤气开关相连，将煤气引入灯内。灯座侧面（或底部）还有一螺旋针，可用于调节煤气的进入量。

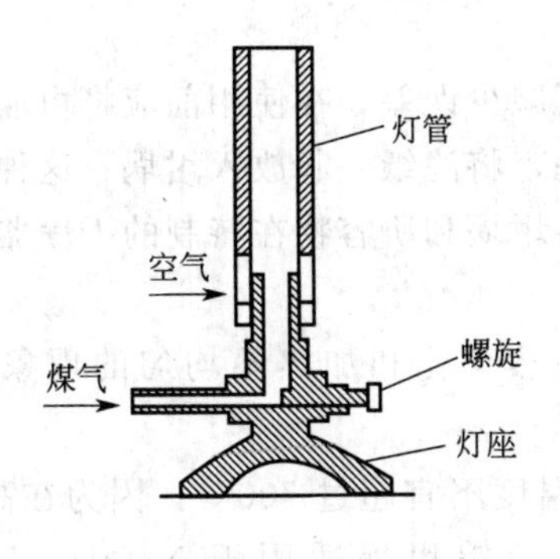

图 3.29 煤气灯结构

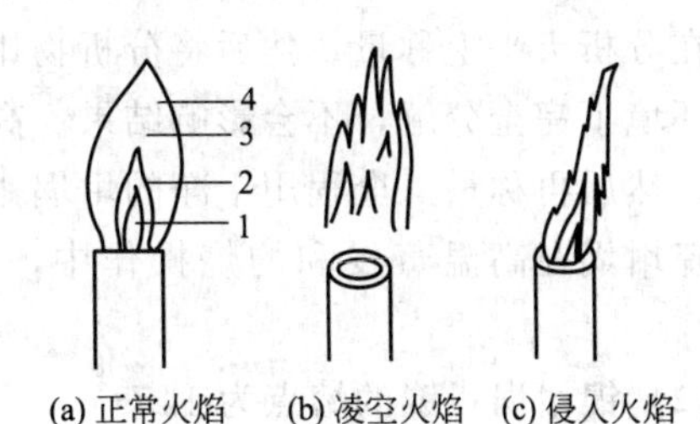

图 3.30 煤气灯的各种火焰

1—焰心；2—还原焰；3—最高温处；4—氧化焰

点燃煤气灯的具体步骤是，先顺时针旋转灯管，以关闭空气入口，擦燃火柴，先放于灯管口，打开煤气开关，点燃煤气，调节煤气灯座侧面的螺旋针，使火焰保持适当高度。然后，旋转灯管，调节空气进入量，使煤气完全燃烧，形成淡紫色分层的正常火焰。煤气的正常火焰分为三层，如图 3.30(a)所示。它们是焰心（内层）：煤气和空气的混合物，未燃烧，温度较低。还原焰（中层）：煤气不完全燃烧，并分解出含碳的产物，故这部分火焰具有还原性，称为还原焰。还原焰温度较焰心高，火焰呈淡蓝色。氧化焰（外层）：煤气完全燃烧，过剩的空气使这部分火焰具有氧化性，故称为氧化焰。最高温度处位于还原焰顶端上部的氧化焰中，温度可达 1073～1173K（煤气组成不同，火焰温度有所不同），氧化焰呈淡紫色。

在煤气灯的使用中，若煤气和空气的进入量调节得不合适，则会出现几种不正常的火焰。如果煤气和空气的进入量都调节得很大，则点燃煤气后火焰在灯管的上空燃烧，移去点燃所用的火柴时，火焰也自行熄灭，这样的火焰称为“凌空火焰”。如图 3.30(b)所示。如果煤气的进入量很小，而空气的进入量很大时，煤气将在灯管内燃烧，管口会出现一缕细细的呈青色或绿色的火焰，同时有特色的“嘘嘘”声响发出，这样的火焰称为“侵入火焰”，如图 3.30(c)所示。遇到这些不正常的火焰，应立即关闭煤气开关，重新调节和点燃煤气。此时灯管一般很烫，调节时应防止烫伤手指。

使用煤气灯应注意的事项：由于煤气含有窒息性的有毒气体 CO，且当煤气与空气混合到一定比例时，遇明火即发生爆炸，所以不用时，一定要注意把煤气阀门关紧；点燃煤气灯时一定要先划着火柴，再打开煤气阀门；离开实验室时要再检查一下开关是否关好。

3.4.2 坩埚和研钵的使用

3.4.2.1 坩埚

坩埚是化学实验室的重要仪器之一，它是熔化和精炼金属液体以及固液加热、反应的容器，是保证化学反应顺利进行的基础。

坩埚可分为石墨坩埚、黏土坩埚和金属坩埚三大类。如石墨坩埚、瓷坩埚、石英坩埚、镍坩埚、铁坩埚等。使用时根据坩埚的性能、用途和使用条件不同选用。下面将介绍化学实验室常用的几种坩埚的性能、用途和使用条件。

(1) 瓷坩埚 瓷坩埚的主要成分为氧化铝（45%～55%）和二氧化硅。最高可耐 1200℃左右高温。适用于 $K_2S_2O_7$ 等酸性物质的熔融。一般不能用于以 NaOH、Na_2O_2、Na_2CO_3 等碱性物质作熔剂的样品的熔融，以免腐蚀瓷坩埚。瓷坩埚不能和氢氟酸接触。新的瓷坩埚应用稀 HCl 煮沸洗涤。

由于陶瓷有吸水性，所以在进行重量分析时，为了减少误差，在使用前应将坩埚严格干燥后在分析天平上称量。然后将分析物用无灰滤纸过滤，将滤纸一起放入坩埚；这种滤纸在高温环境下完全分解，不会影响结果。高温处理后，将坩埚和所容物在特制的干燥器中干燥冷却，然后再称量。全程用干净的坩埚钳夹取。

瓷坩埚在高温蒸发和灼烧操作中，应避免温度突然变化和加热不均匀的现象，以防破裂。

(2) 镍坩埚 镍的熔点为 1455℃，用镍坩埚熔样温度不宜超过 700℃，因为在高温时，镍易被氧化。镍的抗碱性和抗侵蚀能力都较强，因此镍坩埚适用于 NaOH、Na_2O_2、Na_2CO_3 以及含有 KNO_3 的碱性熔剂的样品的熔融，不能用于 $KHSO_4$、$NaHSO_4$、$K_2S_2O_7$ 或 $Na_2S_2O_7$ 以及含硫的碱性硫化物熔剂的样品的熔融。熔融态的 Al、Zn、Pb、Sn、Hg 等金属盐，都能使镍坩埚变脆。镍坩埚不能用于沉淀的灼烧。硼砂也不能在镍坩埚中熔融。镍坩埚中常含有微量的铬，使用时应该注意。

新的镍坩埚应先在马弗炉中灼烧成蓝紫色，以除去表面的油污，然后用 1∶20（体积比）盐酸煮沸片刻，再用水冲洗干净。

(3) 铁坩埚 铁坩埚的熔点为 1300℃，在熔融 NaOH 等强碱性物质时会用到。其使用规则与镍坩埚相同，由于铁坩埚价廉，在熔融 NaOH 等强碱性物质时采用铁坩埚较为合适。

新的铁坩埚在使用前应进行钝化处理。即先用稀 HCl 清洗，后用细砂纸将坩埚擦净，再用热水洗净，然后放入 5% H_2SO_4 和 1% HNO_3 的混合液中，浸泡数分钟，再用水洗净，烘干后在 300～400℃的马弗炉中灼烧 10min。

清洗铁坩埚用冷的稀 HCl 即可。

坩埚的使用注意事项如下。

① 坩埚因底部很小，一般需要架在泥三角上才能用火直接加热。坩埚在泥三角上视实验需要可正放或斜放。

② 坩埚使用时通常要将坩埚盖斜放在坩埚上，以防止受热物体跳出，并让空气能自由进出，为氧化反应提供氧气。

③ 加热后的坩埚需用坩埚钳取下。取下的坩埚不能骤冷，否则可能会使坩埚破裂。加热后的坩埚应放在石棉网上慢慢冷却。

3.4.2.2 研钵

研钵是实验中研碎实验材料的容器，配有研杵。研钵的种类有陶瓷、玻璃、玛瑙、氧化铝、铁的制品，化学实验室常用的为瓷制品和玻璃制品。研钵用于研磨固体物质或进行粉末状固体的混合。

进行研磨操作时应注意以下事项。

① 按被研磨固体的性质和产品的粗细程度，选用不同质料的研钵。一般情况用瓷制或玻璃制研钵，研磨坚硬的固体时用铁制研钵。

② 进行研磨操作时，研钵应放在不易滑动的物体上，研杵应保持垂直。大块的固体只能压碎，不能用研杵捣碎，否则会损坏研钵、研杵或将固体溅出。易爆物质只能轻轻压碎，不能研磨。研磨对皮肤有腐蚀性的物质时，应在研钵上盖上厚纸片或塑料片，然后在其中央开孔，插入研杵后再行研磨，研钵中盛放固体的量不得超过其容积的 1/3。

③ 研钵不能直接加热。

④ 洗涤研钵时，应先用水冲洗，耐酸腐蚀的研钵可用稀盐酸洗涤。研钵上附着难洗涤的物质时，可向其中放入少量食盐，研磨后再进行洗涤。

3.4.3 电热仪器

3.4.3.1 电炉

实验室电阻炉是以电流通过导体所产生的焦耳热为热源的电炉。一般分为低温电炉和高温电炉两种。

(1) 低温电炉 盘式电炉是化学实验室最常用的低温电炉。外形结构见 3.1.3 其他仪器。盘式电炉的结构非常简单，是电炉丝镶嵌在具有凹渠的耐火泥盘上。耐火泥盘固定在金属盘座上。电炉丝连接导线而成的。盘式电炉可通过一个可变电阻的调节旋钮改变发热量。万用电炉通过装在其炉盘底部的一个单刀多位开关任意调节发热量。

使用低温电炉时应注意的事项如下。

① 加热的容器直接放在盘式电炉上，不要加放石棉网，否则电炉因石棉网覆盖，热量不易散发，烧坏电炉丝。

② 加热容器如是金属，不要触及电炉丝，否则会发生触电事故。而且如金属容器同时触及电炉丝两点，由于短路会很快烧坏电炉丝。

③ 加热容器加热前外壁要擦干，加热时容器内溶液不宜过满，以不超过容器容积的 2/3 为宜。加热时要防止溶液溅到电炉丝上，否则会缩短电炉寿命。

④ 电炉连续使用时间不要过长，过长会缩短电炉寿命。

⑤ 耐火炉盘的凹渠中要经常保持清洁，及时清除（注意要断电操作）烧灼焦煳的杂物，保持炉丝传热良好，延长电炉寿命。

(2) 高温电炉 高温电炉按电热产生的方式，分为直接加热和间接加热两种。

直接加热就是电流直接通过被加热物料，因电热功率集中在物料本身，所以物料加热很快，适用于要求快速加热的工艺，例如锻造坯料的加热。这种电炉可以把物料加热到很高的温度，例如碳素材料石墨化电炉，能把物料温度加热到 2500℃以上。直接加热电炉可作为真空电阻加热炉或通保护气体电阻加热炉，在粉末冶金中，常用于烧结钨、钽、铌等制品。

大部分高温电炉是间接加热电炉，其中装有专门用来实现电-热转变的电阻体，称为电热体，由它把热能传给炉中物料。如化学实验室常用马弗炉就是间接加热的高温电炉。这类电炉炉膛是以传热性能很好、耐高温而无缩裂性的氧化硅结合体制成的，炉膛外壁有凹渠，用于嵌入电热炉丝。炉膛的外围包着一层很厚的绝缘耐热镁砖和石棉纤维，以减少热量损失，外壳包有带有角铁的骨架和铁皮。这类高温电炉的炉温可高达 1100～1200℃，炉内温度可通过控温装置调节和控制。化学实验室常用于金属熔融、有机物灰化、碳化和重量法的分析工作。

高温电炉使用时应注意的事项如下。

① 新购的高温电炉，选好位置固定后再不要轻易移动。控温装置要按照说明书正确安装。

② 安装时要注意市供电源电压是否符合高温电炉的电压要求，必要时应连接可调变压器。并需接上地线，避免危险。

③ 调节温度控制器，设定控制温度。注意升高温度时，不能一次将温度控制调至最大，要分阶段逐渐升温。

④ 烧灼物质被烧到要求后。先断电，不要打开炉门，以免炉膛骤然受冷碎裂。待温度降至 200℃以下（甚至更低），方可开门用长柄坩埚钳取出样品。

⑤ 电炉勿使剧烈震动，因炉丝一经红热后而被氧化，极易脆断。同时也勿使电炉受潮，以免漏电。

⑥ 高温电炉底座下面要垫上一块绝缘石棉板，以防台面受热过高损坏和引起火灾。实验室无人时，不要使用高温电炉。

⑦ 停用高温电炉时，应切断电源，并关好炉门，以防耐火材料受湿汽侵蚀。

⑧ 炉膛内要保持清洁，高温电炉周围不要放置易燃易爆物品，也不要放精密仪器。

3.4.3.2 电热恒温箱

电热恒温箱是利用电热丝隔层加热的设备，分为两类，一类是低温的（60℃为限），称为保温箱或培养箱。这类恒温箱多用于生物培养方面的实验，如培养微生物；另一类是高温的（300℃为限），称烘箱或干燥箱，是化学实验室常用的电热恒温箱。它用于室温至 300℃范围内的恒温烘焙、干燥、热处理等操作。电热恒温箱一般由箱体、电热系统和自动恒温控制系统三部分组成。有的烘箱带有鼓风装置，外形结构见 3.1.3 其他仪器。

(1) 电热恒温箱的操作过程

① 打开箱门，将待处理物件放入箱内搁板上，关上箱门。

② 接通电源，将电源插头插入 220V 电源插座，将面板右方的电源开关置于“开”的位置，此时仪表出现数字显示，表示设备进入工作状态。

③ 通过操作控制面板上的温度控制器，设定所需要的箱内温度。

④ 仪器开始工作，箱内温度逐渐达到设定值，经过所需的干燥处理时间后，处理工作完成。

⑤ 关闭电源，待箱内温度接近环境温度后，打开箱门，取出物件。

(2) 烘箱使用注意事项

① 烘箱外壳必须有效接地，以保证使用安全；烘箱应放置在具有良好通风条件的室内，在其周围不可放置易燃易爆物品。

② 使用最高温度不得超过干燥箱所配备的温度计刻度值。开门取物件时注意箱内温度，以免烫伤。

③ 可燃性和挥发性的及对金属有腐蚀性的物质如酸、碱等化学物品切勿放入箱内。如必须在烘箱内烘干易燃物品，如滤纸、脱脂棉等，则不要使烘箱内温度过高或时间过长，以免燃烧起火。

④ 要烘干的样品及试剂不要直接放在搁板上，也不能用纸铺垫或包裹，一定要放在称量瓶或玻璃器皿、瓷质器皿内。

⑤ 一台烘箱不能同时用来烘样品和仪器。在箱内烘干的样品，应放在上层烘网上，置于温度计水银球四周，放稳并排列整齐。

⑥ 被干燥样品及试剂的相对湿度不得大于 85%，且占用搁板面积不得大于 70%，便于样品及试剂的通风干燥。

⑦ 观察箱内情况，一般不要打开玻璃门，隔玻璃门观察即可。如在使用过程中出现异常、气味、烟雾等情况，应立即关闭电源，请专业人员查看修理。

⑧ 内部搁板如生锈，可刮干净后涂上铝粉、银粉或锌粉。切不可涂油漆。箱内外应保持清洁，经常打扫。

⑨ 烘箱在晚上无人操作时，一般不要开着。如确实需要进行连续十几小时以上的烘干，而且温度不过高，自动控制系统灵敏，可以晚间连续使用，但必须有人值班。

⑩ 设备长期不用，应切断电源并盖好塑料防尘罩。还应定期（一般一季度）按使用条件运行 2～3 天，以驱除电器部分的潮气，避免损坏有关器件。

3.4.3.3 电热恒温水浴锅

电热恒温水浴锅一般简称为电水浴锅，其外形结构见 3.1.3 其他仪器。化学实验室常用的电热恒温水浴锅一般采用方形水槽式结构，由内胆外壳组成，内胆与外壳夹层以玻璃棉绝热，使电水浴锅加热快并省电，并装有恒温数字控制调节器，使用者可根据需要设定温度。内胆底部设有电热管和托架。电热管一般为不锈钢管或铜质管，管内装有电炉丝并用绝缘材料包裹，有导线连接温度控制器。温度控制器的全部电器部件均装在水浴锅右侧的电器箱内，控制器所带的感温管则插在内胆中。电器箱表面有电源开关、调温键和指示灯。水浴锅左下侧有放水阀门。水槽的内部放有带孔的铝制搁板。上盖上配有不同口径的组合套圈，可适应不同口径的器皿，如蒸发皿和烧瓶等。化学实验室常用恒温水浴锅进行干燥、浓缩、蒸馏等低温（100℃以下）恒温加热试验。具有操作简便，使用安全的特点。

(1) 电热恒温水浴锅的操作过程

① 使用时必须先加水于锅内，可按需要的温度加入热水，以缩短加热时间。

② 开启电源开关，指示灯亮，表示设备的电源已接通，温度控制仪表显示的数值是当前的水温值。

③ 按照所需要的工作温度进行温度的设定，此时温控仪表的绿灯亮，电加热器开始加热，待水温接近设定温度时，温控仪表的红绿灯开始交替亮灭，温控仪表进入了比例控制带，加热器开始断续加热，以控制热惯性。当水温升至设定温度时，红绿灯按照一定的规律交替亮灭，设备进入恒温段。

④ 实验器皿放置在带孔的铝制搁板上或上盖上的圆孔内。放在上盖上需用水浴锅配有不同口径的组合套圈调节圆孔孔径大小，以适应实验器皿的口径。

⑤ 试验工作结束后，关闭电源开关，切断设备的电源，并将水槽内的水放净。

(2) 电热恒温水浴锅的使用注意事项

① 电水浴锅应放在固定平台上，电源电压必须与电水浴锅要求的电压相符。水浴锅的外壳必须有效接地。在未加水之前，切勿打开电源，以防电热管的电热丝烧毁。

② 使用前切记一定先加水（最好选用蒸馏水）至搁板或更高后再通电源，而且注意在使用过程中，水位一定不能低于电加热管，否则，电加热管会立刻爆损。使用后箱内水应及时放擦干净，以保持清洁，以利于延长使用寿命。

③ 使用完毕应切断电源，立即清洁仪器。将水浴锅的水放干净，用毛刷将水浴锅内的粗杂物轻刷掉，并从锅内清除。用细软布将水浴锅内外表面擦净，再用清洁布擦干。

④ 水浴锅右侧的电器箱里不要溅上水或受潮，以防漏电和损坏。

第4章 基本测量仪器的使用

4.1 酸度计的使用

酸度计又称 pH 计，是化学实验室一种常用的电化学分析仪器。酸度计能测量 0～14pH 值范围内溶液的 pH 值。酸度计的型号和种类繁多，有台式、便携式、表型式等多种，但 pH 酸度计都是由电极和电位计两部分组成，图 4.1 所示为一种酸度计的外形结构。酸度计测定溶液 pH 值时，将复合电极或玻璃电极和甘汞电极插入被测溶液中，组成电化学原电池（见图 4.2），其电动势与溶液的 pH 值大小有关，酸度计主体是一个精密的电位计，它将测量原电池的电动势通过直流放大器放大，最后由读数指示器（电压表）指出被测溶液的 pH 值，读数指示器有数字式和指针式两种。由此可见酸度计测定溶液 pH 值的方法是一种电位测定法。故将玻璃电极替换成某种离子选择性电极就可以测量该离子电极电位 mV 值（酸度计 pH 值、mV 值测量可通过旋钮转换），根据 mV 值就可测得该离子的浓度。

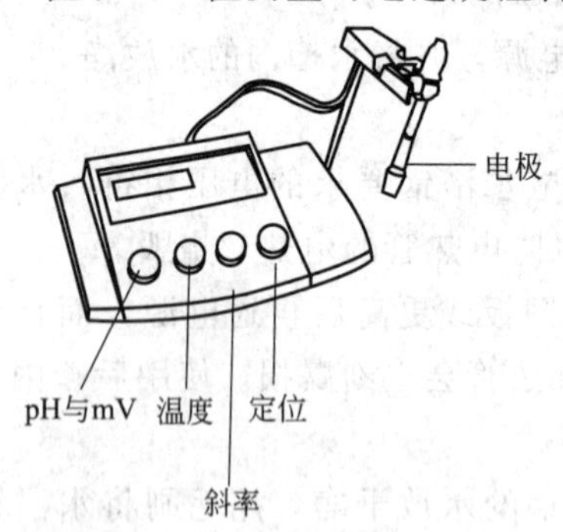

图 4.1 酸度计外形结构

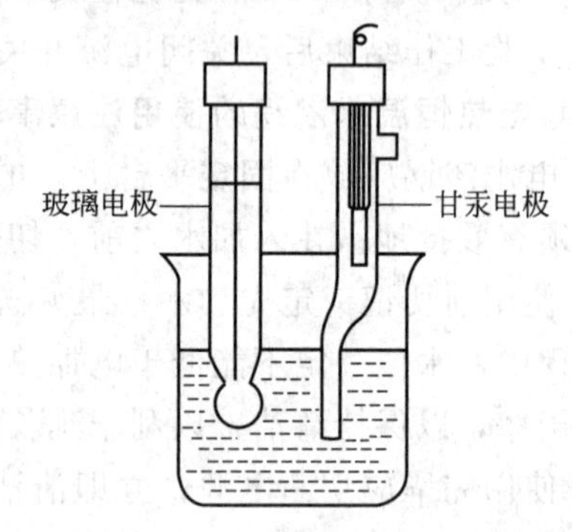

图 4.2 测定 pH 值的工作电池示意图

4.1.1 电极

测定 pH 值的电极有玻璃电极、甘汞电极及复合电极。下面介绍这几种电极的结构、使用和维护。

4.1.1.1 玻璃电极

玻璃电极是常用的氢离子指示电极，其电极结构如图 4.3 所示。玻璃电极用于测定是基于玻璃膜两边的电位差，在一定的温度（25℃）下，试液的 pH 值与玻璃膜电位差呈下列直线关系：

$$\Delta\varphi = K + 0.0592\lg a_{H^+,试} = K - 0.0592pH_{试}$$

式中，K 为常数，它是由玻璃电极本身决定的。由于 K 值不易求出，不能由此电池电势直接求得 pH 值，需用标准缓冲溶液来“标定”。玻璃电极不受氧化剂、还原剂和其他杂质的影响，因此 pH 值测量范围宽广，应用广泛。

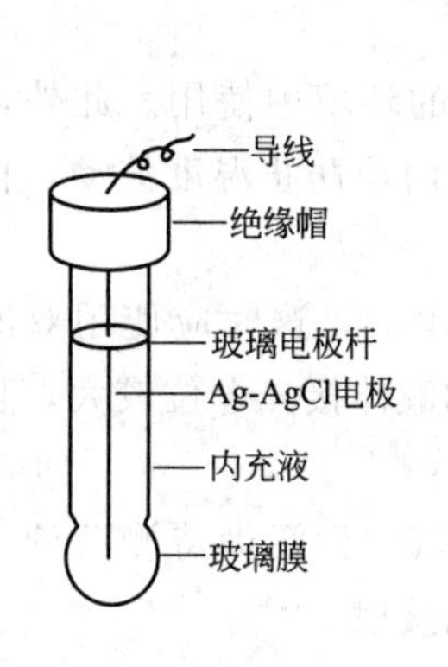

图 4.3　玻璃电极结构

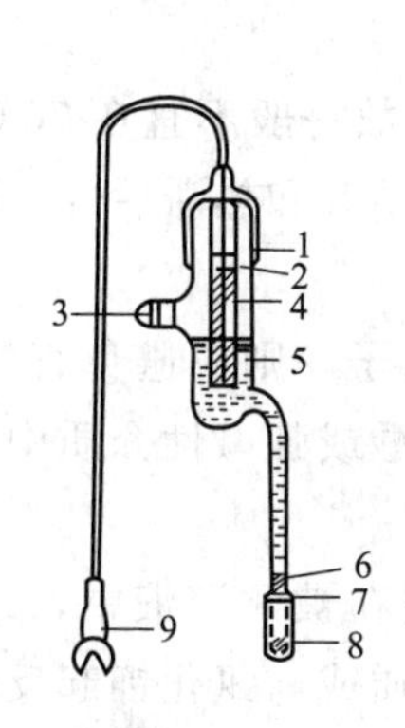

图 4.4　饱和甘汞电极结构

1—胶木帽；2—铂丝；3—小橡皮塞；4—汞、甘汞内部电极；5—饱和 KCl 溶液；6—KCl 晶体；7—陶瓷芯；8—橡皮帽；9—电极引线

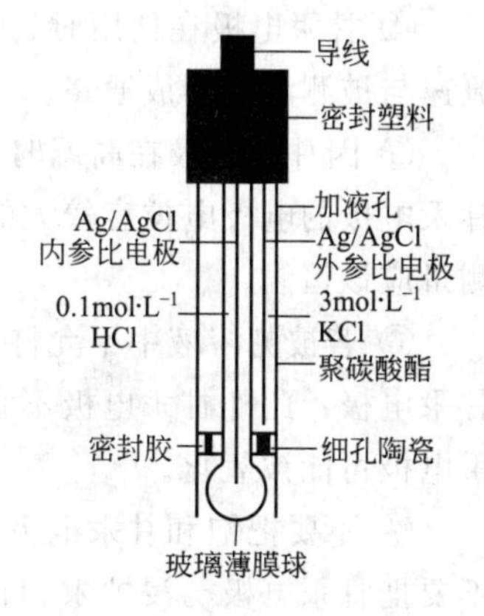

图 4.5　复合电极结构

(1) 玻璃电极的使用

① 使用新 pH 电极要进行调整，需放在蒸馏水中浸泡一段时间，以便形成良好的水合层；浸泡时间与玻璃组成、薄膜厚度有关，一般新制电极及玻璃电导率低、薄膜较厚的电极浸泡时间以 24h 为宜；反之浸泡时间可短些。浸泡时间可查阅玻璃电极说明书。

② 测定某溶液之后，要认真冲洗，并吸干水珠，再测定下一个样品。

③ 测定时玻璃电极的球泡应全部浸在溶液中，使它稍高于甘汞电极的陶瓷芯端。

④ 测定时应用磁力搅拌器以适宜的速度搅拌，搅拌的速度不宜过快，否则易产生气泡附在电极上，造成读数不稳。

⑤ 测定有油污的样品，特别是有浮油的样品，用后要用 CCl_4 或丙酮清洗干净，之后需用 $1.2mol \cdot L^{-1}$ 盐酸冲洗，再用蒸馏水冲洗，在蒸馏水中浸泡平衡一昼夜再使用。

⑥ 测定浑浊液之后要及时用蒸馏水冲洗干净，不应留有杂物。

⑦ 测定乳化状物的溶液后，要及时用洗涤剂和蒸馏水清洗电极，然后浸泡在蒸馏水中。

⑧ 玻璃电极的内电极与球泡之间不能有气泡，若有气泡，可轻甩，让气泡逸出。

(2) 玻璃电极的维护　平时常用的玻璃电极，短期内放在 pH=4.00 缓冲溶液中或浸泡在蒸馏水中即可。长期存放，用 pH=7.00 缓冲溶液浸泡或套上橡皮帽放在盒中。

4.1.1.2　甘汞电极

甘汞电极是 pH 值测定常用的参比电极，化学实验室使用的多为饱和甘汞电极，其电极结构如图 4.4 所示。饱和甘汞电极的电极电位较稳定，在 25℃时，电极电位为 0.2438V。

甘汞电极的使用和维护注意事项如下。

① 保持甘汞电极的清洁，不得使灰尘或外部离子进入该电极内部；当甘汞电极外表附有 KCl 溶液或晶体时，应随时除去。

② 测量时电极应竖式放置，甘汞芯应在饱和 KCl 液面下，电极内盐桥溶液面应略高于被测溶液面，防止被测溶液向甘汞电极内扩散。

③ 电极内 KCl 溶液中不能有气泡，溶液中应保留少许 KCl 晶体。电极使用时，应每天添加内管内充液，双盐桥饱和甘汞电极应每日更换外盐桥内充液。

④ 甘汞电极在使用时，应先拔去侧部和端部的电极帽，以使盐桥溶液借重力维持一定流速与被测溶液形成通路。

⑤ 因甘汞电极在高温时不稳定，故一般不宜在 70℃ 以上温度的环境中使用。此外，因甘汞电极的电极电位有较大的负温度系数和热滞后性，因此，测量时应防止温度波动，精确测量应该恒温。

⑥ 若被测溶液中不允许含有氯离子，则应避免直接插入甘汞电极，这时应使用双液接甘汞电极；此外甘汞电极不宜用在强酸或强碱性介质中，因此时的液体接界电位较大，且甘汞电极可能被氧化。

⑦ 不要把饱和甘汞电极长时间浸在被测溶液中，以免流出的氯化钾污染待测溶液。更不要把甘汞电极与浸蚀汞和甘汞的物质或与氯化钾起反应的物质相接触。

⑧ 因甘汞易光解而引起电位变化，使用和存放时应注意避光。

⑨ 电极不用时，取下盐桥套管，将电极保存在饱和 KCl 溶液中，千万不能使电极干涸。电极长期（半年）不用时，应把端部的橡胶帽套上，放在电极盒中保存。

4.1.1.3 复合电极

将玻璃电极和参比电极组合在一起的电极就是 pH 复合电极，如图 4.5 所示。根据外壳材料的不同，分塑壳和玻璃两种。相对于两个电极（玻璃电极和参比电极）而言，复合电极最大的好处就是使用方便。

(1) 复合电极的浸泡

① 新的复合电极使用前，必须浸泡在含 KCl 的 pH=4 缓冲液中，浸泡时间查阅电极说明书。这里要特别提醒注意，复合电极不能采用玻璃电极用去离子水或 pH=4 缓冲液浸泡的方法。

② 复合电极正确的浸泡方法是将电极浸泡在含有 KCl 的 pH=4 的缓冲溶液中。复合电极浸泡液的配制：取 pH4.00 缓冲剂（250mL）一包，溶于 250mL 纯水中，再正确地加入 56g 分析纯 KCl，适当加热，搅拌至完全溶解即成。

③ 如复合电极在去离子水或 pH=4 缓冲液浸泡过，必须要在上述浸泡溶液中重新浸泡数小时，才能使用。

④ 复合电极也不能长期浸泡在中性或碱性的缓冲溶液中，否则会使 pH 玻璃膜响应迟钝。

⑤ 使用结束后，电极应立即浸泡在复合电极浸泡液中。为了复合电极使用更加方便，一些进口的 pH 复合电极和部分国产电极，都在 pH 复合电极头部装有一个密封的塑料小瓶，内装电极浸泡液，电极头长期浸泡其中，使用时拔出洗净就可以，非常方便。这种保存方法不仅方便，而且对延长电极寿命也是非常有利的，但是塑料小瓶中的浸泡液不要受污染，要注意更换。

(2) 复合电极的使用

① 球泡前端不应有气泡，如有气泡应用力甩去。

② 电极从浸泡瓶中取出后，应在去离子水中晃动并甩干，不要用纸巾擦拭球泡，否则由于静电感应电荷转移到玻璃膜上，会延长电势稳定的时间，更好的方法是使用被测溶液冲洗电极。

③ pH 复合电极插入被测溶液后，要搅拌晃动几下再静置，这样会加快电极的响应。尤其使用塑壳复合电极时，搅拌晃动要厉害一些，因为球泡和塑壳之间会有一个小小的空腔，电极浸入溶液后有时空腔中的气体来不及排除，会产生气泡，使球泡或液接界与溶液接触不良，因此必须用力搅拌晃动，以排除气泡。

④ 在黏稠性试样中测试之后，电极必须用去离子水反复冲洗多次，以除去黏附在玻璃膜上的试样。有时还需先用其他溶剂洗去试样，再用水洗去溶剂，浸入浸泡液中活化。

⑤ 避免接触强酸强碱或腐蚀性溶液，如果测试此类溶液，应尽量减少浸入时间，用后仔细清洗干净。

⑥ 避免在无水乙醇、浓硫酸等脱水性介质中使用，它们会损坏球泡表面的水合凝胶层。

⑦ 塑壳复合电极的外壳材料是聚碳酸酯塑料（PC），PC 塑料在有些溶剂中会溶解，如四氯化碳、三氯乙烯、四氢呋喃等，如果测试中含有以上溶剂，就会损坏电极外壳，此时应改用玻璃外壳的复合电极。

(3) 复合电极的清洗 复合电极球泡和液接界污染比较严重的情况时，同玻璃电极一样先用溶剂清洗，再用去离子水洗去溶剂，最后将电极浸入浸泡液中活化。

污染物及对应的清洗剂如下。

① 无机金属氧化物污染用低于 $1mol \cdot L^{-1}$ 稀酸清洗。

② 有机油脂类物污染用稀洗涤剂（弱酸性）清洗。

③ 树脂高分子物质污染用稀酒精、丙酮、乙醚清洗。

④ 蛋白质、血细胞沉淀物污染用酸性酶溶液清洗。

⑤ 颜料类物质污染用稀漂白液或过氧化氢溶液清洗。

4.1.2 酸度计的使用与维护

不同型号的酸度计，使用方法都不一样。在使用酸度计前要仔细阅读使用说明书。尽管酸度计型号很多，但操作步骤基本是相同的。

4.1.2.1 安装

① 电源的电压与频率必须符合仪器铭牌上所指明的数据，同时必须接地良好，否则在测量时可能指针不稳。

② 电极梗旋入电极梗插座，调节电极夹到适当位置。复合电极夹在电极夹上。如使用玻璃电极和甘汞电极，将玻璃电极的胶木帽夹在电极夹的小夹子上，将甘汞电极的金属帽夹在电极夹的大夹子上。

③ 除去复合电极或玻璃电极前端的电极套及甘汞电极侧面和顶端的橡皮帽。用蒸馏水清洗电极，清洗后用滤纸吸干。

4.1.2.2 开机

① 电源线插入电源插座。打开电源开关，电源接通后，将仪器预热 15～30min。

② 用温度计测量溶液的温度，调节仪器面板上的温度旋钮，使旋钮上的刻度线对准溶液的温度值（溶液间温度变化不大，故校正和测量时一般不再进行温度调节）。

4.1.2.3 仪器校正

(1) 单点校正

① 把选择开关旋钮调到 pH 挡，斜率旋钮调至 100％位置。

② 将电极（复合电极或玻璃电极和甘汞电极）洗干净，并用滤纸吸干后将电极插入一已知 pH 值的标准缓冲溶液中。

③ 调节定位调节旋钮，使仪器显示读数与该缓冲溶液当时温度下的 pH 值相一致。

(2) 两点校正 两点校正一般选择两种标准缓冲溶液 pH＝6.86、pH＝4.00 或 pH＝9.18 进行校正。对于精密级的酸度计，除了设有“定位”和“温度补偿”调节外，还设有电极“斜率”调节。先用 pH＝6.86 进行“定位”校准，然后根据测试溶液的酸碱情况，选用 pH＝4.00（酸性）或 pH＝9.18（碱性）缓冲溶液进行“斜率”校正。具体操作步骤如下。

① 校正时，将仪器斜率调节器调节在 100％的位置。

② 把电极洗净用滤纸吸干后，浸入 pH＝6.86 标准溶液中，待显示值稳定后，调节定位旋钮，使仪器显示值为标准溶液的 pH 值 6.86。

③ 取出电极在蒸馏水中洗净用滤纸吸干后，浸入第二种标准溶液中。待显示值稳定后，调节仪器斜率旋钮，使仪器显示值为第二种标准溶液的 pH 值。

④ 取出电极洗净并用滤纸吸干后，再浸入 pH＝6.86 缓冲溶液中。如果误差超过 0.02pH，则重复步骤②、③，直至在两种标准溶液中不需要调节旋钮都能显示正确 pH 值。

(3) 校准仪器注意事项

① 第一次使用仪器或更换新电极，或电极在空气中暴露过久，如 30min 以上时都必须进行校正。

② 溶液温度与定标温度有较大的差异时需重新校正。

③ 测量过酸（pH＜2）或过碱（pH＞12）的溶液后；校正的标准缓冲溶液的 pH 值与所测溶液的 pH 值相差较大时都需重新校正。

④ 日常使用中，每天校正一次或在纯净水换天然水时需校正（天然水换纯净水也同样需校正）。

⑤ 不能使用配制时间较长或已变质的标准缓冲溶液进行校正。

⑥ 电极从一种溶液中取出置于另一种溶液中前，必须在蒸馏水中清洗并用滤纸吸干电极上的水珠。

⑦ 仪器一旦校正完毕，定位及斜率旋钮不得再旋动，否则必须重新校正。

(4) 校正用标准缓冲溶液

① 标准缓冲溶液的配制：三种 pH＝4.00、6.86、9.18 的缓冲液一般购买酸度计时都直接配置，也可直接购买，这样比较准。配制溶液时，应使用去离子水，并预先煮沸 15～30min，以除去溶解的二氧化碳。剪开塑料袋将试剂倒入烧杯中，用适量去离子水使之溶解，并冲洗包装袋，再倒入 250mL 容量瓶中，稀释至刻度，充分摇匀即可。

② 标准缓冲溶液保存：缓冲溶液配制后，应装在玻璃瓶或聚乙烯瓶中（pH＝9.18 缓冲液应装在聚乙烯瓶中），瓶盖严密盖紧，在冰箱中低温（5～10℃）保存，一般可使用两个月左右，如发现有浑浊、发霉或沉淀等现象，不能继续使用。

③ 标准缓冲溶液使用：用几个 50mL 的聚乙烯小瓶，将大瓶中的缓冲溶液倒入小瓶中，并在环境温度下放置 1～2h，等温度平衡后再使用。使用后不得再倒回大瓶中，以免污染，小瓶中的缓冲溶液在>10℃的环境条件下可以使用 2～3 天，一般 pH＝6.86 及 pH＝4.00 溶液使用时间可以长一些，pH＝9.18 溶液由于吸收空气中的 CO_2，其 pH 值比较容易变化。

(5) 缓冲溶液其他用途

① 检定酸度计的准确性，例如用 pH＝6.86 和 pH＝4.00 标定 pH 计后，将 pH 电极插入 pH＝9.18 溶液中，检查仪器显示值和标准溶液的 pH 值是否一致。

② 在一般精度测量时检查酸度计是否需要重新设定。酸度计校正并使用后也许会产生漂移或变化，因此在测试前将电极插入与被测溶液比较接近的标准缓冲液中，根据误差大小确定是否需要重新校正。

③ 检测 pH 电极的性能。

4.1.2.4 测量

经校正过的酸度计，即可用来测定被测溶液。测量时用蒸馏水冲洗电极头部，用滤纸将电极上多余的水珠吸干或用被测溶液冲洗两次，然后将电极浸入被测溶液中，并轻轻转动或摇动小烧杯，使溶液均匀接触电极。在显示屏上读出溶液的 pH 值。

被测溶液与标定溶液温度相同与否，测量步骤也有所不同；此外不同型号的酸度计测量方法也不尽相同。具体测量步骤应查阅仪器说明书。

测量结束后拔下电极，接上短接线，以防止灰尘进入，影响测量准确性；用蒸馏水清洗电极，用滤纸吸干，按要求保存，最后关机。

4.1.2.5 酸度计使用注意事项

① 防止仪器与潮湿气体接触。潮气的侵入会降低仪器的绝缘性，使其灵敏度、精确度、稳定性都降低。

② 玻璃电极小球的玻璃膜极薄，容易破损，切忌与硬物接触。

③ 如酸度计指针抖动严重或读数不稳定，应更换玻璃电极。

④ 记录被测溶液的 pH 值时应同时记录被测溶液的温度值，因为离开温度值，pH 值几乎毫无意义。尽管大多数 pH 计都具有温度补偿功能，但仅仅是补偿电极的响应而已，也就是说只是半补偿，而没有同时对被测溶液进行温度补偿，即全补偿。

4.2 电导率仪的使用

实验用水是否符合实验要求，其电导率是一项重要的指标，因此化学实验室常需用电导率测定仪测定实验用水的电导率。电导仪型号很多，使用时需详读使用说明书。这里以 DDS-11A 型电导仪（见图 4.6）为例介绍电导率检测的操作过程。

(1) 仪器的调试

① 检查一下指针是否指零，如果不指零，调节电导率仪上的调零旋钮。

② 将校正测量开关扳在“校正”位置。

③ 接通电源预热 10min 以上（待指针完全稳定为止）。调节“调正”调节器，使电表指

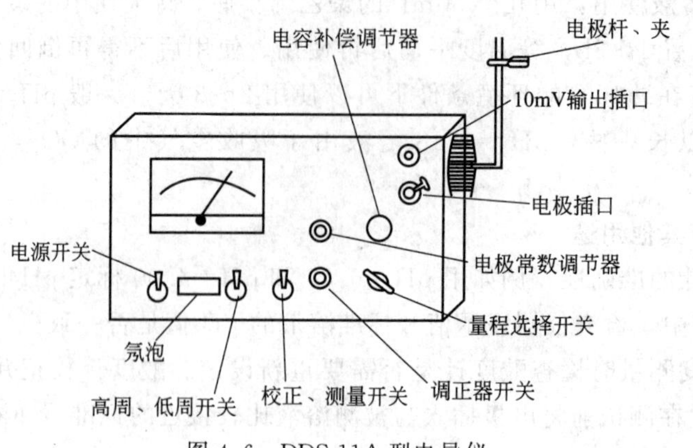

图 4.6　DDS-11A 型电导仪

示满度。

④ 当使用(1)～(8)量程来测量电导率低于 300μS·cm^{-1}的液体时，选用“低周”，这时将高/低周开关扳向低周即可。当使用(9)～(12)量程来测量电导率在 300～10^{5} μS·cm^{-1}范围内的液体时，则扳向“高周”。

⑤ 将量程选择开关扳到所需要的测量范围，如预先不知被测溶液电导率大小，应先把其扳到最大电导率测量挡，然后逐渐下降，以防表针打弯。

(2) 电极的使用与测量

① 选择合适电极，用电极夹夹紧电极的胶木帽，并固定在电极杆上；将电极插头插入电极插口内，旋紧插口上的紧固螺丝，再将电极浸入待测溶液中。

② 校正：当用(1)～(8)量程测量时，校正时扳到低周，当用(9)～(12)量程测量时，则校正扳到高周，开关在“校正”位置，调节校正调节器，使指示在满度。

③ 将“校正测量开关”扳在“测量”位置，读取待测溶液的电导率读数。

(3) 电极的选择

① 低电导测量（电导率小于 100μS·cm^{-1}），例如测量纯水、锅炉水、去离子水、矿泉水等水质的电导率时，选用 DJS-1C 光亮电极。

② 测量一般溶液的电导率（30～3000μS·cm^{-1}），采用 DJS-1C 铂黑电极。

③ 测量 3000～10^{4} μS·cm^{-1}的高电导溶液时，应使用常数为 10 的铂黑电极。

无论选择何种电极，都应把“电极常数调节器”调节在所配套电极常数相对应的刻度上。

(4) 电导率读数　表指针指示读数乘以“量程选择开关”的倍率，即为待测液的实际测量电导率。

(5) 使用注意事项

① 电极的引线不能潮湿，否则将测不准。

② 高纯水盛入容器后应迅速测量，否则电导率升高很快，因为空气中的 CO_2 溶入水中会变成碳酸根离子。

③ 盛被测溶液的容器必须清洁，无离子沾污。

④ 为确保测量精度，电极使用前应用小于 0.5μS·cm^{-1}的蒸馏水（或去离子水）冲洗两次，然后用被测试样冲洗三次后，方可测量。

⑤ 测量过程中如需重新校正仪器，只需将选择开关置于校正位置，即可重新校正仪器，

而不必将电极插头拔出，也不必将电极从待测液中取出。

⑥ 仪器不用时，必须将电源插头拔出，保护仪器。

4.3 分光光度计的使用

分光光度计，又称光谱仪，是在特定波长处或一定波长范围内测定物质对光的吸光度（吸收度）的仪器。通过测得吸光度对物质进行定性或定量分析的方法称为分光光度法。分光光度计按使用的波长范围，分为紫外分光光度计（200～380nm 的紫外光区）、可见光分光光度计（380～780nm 的可见光区）、红外分光光度计（2.5～25μm 的红外光区），其中可见光分光光度计一般是化学实验室常用的。分光光度计组成包括光源、单色器、样品室、检测器、信号处理器和显示与存储系统。分光光度计的种类、型号很多，使用前应仔细阅读仪器说明书，现以 721 型分光光度计为例介绍分光光度计的构造、使用与维护。

4.3.1 分光光度计结构

721 型分光光度计允许的测定波长范围为 360～800nm，图 4.7 是其外形，图 4.8 所示是其基本结构。

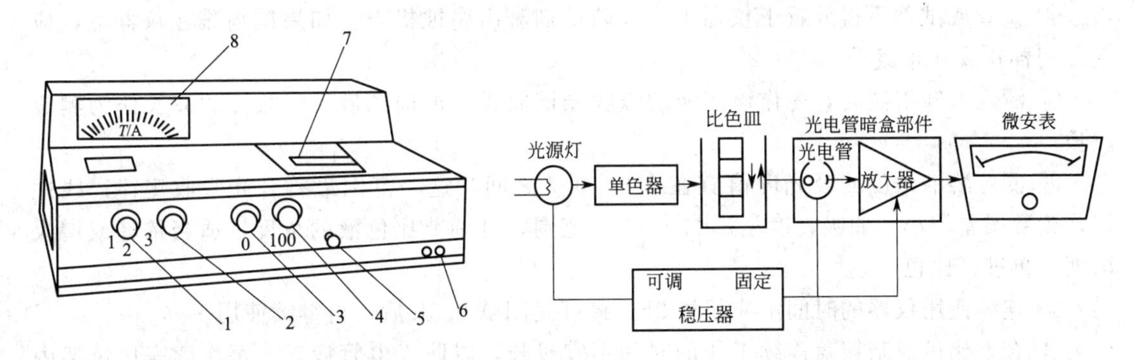

图 4.7 721 型分光光度计

1—灵敏度挡；2—波长调节器；3—调“0”电位器；4—光量调节器；5—比色皿座架拉杆；6—电源开关；7—比色皿暗箱；8—读数表头

图 4.8 721 型分光光度计基本结构示意

4.3.2 分光光度计的使用方法

① 预热仪器。为使测定稳定，将电源开关打开，使仪器预热 20min，为了防止光电管疲劳，不要连续光照。预热仪器时和不测定时应将比色皿暗箱盖打开，使光路切断。

② 选择波长。根据实验要求，转动波长调节器，使指针指示所需要的单色光波长。

③ 固定灵敏度挡。根据有色溶液对光的吸收情况，为使吸光度读数为 0.2～0.7，选择合适的灵敏度。为此，旋动灵敏度挡，使其固定于某一挡，在实验过程中不再变动。一般测量固定在“1”挡。

④ 将空白液及测定液分别倒入至比色杯 3/4 处，用擦镜纸擦净外壁，放入样品室内，使空白管对准光路。

⑤ 调节“0”点：轻轻旋动调“0”电位器，使读数表头指针恰好位于透光度为“0”处(此时，比色皿暗箱盖是打开的，光路被切断，光电管不受光照)。

⑥ 调节 $T=100\%$。把比色皿暗箱盖轻轻盖上，转动光量调节器，使透光度 $T=100\%$，即表头指针恰好指在 $T=100\%$处。重复（5）、（6）几次。

⑦ 测定：指针稳定后轻轻拉动比色皿座架拉杆，使有色溶液进入光路，此时表头指针所示为该有色溶液的吸光度 A。读数后，打开比色皿暗箱盖。

⑧ 关机：实验完毕，切断电源，取出比色皿架，检查检测室内是否有液体溅出，并擦净。检测室内放入硅胶袋，合上盖，套上仪器罩。将比色皿取出洗净，并将比色皿座架及暗箱用软纸擦净。

4.3.3 分光光度计使用和维护中的注意事项

① 该仪器应放在干燥的房间内，使用时放置在坚固平稳的工作台上，室内照明不宜太强。热天时不能用风扇直接向仪器吹风，防止灯泡灯丝发亮不稳定。

② 仪器使用前，应该首先了解仪器的结构和工作原理，以及各个操纵旋钮的功能。在未接通电源之前，应该对仪器的安全性能进行检查，电源接线应牢固，通电也要良好，各个调节旋钮的起始位置应该正确，然后再接通电源开关。

③ 拉动比色杆时要轻，以防溶液溅出，腐蚀机械。

④ 试管或试剂不得放置于仪器上，以防试剂溅出腐蚀机壳。如果试剂溅在仪器上，应立即用棉花或纱布擦干。

⑤ 测定未知溶液时，先作该溶液的吸收光谱曲线，再选择最大吸收峰的波长作为测定波长。

⑥ 测定溶液浓度的吸光度值宜在 0.2～0.7 之间，这一范围最符合光吸收定律，线性好，读数误差较小。如吸光度超过 0.2～0.7 范围，可调节比色液的浓度，适当稀释或增大浓度，再进行比色。

⑦ 连续使用仪器的时间不应超过 2h，最好是间歇 0.5h 后，再继续使用。

⑧ 合上比色皿暗箱盖连续工作的时间不宜过长，以防光电管疲乏。每次读完比色架内的一组读数后，立即打开比色皿暗箱盖。

⑨ 仪器不能受潮。在日常使用中，应经常注意单色器上的防潮硅胶（在仪器的底部）是否变色，如硅胶的颜色已变红，应立即取出烘干或更换。

⑩ 仪器用完之后，需拔去电源，套上仪器罩。仪器较长时间不使用，应定期通电，预热。

⑪ 移动仪器时，应注意小心轻放。

4.3.4 比色皿的使用和维护

① 拿比色皿时，手指只能捏住比色皿的毛玻璃面，不要碰比色皿的透光面，以免沾污。

② 清洗比色皿时，一般先用水冲洗，再用蒸馏水洗净。如比色皿被有机物沾污，可用盐酸-乙醇混合洗涤液(1∶2)浸泡片刻，再用水冲洗。不能用碱溶液或氧化性强的洗涤液洗比色皿，以免损坏。也不能用毛刷清洗比色皿，以免损伤它的透光面。每次做完实验时，应立即洗净比色皿。

③ 比色皿外壁的水用擦镜纸或细软的吸水纸吸干，以保护透光面。

④ 测定有色溶液吸光度时，一定要用有色溶液润洗比色皿内壁几次，以免改变有色溶液的浓度。另外，在测定一系列溶液的吸光度时，通常都按由稀到浓的顺序测定，以减小测量误差。

⑤ 在实际分析工作中，通常根据溶液浓度的不同，选用液槽厚度不同的比色皿，使溶液的吸光度控制在0.2～0.7。

4.3.5 应用计算

(1) 标准溶液比较法 分别测定未知有色溶液（浓度为c_x）和已知浓度（c_s）标准溶液的吸光度为A_x和A_s，则按下式计算未知有色溶液的浓度。

$$c_x=\frac{A_x}{A_s}c_s$$

注意：未知有色溶液与标准溶液浓度尽可能接近，即吸光度越接近越好。

(2) 标准曲线法

① 标准曲线制作：测定一系列浓度由低到高的标准溶液的吸光度，以吸光度为纵坐标，标准溶液的浓度为横坐标，作出标准曲线。

② 未知有色溶液浓度：根据测得的有色浓度的吸光度在标准曲线上找出对应的未知有色溶液的浓度。

注意：制作标准曲线至少5个点（配制5种浓度的标准溶液），至少3个点必须在直线上，不在直线的点离直线也不应太远。此外，未知有色溶液和标准溶液吸光度测定应在相同条件下进行。

第5章 常用试剂和试纸

5.1 实验用水

5.1.1 天然水

天然水是构成自然界地球表面各种形态的水相的总称，包括江河、海洋、冰川、湖泊、沼泽等地表水以及土壤、岩石层内的地下水等天然水体。天然水是一种化学成分十分复杂的溶液，含可溶性物质（如铁、铝、钙、镁、钠等盐类、可溶性有机物和可溶气体等）、胶体物质（如硅胶、腐殖酸、黏土、矿物等）和悬浮物（如黏土、水生生物、泥沙、细菌、藻类等）。一般情况下地表水的含盐量比较低，但容易受污染；地下水比较洁净，但溶解的矿物质比较多。自来水是经过处理过的天然水，因此这种水在化学实验室仅用于初步洗涤较脏的器皿和用作降低温度的冷凝水等。

5.1.2 纯净水

纯净水，简称净水或纯水，是纯洁、干净，不含有杂质或细菌的水（H_2O），如不含有机污染物、无机盐、任何添加剂和各类杂质的水，是分析化学实验中最常用的纯净溶剂和洗涤剂。纯净水的纯是相对的，没有绝对的纯水，因此根据分析的任务和要求不同，对水的纯度要求也有所不同。一般的分析工作，采用蒸馏水或去离子水即可；超纯物质的分析，则需纯度较高的“超纯水”。在一般的分析实验中，离子选择电极法、配位滴定法和银量法用水的纯度又较高些。

(1) 蒸馏水 将天然水（一般是自来水）用蒸馏器蒸馏、冷凝就得到蒸馏水。这种方法得到的纯水能除去水中的非挥发性杂质，但不能除去易溶于水的气体。同是蒸馏而得的纯水，由于蒸馏器的材料不同，所带的杂质也不同。实验室所用的一次蒸馏水是用不锈钢蒸馏水器制备，一次蒸馏水含有一些杂质；二次蒸馏水是杂质含量相对较少的蒸馏水，它是将一次蒸馏水用玻璃蒸馏器重新蒸馏制得；纯度较高的蒸馏水可用二次蒸馏水经石英蒸馏器重新蒸馏制得。有时为了特殊目的，在蒸馏前会加入适当试剂，如为了得到无氨水，会在水中加酸；低耗氧量的水，加入高锰酸钾与酸等。

“超纯水”电导率小于$0.1\mu S\cdot cm^{-1}$（没有明显界线），因此需经过特殊处理，可以认为是一般工艺很难达到的程度。

(2) 去离子水 去离子水是指除去了呈离子形式的杂质后的纯水。化学实验室一般用离子交换法，即用离子交换树脂去除水中的阴离子和阳离子的方法，制取去离子水。此法的优点是容易制得大量的水（因而成本低），而且纯度高。但缺点是设备较复杂，制备的去离子水中仍然存在可溶性的有机物，可以污染离子交换柱，从而降低其功效，去离子水存放后也容易引起细菌的繁殖。

(3) 纯水的质量检验 纯水的质量可以通过检验来了解。检验的项目很多，现仅结合一般分析实验室的要求简略介绍主要的检查项目如下。

① 电导率：25℃时电导率为1.0～0.1$\mu S \cdot cm^{-1}$的水为纯水，小于0.10$\mu S \cdot cm^{-1}$为超纯水。检测方法见4.2节。

② 酸碱度：要求pH值为6～7。取2支试管，各加被检查的水10mL，一管加甲基红指示剂2滴，不得显红色，另一管加0.1%溴麝香草酚蓝（溴百里酚蓝）指示剂5滴，不得显蓝色。也可参照4.1节用酸度计检测。

③ 钙、镁离子：取10mL被检查的水，加氨水-氯化铵缓冲溶液（pH≈10），调节溶液pH值至10左右，加入铬黑T指示剂1滴，不得显红色。

④ 氯离子：取10mL被检查的水，用HNO_3酸化，加1%$AgNO_3$溶液2滴，摇匀后不得有浑浊现象。

(4) 纯水使用的注意事项

分析用的纯水必须严格保持纯净，防止污染，使用时的注意事项如下。

① 装纯水的容器本身（主要是容器内壁，其次是外部）要清洁。

② 纯水瓶口要随时盖上盖子（无论瓶内是否有水），空气导入管口最好加盖指形管或纸套。

③ 插入瓶内的玻璃管长度要合适，要保持清洁，取水一定要专用水管。

④ 要保持洗瓶的洁净。

⑤ 纯水瓶旁不要放置易挥发的试剂，如浓盐酸、氨水等。

5.2 常用化学试剂

化学试剂是在化学试验、化学分析、化学研究及其他试验中使用的各种纯度等级的化合物或单质。任何一个化学实验室都离不开化学试剂。对于任一参与实验的人员，了解化学试剂的性质和用途等是非常必要的。现就化学试剂简单知识进行介绍。

5.2.1 化学试剂的等级标志和符号

在我国，采用优级纯、分析纯、化学纯3个级别表示的化学试剂，按照我国国家标准和原化工部部颁标准，共计225种。这225种化学试剂以标准的形式，规定了我国的化学试剂含量的基础。其他化学品的含量测定都是以此为基准，通过测定来确定其含量的。因此，这些化学试剂的质量就显得十分重要。这三个级别都是按主成分含量确定的，此外化学试剂在生产时，还有其他按用途不同制造出等级不同的规格，以供各种使用单位按实验要求选用。表5.1是我国化学试剂等级标志和适用范围。

表 5.1 我国化学试剂等级标志和适用范围

等级	名称	英文名称	符号	适用范围	瓶签颜色
一级品	优级纯（保证试剂）	Guaranteed reagent	G. R.	纯度很高，适用于精密分析工作和科学研究工作	绿色
二级品	分析纯（分析试剂）	Analytical reagent	A. R.	纯度仅次于一级品，适用于多数分析工作和科学研究工作	红色
三级品	化学纯	Chemically pure	C. P.	纯度较二级差些，适用于一般分析工作	蓝色
四级品	实验试剂医用	Laboratorial reagent	L. R.	纯度较低，适用作实验辅助试剂	棕色或其他颜色
	生物试剂	Biological reagent	B. R.（或 C. R.）		黄色或其他颜色

常见的还有基准试剂、色谱纯试剂、光谱纯试剂等。

基准试剂（符号 P. T.）的纯度相当于或高于优级纯试剂，是杂质少、稳定性好、化学组分恒定的化合物。在基准试剂中有容量分析、pH 测定、热值测定等分类。每一分类中均有第一基准和工作基准之分。凡第一基准都必须由国家计量科学院检定，生产单位则利用第一基准作为工作基准产品的测定标准。市售的基准试剂主要是指容量分析类中的容量分析工作基准。一般在容量分析中用于标定标准溶液或直接配制标准溶液。

色谱纯试剂是在最高灵敏度下以 1.0～10g 无杂质峰来表示的，是指进行色谱分析时使用的标准试剂，在色谱条件下只出现指定化合物的峰，不出现杂质峰。色谱纯试剂与色谱试剂是有区别的，它们是两个截然不同的概念，色谱纯是指试剂的纯度，而色谱试剂是指试剂应用的对象。色谱纯试剂除要求含量高以外，还对微尘、水分都有很高的要求，属于高纯试剂的范畴。而色谱试剂是指用于色谱分析、色谱分离、色谱制备的化学试剂，没有强制的纯度或一定数据数值规定。

光谱纯试剂（符号 S. P.）是以光谱分析时出现的干扰谱线的数目及强度来衡量的，即其杂质含量用光谱分析法已测不出或杂质含量低于某一限度。需要注意的是，光谱纯并不是高纯物质，有的试剂纯度只有 80%多。这种试剂主要用来作为光谱分析中的标准物质。

在分析工作中，选择试剂的纯度除了要与所用方法相当外，其他如实验用的水、操作器皿也要与之相适应。若试剂都选用 G. R. 则不宜使用普通的蒸馏水或去离子水，而应使用经两次蒸馏制得的二次蒸馏水。所用器皿的质地也要求较高，使用过程中不应有物质溶解到溶液中，以免影响测定的准确度。

选用试剂时，要注意节约原则，不要盲目追求纯度高，应根据工作具体要求取用。优级纯和分析纯试剂，虽然是市售试剂中的纯品，但有时由于包装不慎而混入杂质，或运输过程中可能发生变化，或贮藏日久而变质，所以还应具体情况具体分析。对所用试剂的规格有所怀疑时，应该进行鉴定。在有些特殊情况下，市售的试剂纯度不能满足要求时，分析者就应自己动手精制提纯。

5.2.2 几种分级标准的对照

在文献资料中和进口的化学试剂标签，有的等级与我国的现行级别不太一致，表 5.2 是几种常见的分级标准对照。

表 5.2 化学试剂的几种分级对照

国家或公司	试剂品级顺序				
	1	2	3	4	5
我国现行统一规定等级和符号	一级品 保证试剂 优级纯 G. R.	二级品 分析试剂 分析纯 A. R.	三级品 化学纯 C. R.	实验试剂 医用 L. R.	生物试剂 B. R. 或 C. R.
联邦德国 DR THEODOR SCHUGHRAT 公司等级和符号	A. R. （分析试剂）	REINST （特纯）	C. P. （化学纯）	REIN（纯）	L. R. （实验试剂）
英国 LIGHT	G. R.	A. R.	C. P.	PURE	L. R.
瑞士 FLUKA	PURISS-PA （分析纯）	PURUM-PA （分析纯）	PURISS （高纯）	PRACTPURE （实验纯）	PURUM （纯）
前苏联（CCCP）	ХЧ （化学纯）	ЧДА （分析纯）	Ч （纯）		
日本（JAPAN）	G. R. （特级）	A. R. （一级）	E. P.	PURE	

5.2.3 化学试剂的包装规格

盛装固态、液态化学试剂的容器一般有玻璃、塑料和金属三类。玻璃容器可以盛装各种化学试剂，包括可燃性的和高纯度的试剂。而塑料和金属容器虽不适宜于盛装各种化学试剂，但比玻璃容器不易破裂。化学试剂所采用的包装容器是根据试剂的性质和纯度来确定的。

化学实验室常见的玻璃容器有玻璃瓶和安瓿两种。前者适宜于盛装各种纯度级别的化学试剂，包括分析试剂、色谱纯试剂、痕量分析试剂、电子纯级试剂和有机合成试剂等。后者则往往用于盛装需要完全密封不使散逸的化学试剂，如重氢试剂。但是，玻璃容器不宜盛装能与玻璃起化学反应或玻璃能起催化作用的一些化学试剂，前者如氢氟酸，后者如双氧水。

包装单位是每个包装容器盛装化学试剂的净重或体积，即包装量。包装单位大小由化学试剂的性质、用途和它们的单位价值决定。一般情况下，固体化学试剂以 500g 分装一瓶，液体试剂以 500mL 分装一瓶。

固体物质给出该化学试剂的质量包装量为 0.1g、0.25g、0.5g、1g、5g、10g、25g、100g、250g、500g、1000g 等。

液体或气体给出该化学试剂的体积包装量为 1mL、5mL、10mL、25mL、100mL、250mL、500mL、1000mL 等。

包装单位越小，单位价值越贵，制备也越困难，所以在使用时应注意节约。

5.2.4 试剂的保管

试剂的保管在实验室中也是一项十分重要的工作。有的试剂因保管不好而变质失效，这不仅是一种浪费，而且还会使分析工作失败，甚至会引起事故。一般的化学试剂应保存在通风良好、干净、干燥的房子里，防止水分、灰尘和其他物质沾污。同时，根据试剂性质应有不同的保管方法。

① 容易侵蚀玻璃而影响试剂纯度的，如氢氟酸、含氟盐（氟化钾、氟化钠、氟化铵）、苛性碱（氢氧化钾、氢氧化钠）等，应保存在塑料瓶或涂有石蜡的玻璃瓶中。

② 见光会逐渐分解的试剂，如过氧化氢（H_2O_2）、硝酸银、焦性没食子酸、高锰酸钾、草酸、铋酸钠等，与空气接触易逐步被氧化的试剂，如氯化亚锡、硫酸亚铁、亚硫酸钠等，以及易挥发的试剂，如溴、氨水及乙醇等，应放在棕色瓶内置冷暗处。

③ 吸水性强的试剂，如无水碳酸盐、氢氧化钠、过氧化钠等应严格密封（应该蜡封）。

④ 相互易作用的试剂，如挥发性的酸与氨，氧化剂与还原剂，应分开存放。易燃的试剂，如乙醇、乙醚、苯、丙酮与易爆炸的试剂，如高氯酸、过氧化氢、硝基化合物，应分开贮存在阴凉通风、不受阳光直接照射的地方。

⑤ 剧毒试剂，如氰化钾、氰化钠、氢氟酸、二氯化汞、三氧化二砷（砒霜）等，应特别妥善保管，经一定手续取用，以免发生事故。

5.2.5 试剂的取用

5.2.5.1 试剂瓶的种类

试剂瓶种类很多，按制造材料分，有玻璃瓶和塑料瓶；按瓶口分，有广口瓶和细口瓶（见 3.1.1），广口瓶、细口瓶又有磨口、无磨口两种；按颜色分，有无色和棕色，棕色瓶用于保存避光的试剂。试剂瓶是科研、实验室中必不可少的容器。

现介绍化学实验室常见的几种试剂瓶。

(1) 玻璃试剂瓶（非磨口） 玻璃试剂瓶可盛装碱性试剂和浓盐类的溶液。广口瓶用于盛固体试剂，细口瓶盛液体试剂。玻璃试剂瓶可按试验要求安装配套的仪器设备，瓶塞可用橡皮或软木塞代替。

(2) 磨口玻璃试剂瓶 磨口试剂瓶包括磨口广口瓶、磨口细口瓶。瓶盖为玻璃，它和瓶口内侧都为磨砂，瓶塞不能互相调换（任何磨口的玻璃仪器均如此，标准磨口除外）。磨口玻璃试剂瓶是用于盛装不易挥发，不易氧化、不对光敏感的试剂，不得盛装碱性和易结晶的试剂（如盐类浓溶液），如装此类试剂，很易由于试剂的腐蚀和结晶使瓶塞不易打开。如果磨口瓶长期不用，需将瓶口和塞子间衬上一块纸条，防止时间久了打不开塞子。

(3) 滴瓶 瓶口内侧磨砂，与细口瓶类似，瓶盖部分用磨砂滴管取代（见 3.1.1 节）。当使用的液体化学药品每次的用量很少，或者是很容易发生危险时，则多选用滴瓶来盛装该溶液。大多数在实验室内使用，如液态的酸碱指示剂都是装在滴瓶中使用。

(4) 螺口玻璃试剂瓶 螺口玻璃试剂瓶容量有多种，颜色有透明和棕色，瓶口为螺旋口，配塑料盖，适用于各种液体试剂或粉状试剂的盛装。

(5) 塑料试剂瓶 外形有圆、方两种，除普通小口瓶和广口瓶外，还有防漏小口试剂瓶，防漏广口试剂瓶。塑料试剂瓶采用 PP 料生产，化学耐受性好，无生物毒性；适用于贮存、运输及盛装液体和粉末，可高温高压灭菌。

5.2.5.2 打开瓶塞的方法

实验室经常会遇到试剂瓶和容量瓶等玻璃器皿的塞子打不开的现象，尤其是久未使用或新购的器皿。当遇到瓶塞打不开时，根据情况按下列方法打开。

① 将玻璃瓶倾斜成 45°，用木棒轻敲瓶塞边，边敲边转动，一般可以打开。若还打不开，可外部加热（如湿热布、热水、灯烤）适当时间（时间的长短要凭经验，即加热到瓶口处热透而瓶塞不热，瓶口处膨胀，瓶塞未膨胀），再用木棒轻敲，应该可以打开。

② 瓶口和瓶塞间由于溶质形成结晶，可将瓶口和瓶塞浸入水中或稀 HCl 中，一段时间后就可打开，即使瓶装有碱金属碳酸盐，有时也能打开。

开塞时要注意，面部不要距瓶子太近和直接朝着瓶口，这要养成习惯。如果是强酸、强碱和腐蚀性较大的试剂，要蹲下操作；有毒的要在实验室外操作，人在上风头，或在打开抽风机的通风橱内操作；易爆炸且有毒的要戴眼镜、防护面具和手套操作；难开的瓶塞要用工具扭松后再用手操作。

5.2.5.3 试剂的取用方法

试剂的特点不同，试剂的取用方法不同。

(1) 液体药品的取用 若配制一定浓度的硫酸，可直接从浓硫酸试剂瓶中用量筒量取。稀释浓硫酸要按正确的方法进行。

配制一定浓度的盐酸或硝酸，也可以直接从相应的试剂瓶中量取。由于浓盐酸和浓硝酸具有挥发性，操作要在通风橱中完成。

稀释溶液需定量取用一定浓度的液体，基础无机化学实验可使用量筒量取，分析实验中则要使用移液管或吸量管。量筒、移液管或吸量管的使用参看 3.3.1。

从细口试剂瓶中取用液体药品，可使用倾注法，如图 5.1 所示。

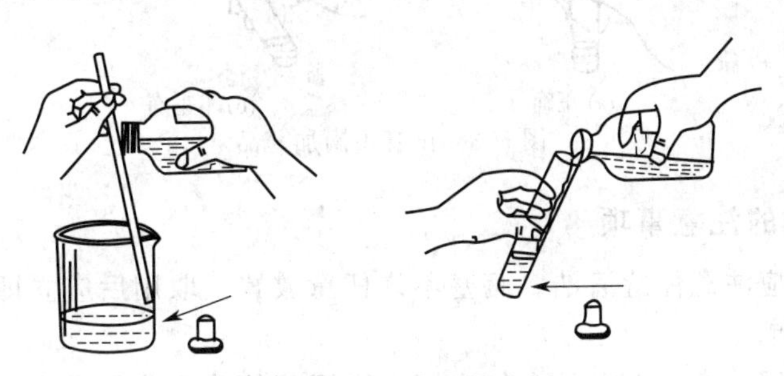

图 5.1 液体药品的取用

(2) 固体药品的取用 固体药品一般存放在相应的试剂瓶中，可直接称量取用。

无吸潮或腐蚀性的固体药瓶，直接用药勺从试剂瓶中取出，放在称量纸、表面皿或干燥的小烧杯内称量。

分析化学实验中基准物质的称量要放在称量瓶内，用减量法称量。

NaOH、KOH 等易吸潮并有腐蚀性的固体药品，不能使用称量纸称量。可使用表面皿或小烧杯在台秤上快速称量，配成近似浓度的溶液后再进行标定。称量过程中若不小心造成这些药品洒落，要及时清理台面。

在称量固体药品配制溶液的实验操作中，一些颗粒较大固体药品往往需要研磨（参看 3.4.2 研钵的使用）后再称量溶解，此时应使用研钵研磨到一定的细度，再称量。对于易剧烈分解并具有爆炸性的固体药品，最好不要研磨。溶解时根据需要可直接溶解或加热溶解。

(3) 试管中加入试剂

① 加入固体试剂：若需要取用少量固体药品直接放入试管中进行实验，可用药勺取出少量药品后直接送入试管，或放在对折的小纸条上后再送入试管中。大块的固体药品若不需要磨碎，可以用小镊子直接放入试管中。放入试管中时要注意试管必须倾斜，使大块固体沿试管内壁滑下，防止固体跌落试管底部，将试管打碎。如图 5.2 所示。

②加入液体试剂：在元素分析实验中常需要从滴瓶中取用少量的液体药品，此时应使用滴瓶中的滴管。药品滴入试管中时，滴管不得接触试管，以免试管中的其他药品沾上滴管后

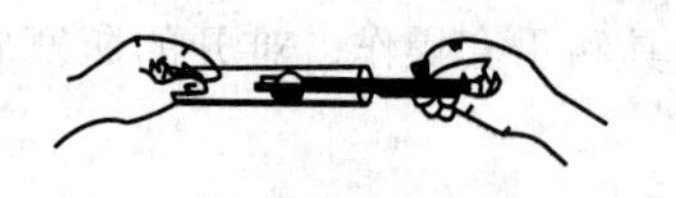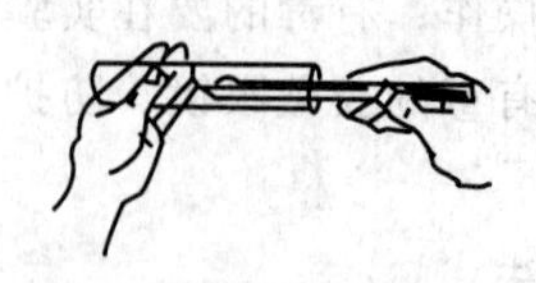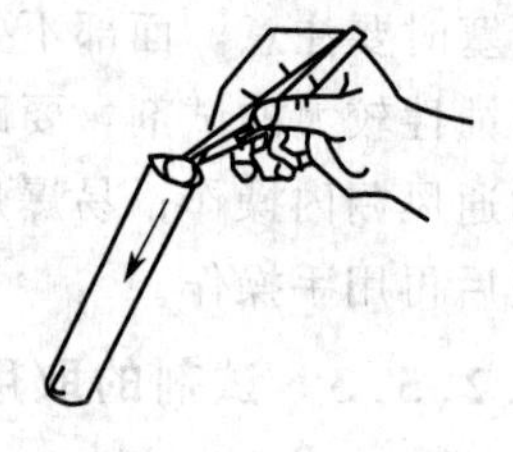

图 5.2　试管中加入固体药品

污染滴瓶中的试剂。如图 5.3 所示。

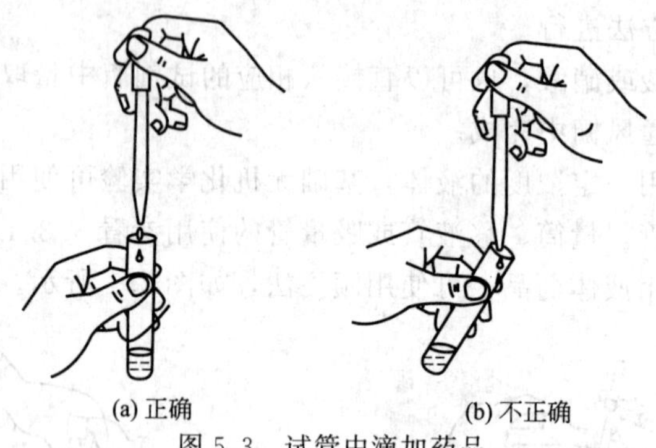

(a) 正确　　(b) 不正确

图 5.3　试管中滴加药品

(4) 取用试剂的注意事项

① 取用试剂时应注意保持清洁。瓶塞不许任意放置，取用后应立即盖好密封，以防被其他物质沾污或变质。

② 固体试剂应用洁净、干燥的小勺取用，取用药品前要擦净。取用强碱性试剂后的小勺应立即洗净，以免腐蚀。

③ 用吸管吸取试剂溶液时，绝不能用未经洗净的同一吸管插入不同的试剂瓶中取用。最好一管一用，即一支吸管只吸取一种试剂溶液。

④ 所有盛装试剂的瓶上都应贴有明显的标签，写明试剂的名称、规格。绝对不能在试剂瓶中装入不是标签所写的试剂，因为这样往往会造成差错。没有标签标明名称和规格的试剂，在未查明前不能随便使用。书写标签最好用绘图墨汁，以免日久褪色。

⑤ 在分析工作中，试剂的浓度及用量应按要求适当使用，过浓或过多，不仅造成浪费，而且会产生误差。

5.3 指示剂

5.3.1 酸碱指示剂

在酸碱滴定中，用于指示滴定终点的物质，称为酸碱指示剂。酸碱指示剂是一类结构较复杂的有机弱酸或有机弱碱，这些弱酸或弱碱与其共轭碱或酸由于结构不同，具有不同的颜色。因而在 pH 值不同的溶液中呈现不同的颜色。

5.3.1.1 酸碱指示剂分类

常用的酸碱指示剂根据其结构特征，主要分为以下四类。

① 硝基酚类　这是一类酸性显著的指示剂，如对硝基酚等。

② 酚酞类　有酚酞、百里酚酞和 α-萘酚酞等，它们都是有机弱酸。

③ 磺代酚酞类　有酚红、甲酚红、溴酚蓝、百里酚蓝等，它们都是有机弱酸。

④ 偶氮化合物类　有甲基橙、中性红等，它们都是两性指示剂，既可作酸式解离，也可作碱式解离。

5.3.1.2 用量要求及影响因素

(1) 用量　双色指示剂的变色范围不受其用量的影响，但因指示剂本身就是酸或碱，指示剂的变色要消耗一定的滴定剂，从而增大测定的误差。对于单色指示剂而言，用量过多，会使变色范围向 pH 值减小的方向发生移动，也会增大滴定的误差。例如：用 $0.1\text{mol}\cdot\text{L}^{-1}$ NaOH 滴定 $0.1\text{mol}\cdot\text{L}^{-1}$ HAc，理论终点的 pH 值为 8.5，突跃范围 pH 值为 8.70～9.00，滴定体积若为 50mL，滴入 2～3 滴酚酞，大约在 pH＝9 时出现红色；若滴入 10～15 滴酚酞，则在 pH＝8 时出现红色。显然指示剂用量过多，滴定终点提前，滴定误差增大。

指示剂用量过多，还会影响变色的敏锐性。例如：以甲基橙为指示剂，用 HCl 滴定 NaOH 溶液，终点为橙色，若甲基橙用量过多，则终点敏锐性较差。

(2) 影响因素　指示剂用量的影响因素有温度和溶剂。温度的变化会引起指示剂电离常数和水的质子自递常数发生变化，因而指示剂的变色范围亦随之改变，对碱性指示剂的影响较酸性指示剂更为明显。不同的溶剂具有不同的介电常数和酸碱性，因而也会影响指示剂的电离常数和变色范围。

5.3.1.3 指示剂的选择

指示剂选择不当，加之肉眼对变色点辨认困难，都会给测定结果带来误差。因此，在多种指示剂中，选择指示剂的依据是：要选择一种变色范围恰好在滴定曲线的突跃范围之内，或者至少要占滴定曲线突跃范围一部分的指示剂。这样当滴定正好在滴定曲线突跃范围之内结束时，其最大误差不过 0.1%，这是容量分析容许的。

指示剂的选择一般根据指示剂性质和酸碱滴定的类型。

(1) 强酸滴定强碱（或强碱滴定强酸）　选用甲基橙、甲基红、石蕊、中性红、酚酞等任何一种作指示剂。

(2) 强酸滴定弱碱　可选用甲基橙、甲基红，而中性红、酚酞不适宜作指示剂。

(3) 强碱滴定弱酸　可选用中性红、酚酞，而甲基橙、甲基红不适宜作指示剂。

(4) 弱酸盐与弱碱盐的滴定　这类盐能否滴定，取决于弱酸或弱碱的解离常数。解离常数越小，越适合滴定。如醋酸钠不适合滴定，因为醋酸的解离常数（$K_a^{\ominus}=1.8\times10^{-5}$）较大，不能用 HCl 直接滴定。而碳酸钠能分别滴定，因为碳酸的解离常数（$K_{a1}^{\ominus}=4.3\times10^{-7}$，$K_{a2}^{\ominus}=5.6\times10^{-11}$）较小，选用酚酞作指示剂，用 HCl 将碳酸钠滴定至碳酸氢钠；选用甲基橙作指示剂，用 HCl 将碳酸氢钠滴定至碳酸。

5.3.1.4 酸碱混合指示剂

单一指示剂往往变色范围较大，终点颜色变化不明显，不宜观察，因此在一些滴定中常采用几种指示剂的混合物或指示剂与某种惰性染料的混合物来替代单一的指示剂，这就是常说的混合指示剂。如溴酚绿和甲基红混合后在 pH 值为 5.1 由酒红色变为绿色，颜色变化敏锐。常用的指示剂和混合指示剂见附录 3。

5.3.2 氧化还原指示剂

氧化还原指示剂是指本身具有氧化还原性质的一类有机物，这类指示剂的氧化态和还原态具有不同的颜色。

5.3.2.1 氧化还原滴定法指示剂分类

(1) 自身指示剂 有些标准溶液或被滴定物质本身有颜色，而滴定产物无色或颜色很浅，则滴定时就无需另加指示剂，其本身的颜色变化起着指示剂的作用，叫做自身指示剂。如 $KMnO_4$ 是紫红色，而还原产物 Mn^{2+} 是无色，因此高锰酸钾法滴定至浅红色，30s 不褪色为终点。

(2) 专属指示剂 有些物质本身并不具有氧化还原性，但它能与滴定剂或被测物产生特殊的颜色，因而可以指示滴定终点。这种指示剂叫专属指示剂。例如：可溶性淀粉与 I_3^-（碘在 I^- 溶液中，以 I_3^- 存在）生成深蓝色吸附化合物，反应特效而灵敏，蓝色的出现与消失指示滴定终点。可溶性淀粉就是碘量法的专属指示剂。又如在酸性溶液中用 Fe^{3+} 滴定 Sn^{2+} 时，可用 KSCN 作指示剂。滴定时，化学计量点前溶液中无 Fe^{3+}，溶液无色，化学计量点时稍过量，溶液中就有 Fe^{3+}，溶液呈红色，指示终点到达。

(3) 氧化还原指示剂 这类指示剂在滴定中也发生氧化还原反应。由于其氧化态和还原态颜色不同，所以当这类指示剂被氧化或还原时就发生颜色变化，从而指示终点。

5.3.2.2 指示剂的选择

① 选择氧化还原指示剂的实质为指示剂实际的变色电位在滴定的电位突跃范围内，且应尽量使指示剂变色点电位与化学计量点电位一致或接近。

② 如果滴定剂或被滴定物质有色时，滴定观察到的颜色是其与指示剂的混合色，这就要求在化学计量点前后，所选用的指示剂仍有明显的颜色变化。

5.3.3 吸附指示剂

吸附指示剂大多是一类有机染料，用于沉淀法滴定。当它被吸附在胶粒表面后，可能是由于形成了某种化合物而导致指示剂分子结构发生变化，从而引起颜色的变化。这类能够被沉淀吸附的有机染料称为吸附指示剂。在沉淀滴定中，可以利用它的此种性质来指示滴定的终点。

(1) 吸附指示剂分类

① 酸性染料　如荧光黄及其衍生物，它们是有机弱酸，能解离出指示剂阴离子。

② 碱性染料　如甲基紫等，它们是有机弱碱，能解离出指示剂阳离子。

(2) 吸附指示剂的使用注意事项

① 沉淀保持胶状　沉淀必须有较大的比表面积，因为比表面积越大，吸附能力越强。为防止沉淀的凝聚，可以加入糊精、淀粉溶液等保护胶体。

② 控制适当的酸度　滴定要求必须在中性、弱酸性或弱碱性溶液中进行。

③ 应避免在强光照射下滴定　因为卤化银遇光易分解，析出银呈灰黑色，影响终点的观察。

(3) 吸附指示剂适用范围 吸附指示剂种类很多，应针对不同的被测离子，选用适当的吸附指示剂。如荧光黄作指示剂适于测定高含量的氯化物，曙红适于测定 Br^-、I^- 和 SCN^-。表 5.3 是银量法常用的几种吸附指示剂。

表 5.3 银量法常用的吸附指示剂

指示剂	被滴定离子	指示剂颜色		指示剂浓度
		最初	最终	
荧光黄	Cl^-	黄	玫瑰红色	0.1% 乙醇溶液
荧光黄钠盐	SCN^-、$SeCN^-$	黄绿	玫瑰	0.2% 水溶液
曙红的钠(或钾)盐	Br^-、I^-、SCN^-	黄红	深红	0.5%水溶液
溴酚蓝	Cl^-、I^-	绿黄	绿天蓝	0.1%钠盐水溶液
苯胺黄	Cl^-	黄	玫瑰	0.2%水溶液
碘曙红	Br^-、I^-、SCN^-	黄红	深红	60%～70%乙醇配制成 0.1%

5.3.4 荧光指示剂

荧光指示剂是在氢离子浓度不同的溶液中能呈现不同颜色荧光的有机试剂。这类指示剂变色不受液体颜色和其透明度的影响，因此在滴定浑浊液体和有色液体时常被用于指示终点。此外，也可用于浑浊液体和有色液体的 pH 值测定。

荧光指示剂在一定的 pH 值域内变色，此 pH 间隔即该指示剂的荧光 pH 变色域，又称变色范围。表 5.4 是常用的荧光指示剂变色范围和使用浓度。

表 5.4 荧光指示剂

指示剂	变色范围(pH 值)	指示剂颜色		指示剂浓度
		酸色	碱色	
曙 红	0～3.0	无荧光	绿	1%水溶液
水杨酸	2.5～4.0	无荧光	暗蓝	0.5%水杨酸钠水溶液
β-萘胺	2.8～4.4	无荧光	紫	1% 乙醇溶液
α-萘胺	3.4～4.8	无荧光	蓝	1%乙醇溶液
奎宁	3.0～5.0	蓝	浅紫	0.1% 乙醇溶液
	9.5～10.0	浅紫	无荧光	
2-羟基-3-萘甲酸	3.0～6.8	蓝	绿	0.1%其钠盐水溶液
喹啉	6.2～7.2	蓝	无荧光	饱和水溶液
β-萘酚	8.5～9.5	无荧光	蓝	0.1% 乙醇溶液
香豆素	9.5～10.5	无荧光	浅绿	—

5.3.5 金属指示剂

金属指示剂又称金属离子指示剂，是配位滴定法中使用的指示剂。这类指示剂大多是染料，它在一定 pH 值下能与金属离子配位，呈现一种与游离指示剂完全不同的颜色。滴定前，金属离子浓度大，指示剂与金属离子形成配合物，溶液呈此配合物的颜色。滴定过程中，随着滴定剂的加入，金属离子浓度逐渐减小；化学计量点时，稍过量的滴定剂夺取金属指示剂配合物当中的金属离子，使指示剂游离出来，溶液呈现游离指示剂的颜色，表示达到滴定终点。

5.3.5.1 金属指示剂的选择

指示剂变色点的 pM_{ep}(pM 是金属离子的负对数）与配位滴定反应的化学计量点的 pM_{sp} 尽量一致，至少应在化学计量点附近的 pM 突跃范围内，以减小终点误差。

5.3.5.2 金属指示剂应具备的条件

① 金属指示剂能溶于水，终点变色反应灵敏、迅速、有良好的可逆性。且具有一定的

选择性，在一定的条件下只对某一种（或某几种）离子发生显色反应。

② 在滴定的 pH 值范围内，游离指示剂（In）与其金属离子配合物（MIn）二者的颜色有明显不同，才能使终点颜色发生突变而易于观察。

③ 指示剂与金属离子形成的有色配位化合物的稳定性要适宜。指示剂与金属离子所形成的配合物的稳定性必须小于配位剂与金属离子形成的配合物的稳定性。二者的稳定常数应相差在 100 倍以上，才能使配位剂滴定到化学计量点时将指示剂从 MIn 中取代出来。但又必须有一定的稳定性，这样在金属离子浓度很小时，仍能呈现明显的 MIn 颜色。否则在到达化学计量点前，就会显示指示剂本身的颜色，使终点提前，颜色的变化也不敏锐。

④ 金属离子指示剂应比较稳定，便于贮藏和使用。

5.3.5.3 金属指示剂在使用中存在的问题

(1) 指示剂的封闭现象 有时某些指示剂能与某些金属离子生成极为稳定的配合物，比对应的 MY（金属离子 EDTA 配合物）更稳定，以致到达化学计量点时，滴入过量的 EDTA 也不能从 MIn 中夺取金属离子，使指示剂释放出来，看不到颜色的变化，这种现象称为指示剂的封闭现象。

有时某些指示剂的封闭现象是由于有色配合物颜色变化不可逆所引起的。这时 MIn 的稳定性虽然没有 MY 高，但由于颜色变化的不可逆，有色的 MIn 并不是很快地被 EDTA 破坏，因而对指示剂产生了封闭。消除措施如下：

① 若封闭现象是滴定离子 M 本身引起的，则采用返滴定法；

② 若封闭现象是由共存离子引起的，则需加适当掩蔽剂掩蔽共存离子；

③ 若是变色反应的可逆性差造成的，则应更换指示剂。

(2) 指示剂的僵化现象 若指示剂和金属离子的配合物是胶体或沉淀，则置换反应 $MIn+Y \rightleftharpoons MY+In$ 缓慢，终点拖长，变色不敏锐，这种现象称为指示剂的僵化。解决的办法是加入有机溶剂或加热，以增大其溶解度。例如用 PAN 作指示剂时，经常加入酒精或在加热下滴定。如果僵化现象不严重，在近终点时，放慢滴定速度，剧烈振荡，也可以得到准确的结果。

金属指示剂大多数是含双键的有色化合物，易被日光、空气和氧化剂所分解。有些指示剂在水溶液中不稳定，时间长了会变质，如铬黑 T、钙指示剂的水溶液均易氧化变质，所以常配成固体混合物或配成溶液加入某种还原剂。

分解变质的速度与试剂的纯度有关。一般纯度高时，保存时间长些。

5.4 常用滤纸及试纸

5.4.1 滤纸种类及使用

滤纸是一种常见于化学实验室的过滤工具，常见的形状是圆形。大部分滤纸由棉质纤维组成，按不同的用途而使用不同的方法制作。由于其材质是纤维制成品，因此它的表面有无数小孔可供液体粒子通过，而体积较大的固体粒子则不能通过。这种性质容许混合在一起的液态及固态物质分离。

5.4.1.1 滤纸种类

目前我国生产的滤纸主要有定量分析滤纸、定性分析滤纸和层析定性分析滤纸三类。化学实验室一般使用定量和定性两种分析滤纸。

(1) 定量分析滤纸 定量分析滤纸又称定量滤纸，它是在制造过程中，纸浆经过盐酸和氢氟酸处理，并经过蒸馏水洗涤，将纸纤维中大部分杂质除去，所以灼烧后残留灰分很少，每张滤纸灰化后的灰分质量是个定值，对分析结果几乎不产生影响，适于作精密定量分析。定量滤纸主要用于过滤后需要灰化称量的分析实验，即定量化学分析中重量法分析试验和相应的分析试验。

目前国内生产的定量分析滤纸，分快速、中速和慢速三类，在滤纸盒上分别用白带（快速）、蓝带（中速）、红带（慢速）为标志分类。滤纸的外形有圆形和方形两种，圆形定量滤纸的规格按直径分有 ϕ7cm、ϕ9cm、ϕ11cm、ϕ12.5cm、ϕ15cm 和 ϕ18cm 数种。方形定量滤纸的有 60cm×60cm 和 30cm×30cm。

滤纸的孔径：快速，孔径为 80～120μm；中速，孔径为 30～50μm；慢速，孔径为 1～3μm。

(2) 定性分析滤纸 定性分析滤纸又称定性滤纸，是相对于定量分析滤纸和层析定性分析滤纸来说的。定性分析滤纸一般残留灰分较多，仅供一般的定性分析和用于过滤沉淀或溶液中悬浮物用，不能用于质量分析。

定性分析滤纸的类型和规格与定量分析滤纸基本相同，滤纸盒上印有快速、中速、慢速字样表示快速、中速和慢速。

(3) 层析定性分析滤纸 层析定性分析滤纸主要是在纸色谱分析法中用作载体，进行待测物的定性分离。层析定性分析滤纸有 1 号和 3 号两种，每种又分为快速、中速和慢速三种。

(4) 定量滤纸和定性滤纸的区别 定量滤纸和定性滤纸主要区别在于滤纸的灰分量，国家标准 GB/T 1914—2007 规定定量滤纸的灰化含量，一等品不大于 0.010%。无灰定量滤纸灰分质量更小，小于 0.1mg，这个质量在分析天平上可忽略不计。但定性分析滤纸一般残留灰分较多，国家标准规定定性滤纸一等品不超过 0.13%。因此，定性滤纸一般用于过滤溶液，做氯化物、硫酸盐等不需要计算数值的定性试验；而定量滤纸是用于精密计算数值的过滤，如测定残渣、不溶物等，一般定量滤纸过滤后，还需用高温炉作灼烧处理。

5.4.1.2 滤纸的使用注意事项

在实验中使用滤纸多与过滤漏斗及布氏漏斗等仪器一同使用。使用前需把滤纸折成合适的形状，常见的折法是把滤纸折成类似花的形状。滤纸的折叠程度愈高，能提供的表面面积亦愈高，过滤效果亦愈好，但要注意不要过度折叠而导致滤纸破裂。把引流的玻璃棒放在多层滤纸上，用力均匀，避免滤纸破坏。

定量和定性分析滤纸过滤沉淀时应注意的事项如下：

① 一般采用自然过滤，利用滤纸截留固体微粒的能力，使液体和固体分离；

② 由于滤纸的机械强度和韧性都较小，尽量少用抽滤的办法过滤，如必须加快过滤速度，为防止穿滤而导致过滤失败，在气泵过滤时，可根据抽力大小在漏斗中叠放 2～3 层滤纸，在用真空抽滤时，在漏斗中先垫一层致密的滤布，上面再放滤纸过滤；

③ 滤纸最好不要过滤热的浓硫酸、硝酸溶液，且不能过滤氯化锌，否则滤纸将被腐蚀

破损。

5.4.2 常用试纸的种类及使用

试纸是用化学药品浸渍过的、可通过其颜色变化检验液体或气体中某些物质存在的一类纸。试纸一般是用指示剂或试剂浸过的干纸条，如石蕊试纸、淀粉-碘化钾试纸、酚酞试纸、广泛 pH 试纸、血糖试纸、温度试纸等。

5.4.2.1 试纸的种类

试纸种类很多，有酸碱试纸、定性分析试纸、区间试纸、生化试纸等，化学实验室主要使用酸碱试纸和定性分析试纸。

(1) 酸碱试纸

① 石蕊试纸和酚酞试纸　石蕊试纸有红色和蓝色两种。石蕊试纸、酚酞试纸用来定性检验溶液的酸碱性。

② pH 试纸　pH 试纸包括广泛 pH 试纸和精密 pH 试纸两类，用来检验溶液的 pH 值。广泛 pH 试纸的变色范围是 pH＝1～14，它只能粗略地估计溶液的 pH 值。精密 pH 试纸可以较精确地估计溶液的 pH 值，根据其变色范围可分为多种。如变色范围为 pH＝3.8～5.4，pH＝8.2～10，等等。根据待测溶液的酸碱性，可选用某一变色范围的试纸。

(2) 定性分析试纸　纸上浸渍有灵敏度和选择性都高的试剂，与被检对象接触时显示特征颜色，用于定性检验某种物质。

① 淀粉-碘化钾试纸　用来定性检验氧化性气体，如 Cl_2、Br_2 等。当氧化性气体遇到湿的试纸后，则将试纸上的 I^- 氧化成 I_2，I_2 立即与试纸上的淀粉作用变成蓝色：

$$2I^- + Cl_2 = 2Cl^- + I_2$$

如气体氧化性强，而且浓度大时，还可以进一步将 I_2 氧化成无色的 IO_3^-，使蓝色褪去：

$$I_2 + 5Cl_2 + 6H_2O = 2HIO_3 + 10HCl$$

可见，使用时必须仔细观察试纸颜色的变化，否则会得出错误的结论。

② 醋酸铅试纸　用来定性检验硫化氢气体。当含有 S^{2-} 的溶液被酸化时，逸出的硫化氢气体遇到试纸后，即与试纸上的醋酸铅反应，生成黑色的硫化铅沉淀，使试纸呈褐黑色，并有金属光泽。

$$Pb(Ac)_2 + H_2S = PbS\downarrow + 2HAc$$

当溶液中 S^{2-} 浓度较小时，则不易检验出。

③ Merckoquant 牌试纸　Merckoquant 牌定性试纸可作半定量检验。可用于测定水中的 Al^{3+}、NH_4^+、As^{3+}、Ca^{2+}、Cl^-、CN^-、Fe^{2+}、抗坏血酸、过氧化物以及水的总硬度等。如铜测试条、二价铁离子测试条、氰测试条等。

④ 自制定性分析试纸　自制的定性分析试纸就是把化学反应从试管中移到滤纸上进行。如亚铁氰化锌试纸（白色），用毛细管滴加一滴试液于试纸上，试纸出现蓝色示有 Fe^{3+}，红色示有 Cu^{2+}，形成蓝、红色环示有 Fe^{3+} 和 Cu^{2+}。

5.4.2.2 试纸的使用

(1) 石蕊试纸和酚酞试纸　用镊子取小块试纸放在表面皿边缘或滴板上，用玻璃棒将待测溶液搅拌均匀，然后用玻璃棒末端蘸少许溶液接触试纸，观察试纸颜色的变化，确定溶液的酸碱性。切勿将试纸浸入溶液中，以免弄脏溶液。

(2) pH试纸 用法同石蕊试纸，待试纸变色后，与色阶板比较，确定pH值或pH值的范围。

(3) 淀粉-碘化钾试纸和醋酸铅试纸 将试纸用蒸馏水润湿后放在试管口上方，需注意不要使试纸直接接触试管，更不能接触溶液。

使用试纸时，要注意节约，除把试纸剪成小块外，用时不要多取。取用后，马上盖好瓶盖，以免试纸沾污。用后的试纸丢弃在垃圾桶内，不能丢在水槽内。

5.4.2.3 试纸的制备

(1) 酚酞试纸（白色） 溶解1g酚酞在100mL乙醇中，振摇后，加入100mL蒸馏水，将滤纸浸渍后，放在无氨蒸气处晾干。

(2) 淀粉-碘化钾试纸（白色） 把3g淀粉和25mL水搅和，倾入225mL沸水中，加入1g碘化钾和1g无水碳酸钠，再用水稀至500mL，将滤纸浸泡后，取出放在无氧化性气体处晾干。

(3) 醋酸铅试纸（白色） 将滤纸浸入3%醋酸铅溶液中浸渍后，放在无硫化氢气体处晾干。

(4) 亚铁氰化锌试纸（白色） 将滤纸浸入10% $ZnSO_4$溶液中3min，取出阴干后再放入10% $K_4[Fe(CN)_6]$ 溶液中3min，取出阴干，用蒸馏水冲洗两次，除去生成的K_2SO_4后，阴干。

第6章 实验室基本操作

6.1 加热、灼烧、干燥及冷却

6.1.1 加热

加热是指热源将热能传给较冷物体而使其变热的过程。根据热能的获得，可分为直接的和间接的两类。直接热源加热是将热能直接加于物料，如酒精灯、电炉加热等。间接热源加热是将上述直接热源的热能加于一中间载热体，然后由中间载热体将热能再传给物料，如水浴、油浴和沙浴加热等。

加热的目的是由化学实验中某一特殊的要求而确定的。在实验过程中加热的目的大致有加快反应、蒸发浓缩、熔融、加速溶解等。明确加热目的，就可选择适当的加热方法。此外，实验过程中的加热操作要考虑被加热物质的性质。如被加热物质因加热分解变质就失去了实验的意义。除考虑被加热物质是否易燃、熔融、升华、挥发等外，还需考虑被加热物质在加热时产生的蒸气或气体对人有无伤害作用。

6.1.1.1 直接加热

直接加热适用于对温度无准确要求且需快速升温的实验，包括隔石棉网加热和不隔石棉网加热。

(1) 加热试管中的物质 加热试管中的液体，液体的量不得超过试管高度的1/3。加热前试管外壁要擦干，用试管夹夹住试管上部，不得用手拿。将试管放在酒精灯火焰上加热(酒精灯使用见3.4.1灯的使用)。加热时试管稍倾斜，先从液体上部开始加热，不断移动改变加热位置，逐渐向试管底部移动。

加热试管中的液体要注意试管口不得对着人，不得集中在试管的某一个地方加热，以防试管中的液体迸溅造成烫伤[见图6.1(a)]。

加热试管中的固体时，试管应安放在铁架台上，试管口略朝下倾斜。如图6.1(b)。或用试管夹夹持试管，直接在酒精灯上加热。

(2) 加热烧杯、烧瓶、锥形瓶中的液体 加热烧杯、烧瓶、锥形瓶中的液体时，仪器必须放在石棉网上，使仪器受热均匀，如图6.2所示。这里要强调的是用盘式电炉加热，不得加放石棉网（电炉加热见3.4.3节低温电炉)。容器中所盛的液体不得超过烧杯容积的1/2

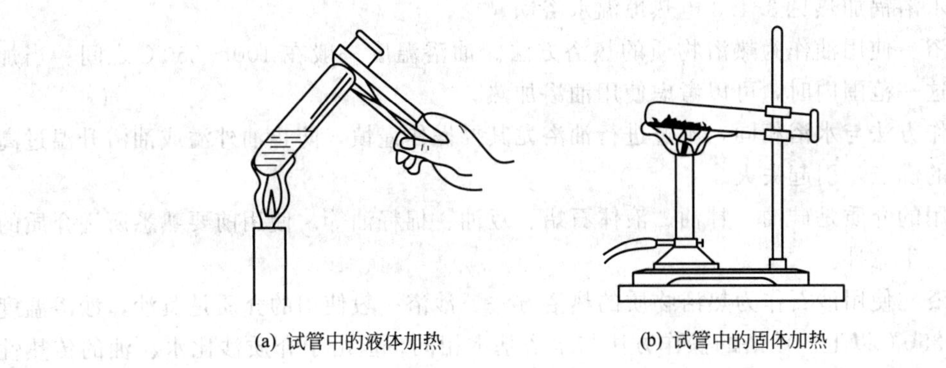

(a) 试管中的液体加热　　(b) 试管中的固体加热

图 6.1　试管中的物质加热

和烧瓶的 1/3。

(3) 加热蒸发皿中的液体　重结晶法提纯化合物时，蒸发浓缩是必要的步骤。蒸发浓缩所使用的容器是蒸发皿。由于蒸发皿是瓷质的，因而可以在酒精灯火焰上直接加热，也可以垫在石棉网上加热。直接加热蒸发皿时，蒸发皿应放在泥三角上，泥三角放在铁圈上或三脚架上。如图 6.3 所示。蒸发皿外壁不得挂水珠，加热时应先均匀预热，液体的量不得超过其容积的 2/3。

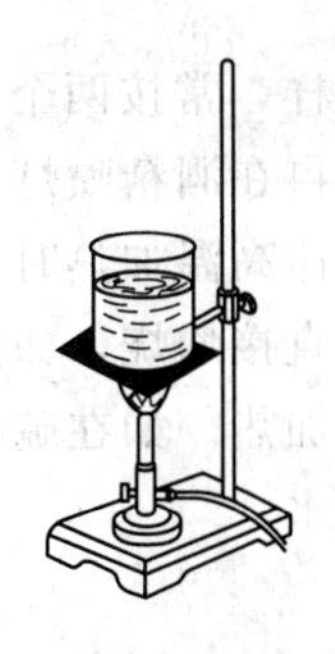

图 6.2　加热烧杯中的液体

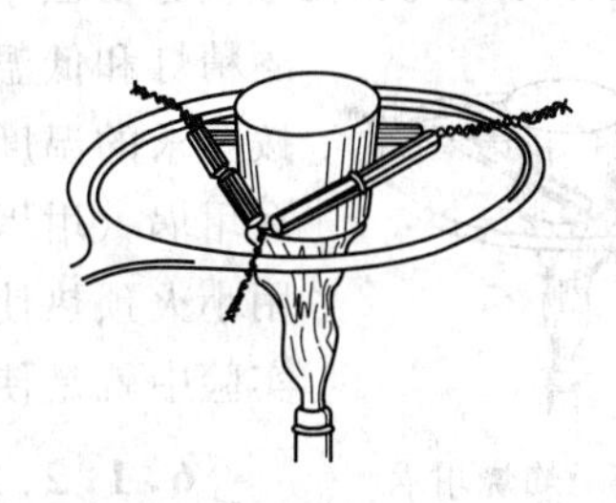

图 6.3　加热蒸发皿蒸发浓缩

6.1.1.2　间接加热

直接加热造成被加热物质受热不均匀或温度难以控制时，可采用间接加热。间接加热包括水浴、油浴和沙浴加热。

(1) 水浴　当要求加热均匀，且温度不超过 100℃时，可使用水浴加热的方法。方法是先在一个大容器里加上水，然后把要加热的容器放入盛水的大容器中。通过加热大容器，大容器里的水把热量传递（热传递）给需要加热的小容器，达到加热的目的。如图 6.4 所示。水浴的优点：①易于控制温度；②被加热仪器受热均匀。

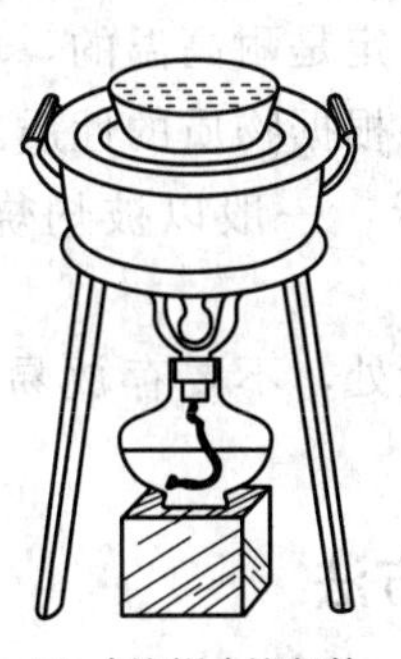

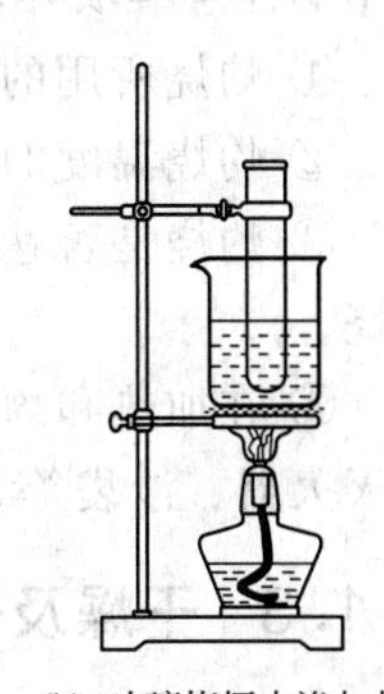

(a) 水浴锅水浴加热　　(b) 玻璃烧杯水浴加热

图 6.4　水浴加热

实验室中水浴锅可以用大烧杯代替。

注意：要加热的容器不要接触水浴锅锅底。水浴锅中水的量不可超过其容积的 2/3，在加热过程中视情况应不断补充水。

使用电水浴锅加热见 3.4.3 电热恒温水浴锅。

(2) 油浴 使用油作为热浴物质的热浴方法。油浴温度一般在 100～250℃之间。当加热的温度在这一范围内时，可以考虑使用油浴加热。

油浴操作方法与水浴相同，不过进行油浴尤其要操作谨慎，防止油外溢或油浴升温过高超过所用油的沸点，引起失火。

油浴常用的介质是硅油、甘油、液体石蜡、豆油、棉籽油等。使用前要熟悉所用介质的特性，以免发生意外。

(3) 沙浴 使用沙石作为热浴物质的热浴方法。沙浴一般使用的介质是黄沙，沙浴温度很高，可达 350℃以上。沙浴的操作方法与水浴基本相同，但由于介质沙比水、油的传热性差，故需将被加热的容器半埋在沙中，其四周沙宜厚，底部的沙宜薄。若要测量温度，温度计应放在沙中适当的位置，但要注意温度计不得接触铁盘底部。

6.1.2 灼烧及注意事项

6.1.2.1 灼烧

把固体物质加热到高温以达到脱水，除去挥发性杂质，烧去有机物等目的的操作称为灼烧。灼烧一般使用喷灯和高温电炉（马弗炉），喷灯和高温电炉的使用见 3.4.1 酒精喷灯和 3.4.3 高温电炉。

有机物的灼烧和在重量分析法中沉淀和滤纸一起的灼烧一样，常按两个步骤进行，先在酒精灯和低温电炉上加热至炭化，然后再在酒精喷灯上或高温电炉中按要求的温度进行灼烧。如只需要对固体高温加热时，可以将固体放在坩埚（坩埚的使用见 3.4.2 坩埚）中直接灼烧，如图 6.5 所示。先用小火预热使受热均匀，然后再用大火加热。如在硫酸铜结晶水测定实验中就是使用坩埚灼烧，使硫酸铜脱水。

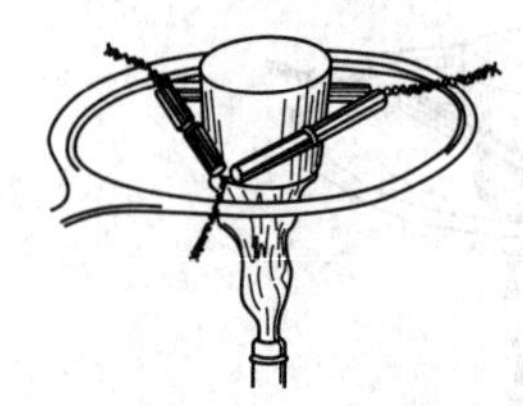

图 6.5 灼烧坩埚

6.1.2.2 灼烧的注意事项

进行灼烧操作除涉及的仪器，如酒精喷灯、高、低温电炉和坩埚使用的注意事项外，还需注意以下几点。

① 灼烧所用的容器一定是耐高温的，如瓷质坩埚、金属坩埚和特种耐火材料坩埚。

② 灼烧温度的选择要根据物质的性质及其在高温下的稳定性来决定。

③ 灼烧是否达到要求，一般以被灼烧物质达到恒重为准，如未达到恒重，仍要继续灼烧。

④ 在加热和灼烧的近处，不要存放易燃物质，特别是有机溶剂，并要准备防火设备，如灭火器、沙袋等。

6.1.3 干燥及干燥方法

在化学工业中，干燥是指借热能使物料中的水分（或溶剂）汽化，并由惰性气体带走所生成的蒸汽的过程。例如干燥固体时，水分（或溶剂）从固体内部扩散到表面，再从固体表面汽化。干燥可分自然干燥和人工干燥两种。并有真空干燥、冷冻干燥、气流干燥、微波干燥、红外线干燥等方法。化学实验室根据被干燥物质的物理状态，加热时的稳定性，以及水与该物质的结合形式和强度来决定采取的干燥方法。总归起来主要常用四种类型的干燥方法，即加热干燥、低温干燥、化学结合除水和吸附除水。这 4 种方法又以加热干燥和低温干燥为主。

(1) 加热干燥 所有的加热干燥都是利用热能将物质的水分变成蒸汽蒸发除去。加热干燥的具体方法比较多，如用电炉、电热板直接加热干燥，热空气干燥，微波干燥，红外线干燥等。加热干燥的温度高低，干燥时间长短，取决于被干燥物质的性质、数量、堆放厚度、含水量的大小、排风与否等。

加热干燥的优点在于能在较短的时间达到干燥的目的，一般无机物质比较适宜用此种方法。但此法存在温度不易控制的缺点。不过干燥箱等一类带有自动控温装置的加热干燥仪器克服了这一缺点。干燥箱的使用方法及注意事项见 3.4.3 电热恒温箱。

加热干燥，应注意不要使物质产生过热现象，或产生焦煳、熔融现象。易燃、易爆的物质不宜采用加热干燥。

(2) 低温干燥 低温干燥一般指常温或低于常温的情况下进行的干燥。常温常压下在空气中晾干，吹风干燥，干燥器中干燥和减压（或真空）干燥，冷冻干燥等都属于低温干燥。此法的优点是适用不能加热干燥的易燃、易爆物质或加热易变质的物质，而且比较缓和安全。但干燥程度往往受周围空气中水分含量的限制，当蒸发出的蒸汽压力与空气中的蒸气压达到平衡状态时，干燥则不能进行下去。空气的流速也是影响干燥效果的重要因素，如果用吹风增加空气的流速，干燥效果会大大增强。

(3) 化学结合法干燥 这种方法多用于气体和液体中含有游离水分的干燥。作为干燥剂的物质要易与游离水结合而又不破坏被干燥的物质。常用的干燥剂有金属钠、钙和氯化钙（$CaCl_2$）、氧化钙（CaO）等。此种方法一般针对被干燥物的特殊性能的情况使用，如加热干燥时，物质本身变质。但应注意，使用氧化钙时，不能用于干燥醇类和胺类。

(4) 吸附剂干燥 虽经常用滤纸吸附物质的表面水分比较方便，但这类吸附方法干燥能力非常有限，只用于样品表面水的处理工作。吸附干燥法多用于干燥气体，因为有些吸附剂的表面吸附作用力较强，能吸附水蒸气，且选择性非常强，对被干燥的气体不吸附，如浓硫酸。氯化钙、五氧化二磷也属于吸附干燥剂。

干燥过程需注意的问题如下。

① 干燥温度，除去表面水，干燥温度不得超过 110℃，一般控制在 105℃。如玻璃仪器的干燥，样品的处理或测定水分的干燥。除去结晶水，温度要超过 120℃，甚至更高需要灼烧，如在硫酸铜结晶水测定实验中就是使用坩埚灼烧，使硫酸铜脱水。

② 常温常压下干燥，要注意样品不要被尘土污染，堆放厚度要薄，并注意不断翻动。

③ 减压干燥时，真空泵和被干燥物质中间应装有缓冲瓶，或吸收水分的特殊装置。

④ 用吸附水分的方法干燥，当干燥剂吸水饱和时应及时更换新干燥剂。

6.1.4 常见的冷却方法

(1) 冷却到室温

若无特殊要求，经过加热、灼烧和加热干燥的物体可以直接冷却到室温。如重结晶提纯物质的实验中，当溶液蒸发浓缩到表面出现一层晶膜时，停止加热，自然冷却到室温，由于温度降低物质在水中的溶解度通常会减少，冷却后会有大量的沉淀出现。

若物体温度过高，应放在石棉网上冷却。如在玻璃加工实验中，烧到红热的玻璃棒或玻璃管必须自然冷却到室温。由于物体温度较高，随手放置在实验台面上冷却会烧坏实验台面，因此，红热的物体应放在石棉网上自然冷却，切不可用水冷却，这样会使玻璃炸裂。

对于冷却过程中容易吸潮的物体，冷却要在干燥器中完成。若温度过高，通常要先在石棉网上冷却到一定程度，然后放入干燥器中冷却。温度高的物体放入干燥器中冷却时，会对干燥器内的空气起到加热作用，此时若干燥器的盖子盖严，空气膨胀的结果会使干燥器盖子松脱滑下摔碎。因此，高温物体刚放入干燥器中时，干燥器盖子应先留一小口，待温度下降到一定程度后再将盖子盖严。

如在测定硫酸铜结晶水实验、重量分析实验中，热的坩埚和坩埚内的物质必须放在干燥器内冷却到室温。若直接放在空气中冷却，由于冷却过程中物质吸收空气中的水分，会使测定结果不准确。

另外要注意的是，当干燥器内空气最后完全冷却时，干燥器内的压力会低于大气压，这时打开干燥器盖子有些困难。开启干燥器，要一手抱住干燥器，另一只手将盖子朝一边推开，如图 6.6 所示。

图 6.6　开启干燥器盖

(2) 冷却到低温

实验室中获得低温的方法很多，在有条件的实验室中有专门的低温设备。使用液态气体，如液态氮或液态氨可以获得较低的温度。使用干冰也可以获得较低的温度。

这些设备和操作在中高等化学实验中会用到。此外，冰箱、冰柜等在某些实验中也可以使用。一般的化学实验室中最常用而且方便实现低温的措施是使用冰块或冰盐混合物。

① 冰块　冰块可以将反应物冷却到接近 0℃（通常可实现 0～5℃的低温）。

② 冰盐混合物　将从冰箱、冰柜中得到或商业购置的冰块打碎成小块，与一些盐混合，可以获得低于 0℃的温度。由于水中溶解溶质后水的凝固点降低到 0℃以下，当冰与盐混合时，一部分冰会融化吸热，温度会降到 0℃以下。如冰-NaCl 混合物最低可以获得－20℃以下的低温；冰-$CaCl_2 \cdot 6H_2O$ 混合物最低可以获得－50℃以下的低温。此外，冰与某些酸混合也可实现相同的目的。

6.2 溶解、搅拌及粉碎

6.2.1 溶解

溶解是一种物质（溶质）分散于另一种物质（溶剂）中成为溶液的过程。这里所说的溶解只是指固体药品的溶解。一般来说，搅拌和粉碎是为溶解和化学反应创造有利条件，使溶解和反应速率加快，混合均匀。

固体药品配制溶液时，根据药品的不同性质，溶解方法有所不同。

若固体试剂无水解特性，可将称量好的固体药品倒入烧杯等容器中，加入蒸馏水搅拌溶解。必要时可以加热加速溶解。

若固体药品水解程度较大，应将固体药品溶解在相应的酸的溶液中，再稀释到一定的体积。如配制 $SbCl_3$、$BiCl_3$、$SnCl_2$溶液时，应将称量好的固体溶解在一定体积的 6 $mol \cdot L^{-1}$的盐酸中，再加水到规定的体积。配制 $Hg(NO_3)_2$溶液时，应将称量好的硝酸汞溶解在一定体积的 0.6$mol \cdot L^{-1}$硝酸中，再加水到规定的体积。

一些药品的配制方法参见附录或实验手册。

6.2.2 搅拌

搅拌是在容器内利用各种形式搅拌工具的运动，强制地促进容器内各部分物质或成分互相混杂、交换，以达到成分浓度均匀、物质温度均一或某种物理过程（如结晶等）加快等目的。化学实验室搅拌的目的主要是以下几点。

① 促进加热及冷却器件对物质的传热，并使物质的温度均匀化。

② 促进物料中各成分的均匀混合。

③ 促进溶解、结晶、凝聚、清洗、浸出、吸附、离子交换等过程的进行。

实验室一般使用的搅拌工具是玻璃搅拌棒（玻璃棒）。有时会用到电动搅拌器，这类搅拌器可任意调节搅拌速度。电磁式搅拌器也是实验室常用的一种搅拌工具，这种搅拌器既能加热又能调节速度。在分析实验中，这种搅拌器用于保温滴定工作比较方便。

搅拌时要注意玻璃棒按照一个方向搅拌，即顺时针或者逆时针方向，以防止方向改变使液体溅出。搅拌时玻璃棒不要碰到玻璃容器内壁。

6.2.3 粉碎

粉碎是对固体物质施加外力，使其分裂为尺寸更小颗粒的过程。按固体物质经粉碎后的粒径，粉碎又分为破碎和磨碎。破碎是将块状物质变成粒状物质，磨碎是将粒状物质变成粉状物质。

化学实验室最常用的粉碎工具是研钵。研钵的使用方法和注意事项见 3.4.2 研钵。这种粉碎的目的是方便称量和加速溶解。

在分析实验中，有时为保证取样的代表性需要粉碎。少量样品用小型手摇粉碎机；大量样品用小型电动粉碎机。如果样品是含水量较多的新鲜有机物，需要粉碎时则要用组织捣碎机捣碎。

6.3 沉淀与沉淀分离

6.3.1 沉淀

6.3.1.1 沉淀

沉淀，在化学上指从溶液中析出固体物质的过程；也指在沉淀过程中析出的固体物质。这里所说的沉淀是由于化学反应而生成溶解度较小，或者由于溶液的浓度大于该溶质的溶解度析出固体物质。沉淀可分为晶形沉淀（$BaSO_4$）和非晶形沉淀（又称无定形沉淀，如 $Fe_2O_3 \cdot nH_2O$）两大类型，前者易于沉降和过滤，后者难以过滤，也难以洗干净。

在经典的定性分析中，几乎一半以上的检出反应是沉淀反应。在定量分析中，它是重量法和沉淀滴定法的基础。沉淀反应也是常用的分离方法，既可将欲测组分分离出来，也可将其他共存的干扰组分沉淀除去。沉淀也是提纯物质的重要方法之一，如重结晶。

6.3.1.2 沉淀的生成

重量分析等定量分析实验，沉淀往往在烧杯中生成。方法是左手拿滴管吸取沉淀剂，右手拿搅拌棒，沉淀剂由滴管滴加，沿烧杯内壁边加边搅拌，防止局部沉淀剂过量。

元素性质实验和一些定性分析实验中，沉淀常常在试管中生成。方法是左手拿滴管，右手拿试管，沉淀剂由滴管加入到试管中，边加边振荡试管，边观察沉淀的生成。

6.3.1.3 注意事项

(1) 注意沉淀剂的浓度和加入速度 一些沉淀因沉淀剂浓度过大或加入速度过快，生成后迅速溶解，这样就观察不到沉淀的生成。如试验 $Sn(OH)_2$ 的酸碱性时，由于 $Sn(OH)_2$ 是两性，沉淀剂 NaOH 溶液过大或加入速度过快都得不到 $Sn(OH)_2$ 沉淀。又如在试验 Ag_2O 的生成和性质时，由于 Ag_2O 易溶于沉淀剂氨水生成 $[Ag(NH_3)_2]^+$，氨水溶液浓度过大或加入速度过快，都观察不到 Ag_2O 沉淀。学生往往因此得到错误的实验结论。

(2) 沉淀生成的量 有时为了进行后续的试验，往往需要足够的沉淀。如硫化物溶解度试验，这时沉淀要分成多份，量少了就没办法完成试验。但有些沉淀溶于过量的沉淀剂的试验，生成的沉淀的量就不宜过大，否则，后续的溶解实验就可能难以在试管中完成。如在试验 HgI_2 沉淀的生成与溶解性质时，有的同学在试管中加入较多的 $Hg(NO_3)_2$ 溶液，加入 KI 溶液后可以看到 HgI_2 生成。随后在试验 HgI_2 在 KI 溶液中的溶解性质时，由于沉淀的量过大，以至于加入足够多的 KI 溶液也看不到沉淀完全溶解。

(3) 沉淀生成的条件 为了得到大的沉淀颗粒，便于过滤、离心及洗净杂质，沉淀生成的条件是必须考虑的。

① 晶形沉淀的沉淀条件

a. 沉淀反应要在稀溶液中进行，并加入沉淀剂的稀溶液，以便得到大颗粒的沉淀；

b. 在不断搅拌下，逐滴地加入沉淀剂，这样可以防止溶液中局部过浓现象，以免生成大量的晶核，沉淀的颗粒小；

c. 沉淀反应应该在热溶液中进行，使沉淀的溶解度略有增加，这样可以降低溶液的过饱和度，以利于生成大颗粒沉淀，同时还可以减少杂质的吸附作用。为了防止沉淀在热溶液中的溶解损失，应当在沉淀完毕后，将溶液放冷，然后进行过滤；

d. 沉淀反应完毕，让其陈化。

② 非晶形沉淀的沉淀条件

a. 沉淀反应应在较浓的溶液中进行，加入沉淀剂的速度也可以适当加快，这样得到的沉淀含水量少，体积小，结构也较紧密，但也要考虑到此时吸附杂质多，所以在沉淀反应完毕，应立刻加入大量热水冲洗并搅拌，使被吸附的一部分杂质转入溶液；

b. 沉淀反应应在热溶液中进行，以使沉淀微粒容易凝聚，减少杂质吸附，并防止形成胶体；

c. 溶液中加入适当的电解质，以防止胶体溶液的生成；

d. 沉淀完毕，趁热过滤，不必陈化。

6.3.2 分离

这里所说的分离是沉淀生成后，将沉淀从溶液中分离出来。

6.3.2.1 倾析法

若得到的沉淀颗粒较大，容易在溶液底部沉积，与上层清液易分离，通常可以采用倾析法将溶液和沉淀分离。将烧杯倾斜静置，待沉淀沉降至烧杯的底角后，将一只玻璃棒横搁在烧杯嘴上，将烧杯内的清液慢慢倾入另一烧杯中。如图 6.7 所示。

若要洗涤沉淀，可在分离后的沉淀上加入洗涤剂（如蒸馏水），充分搅拌，静置，再用倾析法将溶液和沉淀分离。如此操作 2～3 次即可。

图 6.7　倾析法分离沉淀和溶液

6.3.2.2　过滤法

对量比较大的沉淀和溶液的分离，可以采用过滤的方法。实验室中的过滤方法分为常压过滤、减压过滤（也叫抽滤）和热过滤。

(1) 常压过滤　常压过滤速度比较慢，沉淀和溶液分离不十分彻底，适合一般情况下使用。

常压过滤操作过程如下。

①用四折法折叠滤纸，即将滤纸对折，连续两次，叠成 90°圆心角形状，把叠好的滤纸，按一侧三层，另一侧一层打开，成漏斗状。把漏斗状滤纸装入漏斗内，滤纸边要低于漏斗边，向漏斗口内倒一些清水，使浸湿的滤纸与漏斗内壁贴靠，再把余下的清水倒掉，待用，如图 6.8(a) 所示。滤纸折叠也可用皱折法，如图 6.8(b) 所示。

② 将装好滤纸的漏斗安放在过滤用的漏斗架上（如铁架台的圆环上），在漏斗颈下放接收过滤液的烧杯或试管，并使漏斗颈尖端靠于接收容器的壁上。

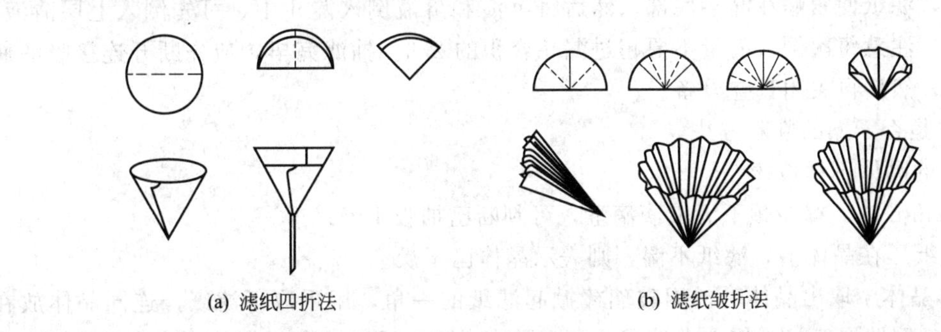

(a) 滤纸四折法　　(b) 滤纸皱折法

图 6.8　滤纸折叠方法

③ 向漏斗里注入需要过滤的液体时，右手持盛液烧杯，左手持玻璃棒，玻璃棒下端靠紧漏斗三层纸上，使烧杯嘴紧贴玻璃棒，待滤液沿烧杯嘴流出，再沿玻璃棒流入漏斗内。注入到漏斗里的液体，液面不能超过漏斗中滤纸的高度，如图 6.9 所示。

④ 当液体经过滤纸，沿漏斗颈流下时，要检查一下液体是否沿杯壁顺流而下，注到杯底。否则应该移动烧杯或旋转漏斗，使漏斗尖端与烧杯壁贴牢，就可以使液体沿烧杯内壁缓缓流下。

(2) 减压过滤　减压过滤又称吸滤、抽滤，是利用真空泵或抽气泵将吸滤瓶中的空气抽走而产生负压，使过滤速度加快。减压过滤速度较快，沉淀和溶液分离较为彻底，适合大多数情况。但若沉淀颗粒细小或生成了胶状沉淀，此法则不合适。在物质制备和重结晶提纯物质的实验中，常常要用到减压过滤。

减压过滤使用的仪器主要有：布氏漏斗、抽滤瓶（或吸滤瓶）和真空设备，也可以使用玻璃砂芯漏斗。常使用的真空设备有循环水真空泵和油机械泵，也可以使用较为简单的水吸滤泵。

图 6.10 所示为减压过滤（抽滤或吸滤）装置。图中的安全瓶是为了防止突然停水或真空泵突然停电，由于吸滤瓶内的压力较小，自来水或油真空泵中的油会吸入吸滤瓶内造成污染。

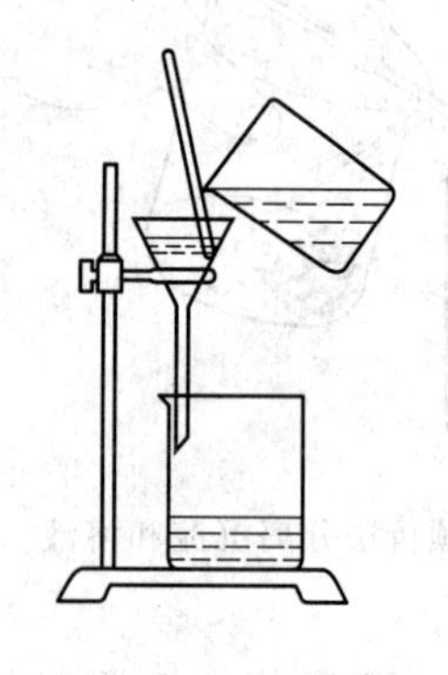

图 6.9 常压过滤操作

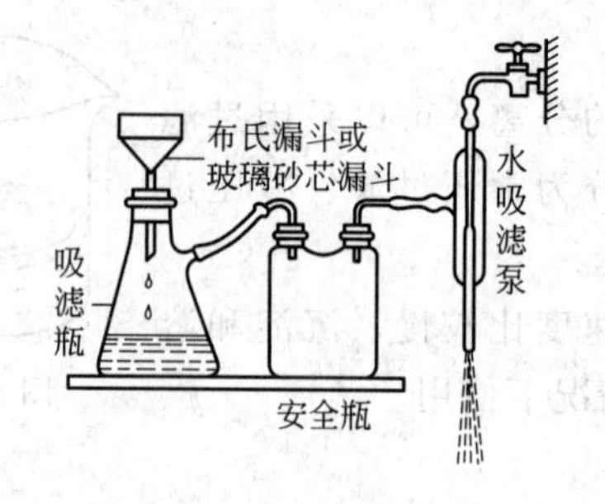

图 6.10 减压过滤装置

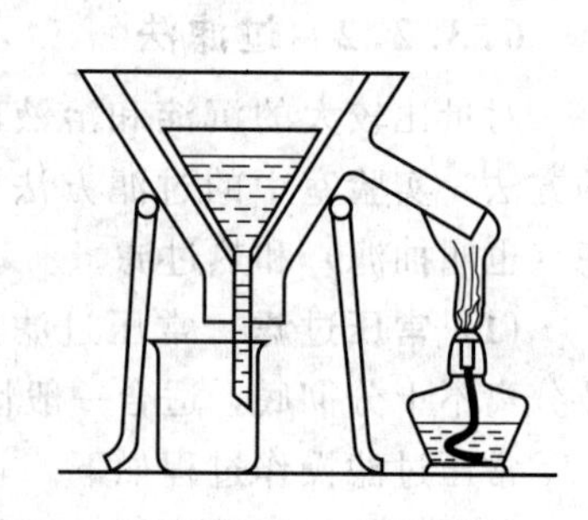

图 6.11 热过滤

① 减压过滤操作　操作时，先准备好一张直径比布氏漏斗内径略小的滤纸（若没有合适的，可以用一张较大的滤纸裁减），滤纸的大小以能盖住布氏漏斗上的小孔为宜。抽滤前，先用蒸馏水或沉淀的清液润湿滤纸，用玻璃棒轻压滤纸除去缝隙，使滤纸贴在漏斗上。将漏斗放入吸滤瓶内，塞紧塞子。注意漏斗颈的尖端在支管的对面。打开开关，开启真空设备，接上橡皮管，滤纸便紧贴在漏斗底部。然后将沉淀和溶液倒入漏斗中，可先倒入上层清液，再倒入沉淀。注意每次倒入的量不要超过漏斗容积的 2/3。抽滤完毕，应先断开连接吸滤瓶的橡皮导管，然后再关闭真空设备。

② 晶体是否干燥的判断方法

a. 干燥的晶体不粘玻棒。

b. 1～2min 内，漏斗颈下无液滴滴下，可判断已抽吸干燥；

c. 用滤纸压在晶体上，滤纸不湿，则表示晶体已干燥。

③ 转移晶体　取出晶体时，用玻璃棒掀起滤纸的一角，用手取下滤纸，连同晶体放在称量纸上，或倒置漏斗，手握空拳使漏斗颈在拳内，用洗耳球吹下。用玻璃棒取下滤纸上的晶体，但要避免刮下纸屑。检查漏斗，如漏斗内有晶体，则尽量转移出。

④ 转移滤液　将支管朝上，从瓶口倒出滤液，如支管朝下或在水平位置，则转移滤液时，部分滤液会从支管处流出而损失。注意：支管只用于连接橡皮管，不是溶液出口。

⑤ 晶体的洗涤　若要洗涤晶体，则在晶体抽吸干燥后，拔掉橡皮管，加入洗涤液润湿晶体，再微接真空泵橡皮管，让洗涤液慢慢透过全部晶体。最后接上橡皮管抽吸干燥。如需洗涤多次，则重复以上操作，洗至达到要求为止。

若过滤具有强氧化性或强腐蚀性的溶液，为避免滤纸在操作过程中损坏穿孔，可以使用玻璃砂芯漏斗过滤，但要根据具体情况选择使用不同规格的漏斗。玻璃砂芯漏斗不需要使用滤纸。

有些实验中，沉淀是需要的，而另一些实验中滤液是需要的。因此，特别要注意的是，过滤之后要弄清哪一部分是需要的。一些学生容易犯的错误是将要得到的产品倒掉而留下不要的滤液或沉淀。

(3) 热过滤　当需要除去热、浓溶液中的不溶性杂质，而又不能让溶质析出或某些物质随着温度的降低溶解度减小，而不希望在过滤中有沉淀析出，此时可以采用热过滤的方法。

如图 6.11 所示。普通漏斗放在铜质热水漏斗内，用酒精等给热水漏斗加热，以保持溶液的温度。

6.3.2.3　离心分离

在元素性质实验中，常常要使在试管中得到的少量沉淀和溶液分离，由于沉淀量很少，不适合采用过滤的方法。实验室中常使用离心机（又称离心沉降器）进行沉淀和溶液的分离。这是基础化学实验中最基本的操作。

沉淀反应一般在普通试管或离心试管中完成。若在普通试管中进行沉淀，实验完毕要将溶液和沉淀一并倒入离心试管中，将离心试管放入离心机，开动离心机一段时间后，关闭离心机，让其自然停转，取出离心试管，这时可以看到沉淀沉降在试管底部的尖底处，其余部分为清液。这时就可以将清液倒出，或使用滴管小心地将上层清液吸取出来。如图 6.12 所示。

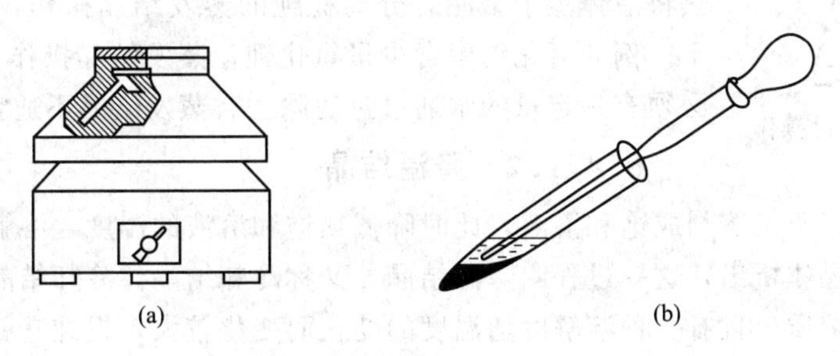

图 6.12　离心机及用吸管将离心试管中清液取出

使用离心机需注意：使用之前要检查离心机内是否还有其他物体。试管放入离心机内的位置要对称。开启离心机要小心，速度从小变大，一旦发现离心机工作异常，应立即停止并检查。在离心机自然停止前，不要用手或其他物体强行制动！

离心机工作时的转速和工作时间视沉淀的性质而定。晶形好的沉淀，转速以 1000 $r \cdot min^{-1}$ 为宜，工作时间 1～2min 就足够。若形成了无定形沉淀甚至胶状沉淀，转速可以适当增加到 2000$r \cdot min^{-1}$，工作时间也可以适当延长至 3～4min。若仍不能很好地分离沉淀和溶液，应采取其他辅助措施，如将沉淀和溶液一起温热存放待沉淀生长，或加入特定电解质破坏胶体。

若得到的沉淀还需要进一步试验其性质，必须对沉淀进行洗涤。通常使用蒸馏水洗涤。在分离了清液的试管中加入洗涤剂，用尖嘴搅拌棒充分搅拌（也可以使用滴管吸取），然后再一次离心分离。必要的可重复洗涤 2～3 次。

6.4　结晶和分离提纯

6.4.1　结晶

结晶是指固体溶质从过饱和溶液中析出的过程。结晶是化学实验室常用的混合物分离的方法，在制备和提纯实验中，常常需要进行结晶操作。结晶方法一般为两种，一种是蒸发结晶，另一种是降温结晶。

6.4.1.1 蒸发结晶

加热蒸发溶剂，使溶液由不饱和变为饱和，继续蒸发，过剩的溶质就会呈晶体析出，这一过程叫蒸发结晶，又称浓缩结晶。蒸发结晶适用于一切固体溶质从它们的溶液中分离，或从含两种以上溶质的混合溶液中，提纯溶解度随温度的变化不大的物质，如从氯化钠与硝酸钾混合溶液中提纯氯化钠（硝酸钾少量），此时蒸发结晶不能将溶剂全部蒸干。若只是把氯化钠从溶液中分离出来，这时蒸发结晶就是将溶剂水全部蒸干。

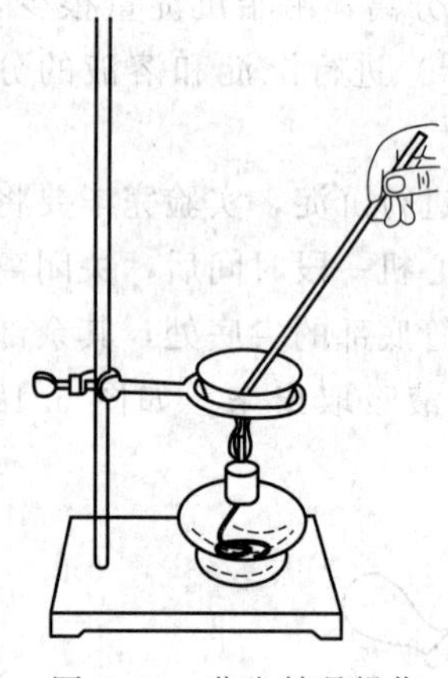

图 6.13　蒸发结晶操作

实验室蒸发结晶多在蒸发皿中进行。方法是蒸发皿放于铁架台的铁圈上，倒入液体不超过蒸发皿容积的 2/3，蒸发过程中不断用玻璃棒搅拌液体，防止受热不均，液体飞溅，如图 6.13 所示。看到有大量固体析出，或者仅余少量液体时，停止加热，利用余热将液体蒸干。注意分离提纯的蒸发结晶操作，溶剂一定不能蒸干。例如氯化钠中含少量氯化钾，蒸发结晶操作就不能将水蒸干，必须有一定量的水通过过滤除去。蒸发结晶不适宜易分解的物质。

6.4.1.2 降温结晶

先加热溶液，蒸发溶剂成饱和溶液，此时降低热饱和溶液的温度，溶解度随温度变化较大的溶质就会呈晶体析出，这一过程叫降温结晶，又称冷却结晶。冷却结晶主要对于混合溶液含有两种以上溶质，且有一种溶解度随温度的变化而变化较大，提纯它就用冷却结晶，如从氯化钠与硝酸钾混合溶液中提纯硝酸钾（氯化钠少量）。

降温结晶的操作方法与蒸发结晶基本相同，先加热浓缩得到热饱和溶液，一般是液面出现晶膜停止加热，再冷却结晶，过滤，得到的晶体中还可能含有其他杂质。

6.4.1.3 蒸发结晶与降温结晶的区别

(1) 原理不同　蒸发结晶溶解度不变，减少溶剂，溶质析出；降温结晶则随温度降低，溶解度减小，溶质析出。

(2) 用途不同　蒸发结晶主要用于一切固体溶质从它们的溶液中分离，降温结晶主要用于固体物质的分离提纯。

(3) 适用结晶的物质不同　蒸发结晶适用溶解度随温度变化不大的物质；降温结晶适用高温时溶解度大，低温度时溶解度小的物质。

(4) 操作方法存在差异　蒸发结晶的操作步骤是溶解-蒸发-结晶（提纯需过滤）；降温结晶的操作步骤是加热溶解-冷却结晶-过滤。

6.4.2 分离提纯

分离提纯是指将混合物中的杂质分离出来，以此提高其纯度的过程。分离提纯作为一种重要的化学方法，不仅在化学研究中具有重要作用，在化工生产中也同样具有十分重要的作用。基础化学实验中，常用到分离提纯，尤其是制备实验，分离提纯是必要的手段。分离提纯方法很多，如过滤（除去不溶杂质）、蒸馏和萃取（液体混合物的分离提纯）和结晶（固体混合物的分离提纯）。这里只介绍化学实验室常用的分离提纯方法——重结晶。

重结晶是将晶体溶于溶剂或熔融以后，又重新从溶液或熔体中结晶出来的过程。重结晶可以使不纯净的物质获得纯化，或使混合在一起的盐类彼此分离。重结晶提纯法的一般过程包括选择溶剂、溶解固体、趁热过滤去除杂质、晶体的析出、晶体的收集与洗涤和晶体的干燥。

(1) 溶剂选择 在进行重结晶时，选择理想的溶剂是一个关键，理想的溶剂必须具备下列条件：

① 不与被提纯物质起化学反应；

② 在较高温度时能溶解多量的被提纯物质；而在室温或更低温度时，只能溶解很少量的该种物质；

③ 对杂质溶解度非常大或者非常小（前一种情况是要使杂质留在母液中，不随被提纯物晶体一同析出；后一种情况是使杂质在热过滤时被滤去）；

④ 容易挥发（溶剂的沸点较低），易与晶体分离除去；

⑤ 能结出较好的晶体；

⑥ 无毒或毒性很小，便于操作；

⑦ 价廉易得（基础化学实验常常选择水作溶剂）。

(2) 固体物质的溶解 为减少被提纯物质遗留在母液中造成回收率低，应在溶剂的沸腾温度下溶解混合物，并使之饱和。方法是将混合物置于烧杯中，滴加溶剂，加热到沸腾。不断滴加溶剂并保持微沸，直到混合物恰好溶解。在此过程中要注意混合物中可能有不溶物，如为脱色加入的活性炭、纸纤维等，防止误加过多的溶剂。溶剂多，显然会影响回收率。溶剂少会使溶液处于饱和状态，甚至过饱和状态。在热过滤时，会因冷却而在漏斗中出现结晶，引起很大的麻烦和损失。综合考虑，一般可比需要量多加 20%，甚至更多的溶剂。

(3) 杂质的除去 热溶液中若还含有不溶物，应在热水漏斗中使用短而粗的玻璃漏斗趁热过滤。溶液若有不应出现的颜色，待溶液稍冷后加入活性炭，煮沸 5min 左右脱色，然后趁热过滤。活性炭的用量一般为固体粗产物的 1%～5%。

(4) 晶体的析出 将收集的热滤液静置，缓缓冷却到室温及以下，不要急冷滤液，急冷形成的晶体会很细，表面积大，吸附的杂质多。有时晶体不易析出，则可用玻棒摩擦器壁或加入少量该溶质的晶体，引入晶核，不得已也可放置于冰箱中，促使晶体较快地析出。

(5) 晶体的收集和洗涤 把晶体通过减压过滤从母液中分离出来。过滤及洗涤见 6.3.2 减压过滤。

(6) 晶体的干燥 纯化后的晶体，可根据实际情况采取自然晾干，或烘箱烘干。

6.5 气体的制取、收集、净化与干燥

6.5.1 气体制取

气体制取是基础化学实验中的一项基本技能，在部分化学反应中有气体参与，但是气体试剂不便于储存，所以在进行实验前要通过反应来生成这种气体，随制随用。化学实验室制取气体的目的就是制备纯净的气体，用于实验。因此目的，气体制取前需要确定制取方案，以便于实验顺利进行。

(1) 生成气体的反应 通常一种气体可能由多种反应产生，例如，制取氯气，既可以通过加热浓盐酸与二氧化锰制取，也可以通过电解食盐水或电解熔融的氯化钠抽取。但是限于

实验室的条件与实验技术，并不是所有反应都适合实验室气体的制备及气体的收集，如电解饱和食盐水得到的氯气是潮湿的，电解熔融氯化钠不便于收集，同时耗费太多资源。因此在制取气体时，涉及制取气体的反应一定要考虑是否便于收集、反应条件、经济性等多种因素。

(2) 反应装置 确定了制取气体的反应之后，就要考虑反应装置。对于反应装置，主要考虑反应是否需要加热，反应物是否全是固体或全是液体。反应装置通常有固体液体常温装置、固体加热装置、固体液体加热装置。表 6.1 是一些气体的制取装置。

表 6.1 气体的制取装置

类型	发生装置	制备气体	注意事项
固体＋固体（加热）		O_2、NH_3、CH_4 等	①试管口应稍向下倾斜，以防止产生的水蒸气在试管口冷凝后倒流，而使试管破裂；②铁夹应夹在距试管口 1/3 处；③固体药品应平铺在试管底部；④胶塞上的导管伸入试管内不能过长，否则会影响气体导出；⑤如用排水集气法收集气体，当停止制气时，应先从水槽中把导管撤出，然后再撤走酒精灯，防止水倒吸
固体＋液体或液体＋液体（加热）	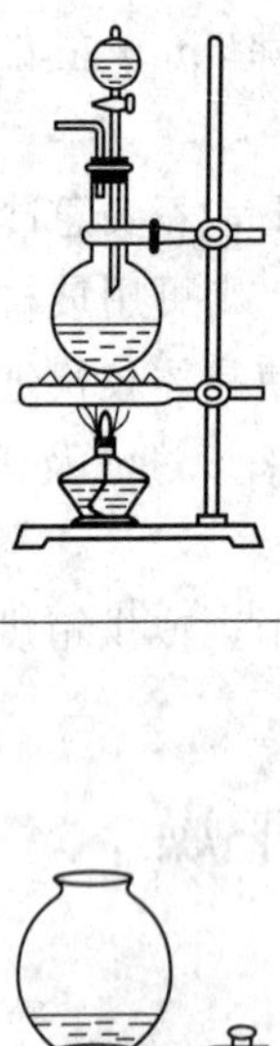 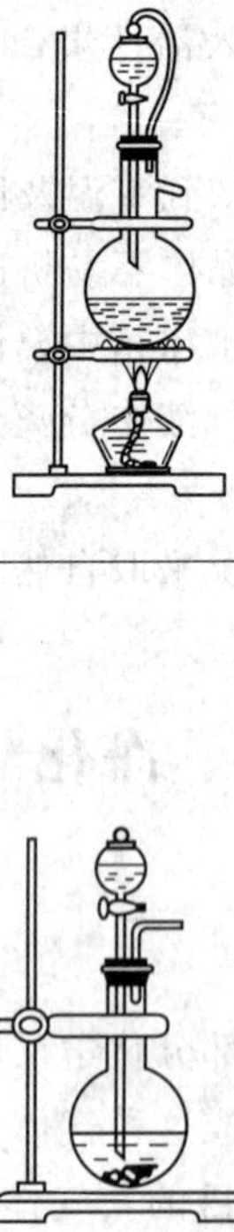 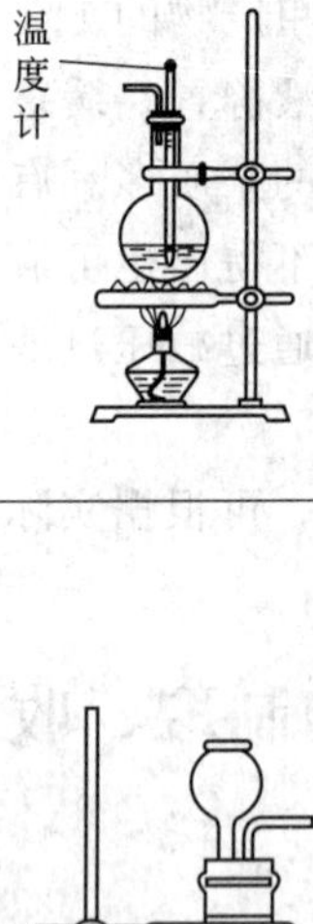 温度计	Cl_2、C_2H_4 等	①烧瓶应固定在铁架台上；②先把固体药品放入烧瓶中，再缓缓加入液体；③分液漏斗应盖上盖，注意盖上的凹槽对准分液漏斗颈部的小孔；④对烧瓶加热时要垫上石棉网；⑤用乙醇与浓 H_2SO_4 加热反应制取乙烯时，为便于控制温度，要安装温度计
固体＋液体（不加热）	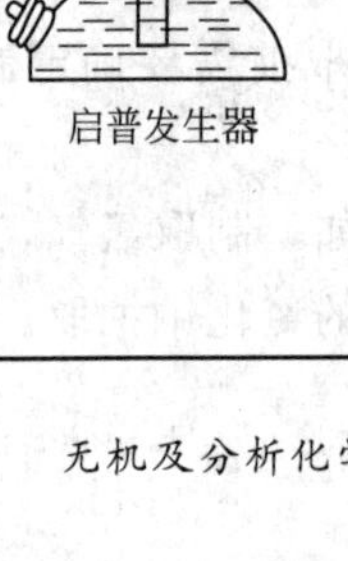 启普发生器 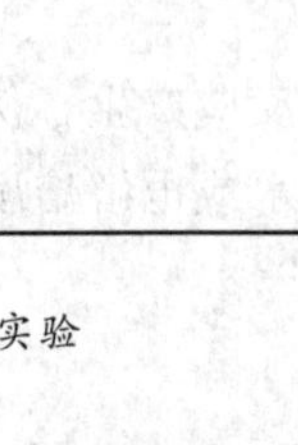 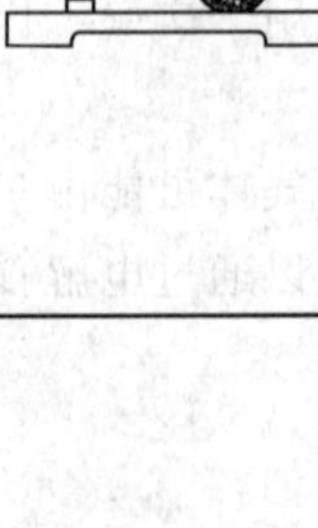	H_2、H_2S、CO_2、NO_2、C_2H_2、SO_2、NO 等，其中可用启普发生器制备的气体有：H_2、H_2S、CO_2	①块状固体与液体的混合物在常温下反应制备气体，可用启普发生器制备，当制取气体的量不多时，也可采用简易装置；②简易装置中长颈漏斗的下口应伸入液面以下，否则起不到液封作用而无法使用；③加入块状固体药品的大小要适宜；④加入液体的量要适当；⑤最初使用时应待容器内原有的空气排净后，再收集气体；⑥在导管口点燃氢气或其他可燃性气体时，必须先检验纯度

(3) 制取装置连接 制取装置主要包括反应装置和收集装置，有时会连接净化装置以及后续处理，如直接制备成气体水溶液。制取装置一般的连接方式是：反应装置→(纯化装置)→收集装置→(后续处理)。

(4) 实验细节 实验中有一些细节在制订实验方案时是需要考虑的。如何时开始加热，何时完成收集。这些细节可能影响到气体的纯度或者引起危险。例如：排水收集氧气时，刚开始有气泡不能收集、导管不能伸入集气瓶太长，以便于取出；排空气法收集二氧化碳时，要在结束时用燃烧的木条检验是否集满。

注意：气体制取前一定要检查制取装置的气密性。按照具体的制取步骤进行实验，对于易燃、易爆、有毒气体的制取，实验时要更加小心谨慎。

6.5.2 气体的收集

气体的收集由气体的密度、在某些液体中的溶解度来确定收集方式。例如二氧化碳易溶于水，所以不适用排水集气法，但适用排空气法或者排油法；SO_3易溶于水，但不易溶于煤油，因此可以用排油法等。

6.5.2.1 收集方法

(1) 排水集气法 凡难溶于水或微溶于水，又不与水反应的气体都可用排水法收集。

(2) 排空气法 一种是向上排空气法，凡是气体的分子量大于空气的平均分子量的可用此法；若气体的分子量小于空气的平均分子量，则用向下排空气法。排空气法可用试纸或浸有试液的棉花团检验集气瓶或试管是否充满气体。试纸类有蓝色石蕊试纸、红色石蕊试纸、淀粉-KI试纸；浸湿棉花团试液类有品红溶液、$CuSO_4$ 溶液、高锰酸钾溶液、酚酞溶液。

如果气体不满足上述两项，用特殊方法收集，视情况而定。比如多功能瓶（万能瓶）等。

6.5.2.2 气体收集装置

表 6.2 是气体的几种收集装置。

表 6.2 气体收集装置

收集装置	收集方法	收集气体
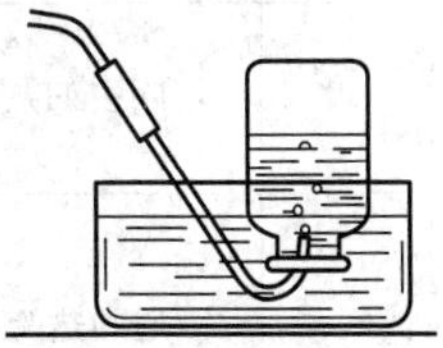	排水集气法	O_2、H_2、N_2、Cl_2（饱和 NaCl 溶液）、NO、CO_2（饱和 $NaHCO_3$ 溶液）、CO 等
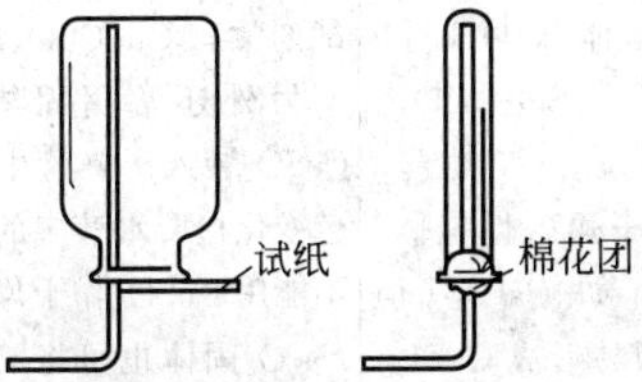 试纸 棉花团 (a) (b)	向下排空气法： (a)用试纸检验 (b)用棉花团检验	H_2、NH_3、CH_4等

续表

收集装置	收集方法	收集气体
试纸	向上排空气法： 用试纸检验，或用其他方法检验，如带火星的木条检验氧气	Cl_2、NO_2、CO_2、SO_2等
进 出 进 出 气流→ (a) (b) (c)	(a)气体不与空气反应、收集密度比空气小的气体(如H_2) (b)气体不与空气反应、收集密度明显比空气大的气体(如O_2或CO_2) (c)排水集气法，在瓶中盛满水(油)。注意在出水导管后连接烧杯接水	所有制取气体

注意：装置中有残余的空气。故一般检查气密性后要反应一会儿再开始收集。

6.5.3 气体的净化与干燥

(1) 气体的净化与干燥装置 反应时通常可能伴有副反应或者杂质。为了防止这些杂质导致产品不纯，因此要将气体通过一些装置（洗气瓶等）去除这些杂质。气体的净化、干燥装置一般常用的有洗气瓶、干燥管、U形管和双通加热管几种，见表6.3。

表6.3 气体净化干燥装置

项目	液态干燥剂	固态干燥剂		固体，加热
装置				
可干燥的气体	H_2、Cl_2、O_2、SO_2、N_2、CO_2、CO、CH_4	H_2、Cl_2、O_2、SO_2、N_2、CO_2、CO、CH_4	H_2、O_2、N_2、CO、CH_4、NH_3	可除去H_2、O_2、N_2、CO
干燥剂、除杂试剂	①强碱溶液：如NaOH溶液可吸收CO_2、SO_2、H_2S、Cl_2、NO_2等呈酸性的气体 ②饱和的酸式盐溶液，可将杂质气体吸收转化，如：饱和$NaHCO_3$溶液能除去CO_2中混有的HCl、SO_2等强酸性气体；饱和$NaHSO_3$溶液能除去SO_2中混有的HCl、SO_3等气体；饱和NaHS溶液能除去H_2S中混有的HCl气体 ③浓H_2SO_4：可除去H_2、SO_2、HCl、CO、NO_2、CH_4等气体中混有的水蒸气。但不能用来干燥H_2S、HBr、HI等 ④酸性$KMnO_4$溶液：除去具有还原性的气体，如除去混在CO_2气体中的SO_2、H_2S等	①酸性干燥剂，用来干燥酸性气体。如P_2O_5、硅胶等 ②碱性干燥剂，用来干燥碱性气体。如CaO、碱石灰、固体NaOH等。这类干燥剂不可干燥Cl_2、SO_2、CO_2、NO_2等 ③中性干燥剂，既能干燥碱性气体，又能干燥酸性气体。如$CaCl_2$（但$CaCl_2$不能干燥NH_3，因易形成$CaCl_2 \cdot 8NH_3$氨合物)		双通加热管一般装入固体除杂剂，除杂试剂和混合气体中的某一组分反应。除杂试剂常有Cu、CuO、Mg等 另外还常用固体的无水$CuSO_4$装入干燥管中，通过颜色变化检验水蒸气的存在(但不能用$CuSO_4$作干燥剂)。用Na_2O_2固体也可将CO_2、H_2O(气)转化为O_2

(2) **尾气处理** 一些气体若进入大气会造成污染、引发人畜中毒，因此在实验时要把混有这种气体的尾气处理掉。尾气处理常用的方法如下。

① 点燃：除去可燃的有毒气体，如CO等［见图6.14(c)］。

② 尾气通入试液，有害气体与试剂反应而除去。如装NaOH溶液可除去Cl_2、SO_2、NO_2、CO_2等酸性气体；装Na_2SO_3溶液可除去Cl_2、SO_2、NO_2等；装水可除去HCl、NH_3等［见图6.14(a)、(b)，(a)中漏斗可不接触液面，这样可防止倒吸］。

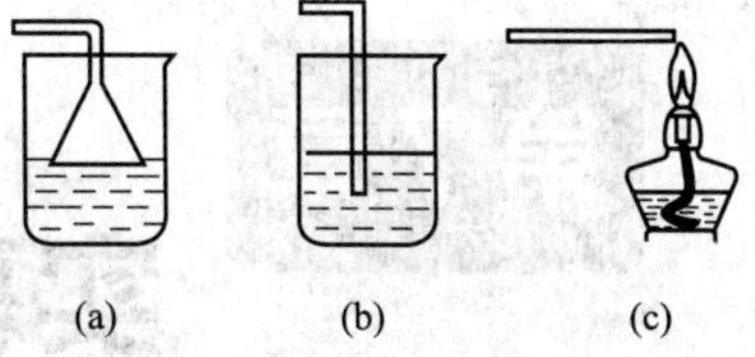

图6.14 尾气处理装置

6.5.4 实验装置气密性检查

气体制取装置气密性检查是制取气体实验的前奏。气密性检查是所要检查的实验装置与附设的液体，在密封的条件下，通过一定方法，如改变温度；往装置内加水或通入气体等，使装置内外压强不同，然后观察（如气泡的生成，水柱的形成，液面的升降等）来判断装置气密性的好坏。在实际检验过程中，由于气体制取装置结构不同，因此检验方法也有一定的差异。表6.4是几种实验装置气密性的检查方法。

表6.4 实验装置气密性检查方法

方法	受热法	压水法	吹气法
装置举例			吹气 水
操作	关闭分液漏斗活塞，将导气管插入烧杯的水中，用酒精灯微热圆底烧瓶	关闭导气管上的活塞，从球形漏斗中加入足量的水，使球形漏斗中出现水柱	向导管口吹气，漏斗颈端是否有水柱上升 用橡皮管夹夹紧橡皮管，静置片刻
现象与结果	若导管末端产生气泡，停止微热，有水柱形成，说明装置不漏气	水柱高度在一段时间内保持不变，则说明装置不漏气	长颈漏斗颈端的水柱是否下落，若吹气时有水柱上升，夹紧橡皮管后水柱不下落，说明气密性良好

注：若连接的仪器很多，应分段检查。

第7章 实验数据表达与处理

7.1 测量误差

定量分析的任务是测定有关组分的准确含量，但是在实际测定中，人们发现，即使采用最可靠的方法，使用最精密的仪器，由技术很熟练的人员操作，也不可能得到绝对准确的结果。同一个人在相同条件下，对同一试样进行多次测定，所得结果也不会完全相同。这表明，误差是客观存在的。因此，有必要了解误差产生的原因，出现的规律，减免误差的措施，使测定结果达到所要求的准确度，以适应实际工作的需要。

7.1.1 分析结果的准确度、精密度及表示方法

7.1.1.1 准确度与误差

准确度是指测定值与真值接近的程度。其好坏用误差来衡量。误差小，准确度高，反之，误差大，准确度低。误差是指测定值（x）或测定值的平均值（$\overline{x}$）与真值（μ）之间的差。

误差的表示方法有绝对误差和相对误差。

绝对误差　$AE = x - \mu$ 或 $AE = \overline{x} - \mu, \overline{x} = \dfrac{\sum x_i}{n} \quad (i = 1, 2, 3, \cdots, n)$

相对误差　$RE = \dfrac{AE}{\mu} \times 100\% = \dfrac{x - \mu}{\mu} \times 100\%$

用相对误差表示测定结果的准确度更为确切、合理。

在实际工作中，真实值往往不知道，无法说明准确度的高低，因此常常用精密度说明测定结果的好坏。

7.1.1.2 精密度与偏差

精密度是指几次平行的测定值彼此之间接近的程度，其好坏用偏差来衡量，偏差小，精密度好，分析结果的重现性高；反之，偏差大，精密度差，重现性差。

偏差的表示方法有以下几种。

(1) 绝对偏差和相对偏差

$$绝对偏差\ d_i = x_i - \overline{x}$$

$$\text{相对偏差}=\frac{d_i}{\overline{x}}\times 100\%$$

它们表示单个测量值与平均值的偏差，表示单个测量数据的离散程度。

(2) 平均偏差和相对平均偏差

$$\text{平均偏差}\ \overline{d}=\frac{\sum|x_i-\overline{x}|}{n}$$

$$\text{相对平均偏差}=\frac{\overline{d}}{\overline{x}}\times 100\%$$

它们通常用来表示一组数据的分散程度，即分析结果的精密度。

(3) 标准偏差和相对标准偏差

标准偏差 $s=\sqrt{\dfrac{\sum(x_i-\overline{x})^2}{n-1}}$

相对标准偏差（变异系数） $CV(\%)=s_r=\dfrac{s}{\overline{x}}\times 100\%$

用标准偏差表示精密度比用平均偏差好，因为将单次测定结果的偏差平方后，较大的偏差能更显著地反映出来。

7.1.2 产生误差的原因及减免方法

7.1.2.1 产生误差的原因

根据误差的来源和特点，误差可分为系统误差（或称可测误差）和偶然误差（或称随机误差，未定误差）。

(1) 系统误差 是由于测定过程中某些经常性的原因所造成的误差，它对测量结果的影响比较恒定，会在同一条件下多次测定中重复地显示出来，使测定结果系统地偏高或偏低。

产生系统误差的具体原因如下。

① 测定方法不当 测定方法本身不够完善，如反应不完全、指示剂选择不当；或者由于计算公式不够严格、公式中系数的近似性而引入的误差。

② 仪器本身缺陷 测定中用到的砝码、容量瓶、滴定管、温度计等未经校正，仪表零位未调好，指示值不正确等仪器系统的因素造成的误差。

③ 试剂纯度不够 使用试剂不纯或去离子水（或蒸馏水）不合规格，使试液中引入杂质，干扰测定，甚至使试液中引入微量被测物质，这都会造成误差。

④ 操作者的主观因素 如有的人对某种颜色的辨别特别敏锐或迟钝；记录某一信号的时间总是滞后；读数时眼睛的位置习惯性偏高或偏低；又如在滴定第二份试样时，总希望与第一份试液的滴定结果相吻合，因此在判别终点或读取滴定管读数时，可能就受到“先入为主”的影响。

(2) 偶然误差 由于测定过程中各种因素不可控制的随机变动所引起的误差。如观测时温度、气压的偶然微小波动，个人一时辨别的差异，在估计最后一位数值时，几次读数不一致。偶然误差的大小，方向都不固定，在操作上不能完全避免。

另外，应该指出，由于工作上的粗枝大叶，不遵守操作规程，以致丢失试液，加错试剂，看错读数，记录出错，计算错误等引入的误差属于操作错误，称为过失误差。这类误差无规律可循，对测定结果有严重影响，必须注意避免。对含有此类因素的测定值，应予剔除，不能参加计算平均值。

7.1.2.2 减免误差的方法

根据不同类型的误差产生的原因，采取相应的措施减免误差。对于系统误差，可采取下列方法减免误差。

(1) 对照试验 选用公认的标准方法与所采用的测定方法对同一试样进行测定，找出校正数据，消除方法误差。或用已知含量的标准试样，用所选测定方法进行分析测定，求出校正数据。

(2) 空白试验 在不加试样的情况下，按照试样的测定步骤和条件进行测定，所得结果称为空白值，从试样的测定结果中扣除空白值，就可消除由试剂、蒸馏水及所用器皿引入杂质所造成的系统误差。

(3) 仪器校正 实验前对所用的砝码、度量仪器或其他仪器进行校正，求出校正值，提高测量的准确度。

对于操作者的个人主观因素引起的误差，操作者只有通过养成良好的实验习惯，采取科学的实验态度，严格按正确的操作规范进行实验，才能得以减免或消除。

偶然误差虽然由偶然因素引起，但从偶然误差的规律可知，在消除系统误差的情况下，平行测定的次数越多，偶然误差的算术平均值越接近于零，测得值的平均值越接近于真值。因此，可适当增加测定次数（对同一样品一般要求平行测定2~4次），取平均值作为分析结果，减免偶然误差。

7.2 有效数字及运算规则

为了得到准确的分析结果，不但要准确测量，而且要正确地记录和运算。所记录的数据既要表示出数量的大小，还要反映出测量的精确程度。在实际工作中应如何记录实验数据和计算分析结果才能真实反映客观事实呢？这就必须了解有效数字及运算规则。

7.2.1 有效数字

所谓有效数字，就是指实际能够测到的需要如实记录的数字。即除了末位数字是估计值外（允许存在±1的误差），其余的都是准确的数字，称为“有效数字”。

(1) 测量结果记录 记录数据需根据使用仪器的准确程度按有效数字定义进行记录。如某人用万分之一的分析天平称取样品1.1g，应记录1.1000g（有效数字5位），这表示他称取的质量为1.1000g或1.0999g或1.1001g。若记录为1.1g（有效数字2位），说明此人是用台秤称量。同理某人读取滴定管上读数为18.40mL（有效数字4位），不能记录为18.4mL（有效数字3位）。可见“0”作为有效数必须记录，不能舍去，否则有效数字位数减少，测量准确度降低。“0”在非0数字之间和之后，均为有效数字，只在非0数字前不是有效数字，仅起定位作用。如在1.0005中的中间三个“0”，0.5000中的后三个“0”，都是有效数字；在0.0054中的“0”只起定位作用，不是有效数字。

注意：实验中使用的容量瓶、移液管等度量仪器，其体积是固定的，如250mL容量瓶、25mL移液管等，达刻度线时，其中所盛（或所放出）溶液体积的精度一般认为有四位有效数字，记录为250.0mL、25.00mL。

(2) 分析结果计算注意事项

① 对于非测量所得的数字，如倍数、分数、π、e 等，它们没有不确定性，其有效数字可视为无限多位，根据具体情况来确定。

② 在进行有效数运算（主要指乘除运算）时，如果有效数字的首位数是“8”或“9”，则有效数字的位数可多看作一位，如 0.835 可看作四位有效数字。

③ 表示误差的有效数字位数，一位足够，最多取两位。

7.2.2 有效数字修约

由于分析过程中各测量环节使用的仪器精度不一定完全相同，因而记录的数据的有效数字位数也存在差异，在不影响计算结果准确度的前提下，为了简化繁琐的数字运算量，需要对有些数据进行修约处理，即舍弃多余的数字，这一过程称为有效数字修约。有效数字的修约规则是“四舍六入五成双”，如按修约规则将下列数字保留四位有效数字。

0.356549→0.3565：当第 4 位有效数字后的数<5 时，舍去；

0.8535501→0.8536：当第 4 位有效数字后的数>5 时（等于 5，但 5 后有不为 0 的数），进一位；

11.2750→11.28：当第 4 位有效数字后的数=5 时（等于 5，但 5 后只有 0），第 4 位有效数字为奇数，进一位；

15.4050→15.40：当第 4 位有效数字后的数=5 时，第 4 位有效数字为偶数，舍去。

必须注意：进行数字修约时只能一次修约到指定的位数，不能多次修约，否则会引入正误差。如：0.356546，只能 0.356546→0.3565，而不能 0.356546→0.35655→0.3566。

7.2.3 有效数字运算规则

(1) 加减法 当几个数据相加或相减时，它们的和或差的有效数字的保留，应以小数点后位数最少，即绝对误差最大的数据为依据。如：

$$7.85+26.1364-18.64738=15.34$$

式中，7.85 小数点后只有 2 位，位数最少，因此计算结果应保留 2 位小数，15.34。

(2) 乘除法 几个数据相乘除时，积或商的有效数字的保留，应以其中相对误差最大的那个数，即有效数字位数最少的那个数为依据。如：

$$\frac{0.07825\times 12.0}{6.781}=0.138$$

式中，12.0 有效数字是 3 位，位数最少，因此计算结果应保留 3 位有效数字，0.138。

7.3 实验数据处理和实验报告书写

7.3.1 实验数据处理

在分析工作中最后是处理分析数据。数据处理的一般步骤是首先将数据加以整理，凡明显与其他测定结果相差甚远的数据，予以剔除，然后计算剩下数据的平均值，以及各数据的平均偏差和相对平均偏差，再由平均偏差计算出平均值与真实值之差，以求出真实值可能存在的范围。

7.3.1.1 可疑测定值的取舍方法

在一组平行测定结果中，常会出现个别值与其他值相差甚远的测定值，称为可疑值或异常值。显然，对平行测定次数不多的一组数据，可疑值的取舍将直接对平均值和精密度产生显著的影响。

(1) 如果用平均偏差表示精密度，可疑值的取舍方法

① 求出可疑值（x_i）以外的其余数据的平均值 $\overline{x}$ 和平均偏差 $\overline{d}$。

② 若 $|x_i-\overline{x}|>4\overline{d}$，则舍去可疑值，否则保留。

(2) 如果用标准偏差表示精密度，可疑值的取舍方法

① 求出可疑值（x_i）以外的其余数据的平均值 $\overline{x}$ 和标准偏差 s。

② 若 $|x_i-\overline{x}|>3s$，则舍去可疑值，否则保留。

7.3.1.2 精密度计算

(1) 个别测量值精密度 个别测量值精密度是用来量度个别测量值和平均值之间的偏差。平均偏差和标准偏差是个别测量值精密度的两种表示方法，因此个别测量值精密度计算就是平均偏差或标准偏差计算。

(2) 平均值精密度 平均值精密度是用来量度平均值与真实值之间的误差，也分两种表示方法，即平均值平均偏差和平均值标准偏差。

① 平均值平均偏差 $$\overline{d}_{\overline{x}}=\frac{\overline{d}}{\sqrt{n}}$$

② 平均值标准偏差 $$s_{\overline{x}}=\frac{s}{\sqrt{n}}$$

用以上两个公式不仅可推断出结果的误差大小，而且可求出真实值的所在范围。若测定结果的平均值为 $\overline{x}$，则真实结果落在 $\overline{x}\pm\overline{d}_{\overline{x}}$ 或 $\overline{x}\pm s_{\overline{x}}$ 之间，测定结果可表示为：$\overline{x}\pm\overline{d}_{\overline{x}}$ 或 $\overline{x}\pm s_{\overline{x}}$。

7.3.2 实验记录和报告

7.3.2.1 实验记录

实验记录必须有专门的实验记录本，绝不允许随意记录。实验记录包括实验的开始、中间过程及最后结果的现象或数据。实验人员对实验每一步骤都必须细心观察、认真记录，要养成一边观察一边记录的良好习惯，便于了解实验的全过程。如果发现操作或记录错误，应用一条细线清楚划掉，再将正确操作和正确记录结果记在旁边或下面。切不可在原记录上涂改，更不能弄虚作假，要养成实事求是的优良品德。

7.3.2.2 实验报告

根据实验记录认真写出实验报告。实验报告一般包括实验数据记录、实验数据处理、对实验现象进行解释、对实验进行讨论并作出结论等。下面是无机及分析化学几种类型实验的实验报告格式示例。

(1) 无机测定实验 二氧化碳分子量的测定、醋酸解离常数的测定等属于无机测定实验。这类实验的实验报告格式如下：

无机化学实验报告

实验名称

系　　　　专业　　　　班级　　　　姓名　　　　同组人　　　　实验日期

实验目的
实验原理(简述)
实验数据记录
实验结果(实验数据处理)
问题和讨论

(2) 无机验证性实验　碱金属与碱土金属、卤素等元素化学性质实验属于无机验证性实验。这类实验的实验报告格式如下：

无机化学实验报告

实验名称

系　　　　专业　　　　班级　　　　姓名　　　　同组人　　　　实验日期

<table>
<tr><td colspan="3">实验目的</td></tr>
<tr><td colspan="3">实验提要</td></tr>
<tr><td>实验内容、步骤</td><td>实验现象</td><td>解释或结论、反应式</td></tr>
<tr><td></td><td></td><td></td></tr>
<tr><td colspan="3">问题和讨论</td></tr>
</table>

(3) 无机提纯、制备实验　高锰酸钾的制备、工业盐制备试剂级 NaCl 等属于无机提纯、制备实验。这类实验的实验报告格式如下：

无机化学实验报告

实验名称

系　　专业　　班级　　姓名　　同组人　　实验日期

实验目的
实验原理
实验步骤(流程)
实验过程中主要现象
实验结果 产品外观 产量　　　　产率 纯度
问题和讨论

(4) 无机综合性实验　硫酸亚铁铵的制备及组成分析、三草酸合铁（Ⅲ）酸钾的制备及表征等属于无机综合性实验。这类实验的实验报告格式如下：

无机化学实验报告

实验名称

系　　专业　　班级　　姓名　　同组人　　实验日期

实验目的
实验原理
实验方案、操作流程设计及其依据(参考文献)
实验过程中的难点及主要现象
实验结果、数据处理和结论
问题和讨论

（5）定量分析实验报告 这里只介绍容量分析的实验报告格式。本实验报告格式是应用表格将原始实验数据以及对数据处理后的实验结果表示出来，并对结果进行误差分析，报告出测定结果的精密度（以相对平均偏差表示）。下面是以“酸碱标准溶液的配制与浓度比较”实验为例的实验报告格式。

分析化学实验报告

实验名称

系　　　专业　　　班级　　　姓名　　　同组人　　　实验日期

实验目的			
实验原理			
实验步骤			
计算公式(不含误差分析公式,如“酸碱标准溶液的配制与浓度比较”) $\frac{c_{HCl}}{c_{NaOH}}=\frac{V_{NaOH}}{V_{HCl}}$ 或 $\frac{c_{NaOH}}{c_{HCl}}=\frac{V_{HCl}}{V_{NaOH}}$			
数据记录及处理结果(以“酸碱标准溶液的配制与浓度比较”实验为例)			
①用 NaOH 溶液滴定 HCl 溶液(或以酚酞为指示剂)			
项　　目	Ⅰ	Ⅱ	Ⅲ
V_{HCl}/mL			
V_{NaOH}/mL			
c_{HCl}/c_{NaOH}			
平均值			
相对平均偏差/%			
②用 HCl 溶液滴定 NaOH 溶液(或用甲基橙为指示剂)			
项　　目	Ⅰ	Ⅱ	Ⅲ
V_{NaOH}/mL			
V_{HCl}/mL			
c_{NaOH}/c_{HCl}			
平均值			
相对平均偏差/%			
问题和讨论			

注：数据记录及处理结果表格中只填写纯数据，不应带单位。

第8章 基础实验

8.1 基本操作实验

实验1 仪器的认领、洗涤和干燥

【实验目的】

1. 熟悉基础化学实验室，了解实验室基础设备。
2. 熟悉基础化学实验室的规则和要求。
3. 领取基础化学实验常用仪器，并熟悉其规格及使用方法。
4. 学习常用仪器的洗涤和干燥方法。

【实验用品】

仪器：实验室常见的仪器。

材料：去污粉，铬酸洗液，洗耳球。

【基本操作】

1. 实验室常用设备

实验室常用的设备有通风橱、废液缸、灭火器箱、实验室自来水总阀、配电箱、常备医疗药品。熟悉一些容易被忽略的设备，以便出现意外情况时使用。

其他常见的设备均安放在实验室不同的地方。

2. 玻璃仪器的一般洗涤方法

实验前认真阅读本教材第3章，了解常见仪器的洗涤方法和干燥方法。

玻璃仪器的洗涤步骤如下。

(1) 直接洗涤

若仪器内有药品，先倾倒干净。然后注入不超过一半的自来水，振荡仪器。如此反复，直到洗涤干净。

(2) 毛刷洗涤

若仪器内壁附有不易清洗的物质，使用毛刷洗涤。首先倾倒仪器内可能有的药品，注入约一半自来水，选择一支合适的毛刷刷洗。

(3) 洗涤剂洗涤

玻璃仪器内壁沾有油污的，先用自来水洗涤，然后用毛刷蘸取去污粉来回刷洗，然后用自来水冲洗干净。

(4) 蒸馏水冲洗

用自来水洗干净的玻璃仪器，一般需用蒸馏水冲洗 2～3 次。为了节省蒸馏水，可用装有蒸馏水的洗瓶冲洗。

(5) 特殊仪器的洗涤

移液管、滴定管、容量瓶等具刻度仪器的洗涤：先用自来水如上法清洗，尽可能倾出容器内的水，倒入适量的铬酸洗液，转动仪器，直到洗液全部润湿仪器内壁，稍等片刻，将洗液倒回盛放容器，用自来水清洗数遍，最后用蒸馏水冲洗 2～3 次。

3. 玻璃仪器的干燥

认真阅读教材第 3 章有关部分。

【实验步骤】

1. 认领仪器

按仪器清单逐个认领常用实验仪器。对仪器的规格和使用方法不清楚的地方，可以参阅本教材第 3 章有关部分，也可咨询实验指导老师。

2. 仪器的洗涤

(1) 用水和去污粉清洗所领仪器。

(2) 清洗 2～3 支试管和一支小烧杯，要求洗到不挂水珠，交实验指导教师检查。

(3) 使用铬酸洗液洗涤移液管和滴定管，将洗涤干净的仪器用蒸馏水冲洗 2～3 次。要求洗好后的仪器玻璃表面不挂水珠。

(4) 将洗净的仪器按要求存放在试管架、仪器架或实验柜内。

3. 仪器的干燥

(1) 取一支洗到不挂水珠的试管，在酒精灯上烤干，交实验指导老师检查。

(2) 其他洗净的试管放在试管架上自然晾干。

(3) 向指导老师咨询实验室中烘箱所在的位置并了解使用方法。

【思考题】

1. 指出下列操作中的不当之处。

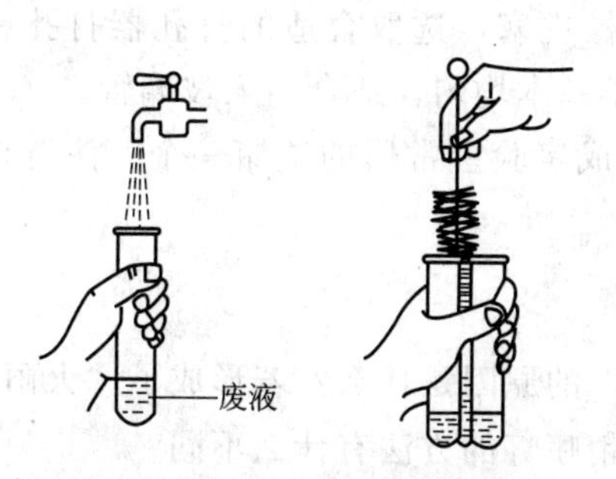

2. 烤干试管时，为什么试管口始终朝下？怎样保证这一点？

3. 带有刻度的仪器，如移液管、容量瓶、滴定管等，用去污粉配合毛刷洗涤是否合适？这些仪器通常是否需要干燥？能否烘干？

4. 指出下列仪器的名称、用途及使用注意事项。

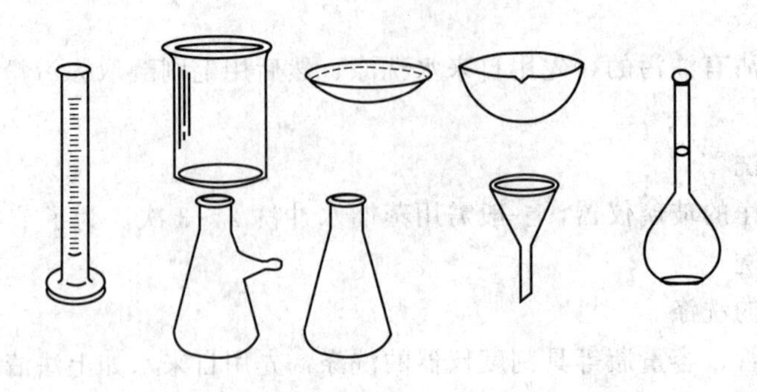

实验 2 简单玻璃加工

【实验目的】

1. 了解酒精喷灯、煤气灯或天然气灯的构造和使用方法。
2. 学会玻璃棒、玻璃管的切割、圆口、弯曲、拉制等简单玻璃操作。
3. 练习给橡皮塞钻孔。
4. 制作玻璃滴管和洗瓶。

【实验用品】

仪器：酒精喷灯（或煤气灯等）。

材料：锉刀（或硬质瓷片），玻璃棒，玻璃管，橡皮塞，塑料瓶（用于制作洗瓶），橡皮吸头，钻孔器。

【实验步骤】

1. 熟悉酒精喷灯或煤气灯的构造。在教师的指导下，点燃酒精喷灯。

2. 练习玻璃棒和玻璃管的切割。

3. 制作一支长度约 25cm 的玻璃棒。要求玻璃棒切口整齐，并在酒精喷灯上圆口。将制作完成的玻璃棒交给实验指导教师。

图 8.1　洗瓶

4. 制作两支玻璃滴管。要求滴管的粗端长 7～9cm，细端长约 5cm，粗端扩口，细端圆口。套上橡皮吸头，交指导老师。

5. 选取一个制作洗瓶的橡皮塞，选取合适的打孔器打孔。所钻的孔应该在橡皮塞的正中心，孔的大小基本均匀，适合插入玻璃管。

6. 按图 8.1 所示制作完成实验室常用的洗瓶一个。注意根据塑料瓶的尺寸来选取、弯曲和拉制玻璃管。

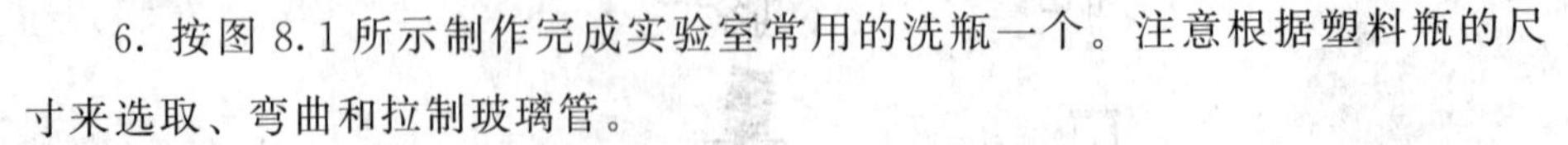

【思考题】

1. 酒精喷灯形成“火雨”的原因是什么？若形成了“火雨”，应如何处置？
2. 熄灭酒精灯与熄灭酒精喷灯的方法有什么不同？
3. 如何保证在玻璃加工过程中实验者不被烫伤？
4. 将玻璃管插入橡皮塞中时，要注意什么问题？
5. 烧热的玻璃管或玻璃棒放在什么地方冷却？

实验3 电子分析天平称量操作练习

【实验目的】

1. 熟悉电子分析天平的使用方法。
2. 掌握称量操作技术。
3. 学会用减量法连续称样的方法。

【实验原理】

实验原理见本书3.3.2中分析天平的使用方法和注意事项。

【仪器和试剂】

仪器：电子分析天平，称量瓶1只，小烧杯（25mL或50mL）或坩埚2只。

试剂或试样：因初次称量，宜采用不易吸潮的结晶状试剂或试样。

【实验步骤】

1. 做好称量前的准备工作

检查分析天平是否水平，天平盘是否洁净。接通电源，使天平自检并预热、显示稳定。

2. 减量法连续称两份试样的操作练习

用减量法（见3.3.2中称量方法）连续称取两份试样于小烧杯中，称量范围为0.4～0.6g。记录两次称取试样的质量，分别记为m_1和m_2。

3. 结果的检验

将装有试样的小烧杯放在分析天平盘上，关上分析天平门。待分析天平显示数字稳定后，按去皮重键（0/T或TARE键），使天平显示零。然后将烧杯中的试样全部倾出，再将烧杯放回天平盘上称量。此时，天平显示的负数即为倾出试样的质量，分别记为m_3和m_4。

（1）检查m_1是否等于m_3，m_2是否等于m_4。如不等，求出差值，要求其绝对差值小于0.5mg。

（2）检查倒入小烧杯中的两份试样是否合乎称量范围要求，即在0.2～0.4g之间。

注意：减量法称取试样时，接装试样的容器（如小烧杯、锥形瓶）一般不需干燥，本实验中为了结果检验的需要，应使用洁净、干燥的小烧杯，并确定烧杯中试样全部倾出。

实验4 滴定分析基本操作练习

【实验目的】

1. 学会正确地洗涤玻璃仪器。
2. 初步掌握滴定管、容量瓶和移液管的使用方法。

【实验仪器】

酸、碱式滴定管各一支，250mL容量瓶一个，25mL移液管一支，250mL烧杯两只，250mL锥形瓶三只，500mL磨口试剂瓶一个，500mL橡皮塞试剂瓶一个，表面皿一块，小滴管一支，玻璃棒一根，洗耳球一个。

【实验步骤】

1. 玻璃仪器的洗涤

在任课老师的指导下，按照玻璃仪器的洗涤要求，正确进行洗涤。

2. 滴定管的使用

（1）清洗酸式、碱式滴定管各一支。

（2）练习并掌握酸式滴定管的玻璃塞涂凡士林的方法，酸式、碱式滴定管检漏及除去气泡的方法。

（3）练习并掌握酸式、碱式滴定管的滴定操作及控制液滴大小和滴定速度的方法。

（4）练习并掌握滴定管正确读数的方法。

3. 容量瓶的使用

（1）容量瓶检漏。

（2）放 30～50mL 水于烧杯中，正确转移到容量瓶中，进行数次，直到水面离容量瓶刻度线 2～3cm，然后用洗瓶加到刻度线（必要时可反复进行数次），摇匀。

4. 移液管的使用

洗净一支 25mL 移液管，将上面容量瓶中的水分别移取到 3 只锥形瓶中。反复练习数次。

实验 5 缓冲溶液的配制与 pH 值的测定

【实验目的】

1. 了解缓冲溶液的配制原理及缓冲溶液的性质。
2. 熟悉 pH 计的使用方法。
3. 掌握溶液配制的基本实验方法。

【实验原理】

1. 基本概念

在一定程度上能抵抗外加少量酸、碱或稀释，而保持溶液 pH 值基本不变的作用称为缓冲作用。具有缓冲作用的溶液称为缓冲溶液。

2. 缓冲溶液的组成及计算公式

缓冲溶液一般是由共轭酸碱对组成的，例如弱酸和弱酸盐，或弱碱和弱碱盐。如果缓冲溶液由弱酸和弱酸盐（例如 HAc-NaAc）组成，则：

$$c_{\mathrm{H^+}}=K^{\ominus}_{\mathrm{a,HAc}}\frac{c_{\mathrm{HAc}}}{c_{\mathrm{Ac^-}}}\quad 或\quad \mathrm{pH}=\mathrm{p}K^{\ominus}_{\mathrm{a,HAc}}-\lg\frac{c_{\mathrm{HAc}}}{c_{\mathrm{Ac^-}}}$$

3. 缓冲溶液的性质

（1）抗酸抗碱，抗稀释作用　因为缓冲溶液中具有抗酸成分和抗碱成分，所以加入少量强酸或强碱，其 pH 值基本上是不变的。稀释缓冲溶液时，酸和碱的浓度比值不改变，适当稀释不影响其 pH 值。

（2）缓冲容量　缓冲容量是衡量缓冲溶液缓冲能力大小的尺度。缓冲容量的大小与缓冲组分浓度和缓冲组分浓度的比值有关。缓冲组分浓度越大，缓冲容量越大；缓冲组分浓度比值为1∶1时，缓冲容量最大。

【实验用品】

仪器：pHS-3C酸度计，试管，量筒（100mL，10mL），烧杯（100mL，50mL），吸量管（10mL）等。

药品（除注明外，试剂浓度单位为$mol \cdot L^{-1}$）：HAc溶液（0.1，1），NaAc溶液（0.1，1），NaH_2PO_4（0.1），Na_2HPO_4（0.1），$NH_3 \cdot H_2O$（0.1），NH_4Cl（0.1），HCl（0.1），NaOH（0.1，1），pH＝4的HCl，pH＝10的NaOH，pH＝4.00标准缓冲溶液，pH＝9.18标准缓冲溶液，甲基红溶液，广泛pH试纸，精密pH试纸，吸水纸等。

【实验步骤】

1. 缓冲溶液的配制与pH值的测定

按照表8.1，通过计算配制3种不同pH值的缓冲溶液，然后用精密pH试纸和pH计分别测定它们的pH值，比较理论计算值与两种测定方法的实验值是否相符（溶液留作后面实验用）。

表8.1 缓冲溶液的配制与pH值的测定

实验号	理论pH值	各组分的体积/mL（总体积50mL）		精密pH试纸测定pH值	pH计测定pH值
1	4.0	$0.1mol \cdot L^{-1}$ HAc			
		$0.1mol \cdot L^{-1}$ NaAc			
2	7.0	$0.1mol \cdot L^{-1}$ NaH_2PO_4			
		$0.1mol \cdot L^{-1}$ Na_2HPO_4			
3	10.0	$0.1mol \cdot L^{-1}$ $NH_3 \cdot H_2O$			
		$0.1mol \cdot L^{-1}$ NH_4Cl			

2. 缓冲溶液的性质

（1）取3支试管，依次加入蒸馏水，pH＝4的HCl溶液，pH＝10的NaOH溶液各3mL，用pH试纸分别测定pH值，然后分别于各管中加入5滴$0.1mol \cdot L^{-1}$ HCl溶液，再测pH值。用相同的方法，试验5滴$0.1mol \cdot L^{-1}$ NaOH溶液对上述3种溶液pH值的影响。将结果记录于表8.2中。

（2）取3支试管，依次加入自己配制的pH＝4.0、pH＝7.0、pH＝10.0的缓冲溶液各3mL。然后分别于各管中加入5滴$0.1mol \cdot L^{-1}$ HCl溶液，用精密pH试纸分别测定pH值。用相同的方法，试验5滴$0.1mol \cdot L^{-1}$ NaOH溶液对上述3种溶液pH值的影响。将结果记录在表8.2中。

（3）取4支试管，依次加入自己配制的pH＝4.0的缓冲溶液、pH＝10.0的缓冲溶液、pH＝4的HCl溶液、pH＝10的NaOH溶液各1mL。用精密pH试纸分别测定各管中溶液的pH值。然后分别于各管中分别加入10mL水，摇匀后再用精密pH试纸分别测定pH值。测试稀释对上述4种溶液pH值的影响。将实验结果记录在表8.2中。

通过以上实验结果，验证缓冲溶液的什么性质？

表 8.2 缓冲溶液的性质

实验号	溶液类别	pH 值	加 5 滴 HCl 后 pH 值	加 5 滴 NaOH 后 pH 值	加 10mL 水后 pH 值
1	蒸馏水				
2	pH=4 的 HCl 溶液				
3	pH=10 的 NaOH 溶液				
4	pH=4.0 的缓冲溶液				
5	pH=7.0 的缓冲溶液				
6	pH=10.0 的缓冲溶液				

3. 缓冲溶液的缓冲容量

(1) 缓冲容量与缓冲组分浓度的关系　取两支试管，在一支试管中加入 0.1mol·L^{-1} HAc 溶液和 0.1mol·L^{-1}NaAc 溶液各 3mL，另一试管中加入 1mol·L^{-1}HAc 溶液和 1mol·L^{-1}NaAc 溶液各 3mL，摇匀后用精密 pH 试纸分别测定两管中溶液的 pH 值（是否相同?）。在两试管中分别滴入 2 滴甲基红指示剂，然后分别逐滴加入 1mol·L^{-1}NaOH 溶液（每加入 1 滴 NaOH，均需摇匀），直至溶液呈黄色，记录各试管所加 NaOH 的滴数。比较两试管内缓冲溶液缓冲容量的大小。

(2) 缓冲容量与缓冲组分浓度比值的关系　取两支大试管，用吸量管在一试管中加入 0.1mol·L^{-1} NaH_2PO_4 溶液和 0.1mol·L^{-1} Na_2HPO_4 溶液各 10mL，另一试管中加入 2mL 0.1mol·L^{-1} NaH_2PO_4 溶液和 18mL 0.1mol·L^{-1} Na_2HPO_4 溶液，摇匀后用精密 pH 试纸分别测定两管内溶液的 pH 值。然后在两管中分别加入 1.8mL 0.1mol·L^{-1}NaOH 溶液，摇匀后再用精密 pH 试纸分别测定两管内溶液的 pH 值。比较两试管内缓冲溶液缓冲容量的大小。

【思考题】

1. 为什么缓冲溶液具有缓冲作用?

2. $NaHCO_3$ 溶液是否具有缓冲作用，为什么?

3. 用 pH 计测定溶液 pH 值时，已经校正的仪器，“定位”调节是否可以改变位置，为什么?

实验 6 二氧化碳分子量的测定

【实验目的】

1. 掌握气体密度法测定二氧化碳分子量的原理和方法。

2. 熟悉启普发生器的使用和气体制取、净化、干燥技术，学会气压计的使用方法。

3. 进一步练习分析天平的使用。

4. 了解误差的概念，学会实验结果误差的分析。

【实验原理】

根据理想气体状态方程 $pV=nRT=\frac{m}{M}RT$，$n=\frac{m}{M}=\frac{pV}{RT}$，即同温同压下，同体积的不同气体所含物质的量是相同的，所以只要在相同的温度、压力下，测定相同体积的两种气体的质量，其中一种气体的分子量已知，即可求得另一种气体的分子量。

若将二氧化碳与空气均看作理想气体，在同温同压下相同体积的二氧化碳与空气（其平均分子量为 29.0）所含物质的量也应相同，即 $n_{CO_2}=n_{空气}$。则：

$$\frac{m_{CO_2}}{M_{CO_2}}=\frac{m_{空气}}{M_{空气}}=\frac{pV}{RT} \tag{1}$$

$$M_{CO_2}=\frac{m_{CO_2}}{m_{空气}}M_{空气}=\frac{m_{CO_2}}{m_{空气}}\times 29.0 \tag{2}$$

式中，m_{CO_2} 为二氧化碳气体的质量，可通过天平称量测得；$m_{空气}$ 为空气的质量，可通过下面公式计算

$$m_{空气}=\frac{pVM_{空气}}{RT} \tag{3}$$

式中　p——实验条件下的大气压力，可由气压计读出；

　　T——实验温度，可由温度计读出；

　　V——盛装 CO_2 的容器的容积，可由下式求出。

$$V=\frac{m_{水}-m_{空气}}{\rho_{水}}\approx\frac{m_{水}-m_{空气}}{1.00}$$

为了提高测得的二氧化碳气体质量的准确性，要求测试用的二氧化碳气体纯净、干燥，所收集的二氧化碳气体体积必须与上式中的 V 相等。

【实验用品】

仪器：分析天平，台秤，启普发生器，洗气瓶，锥形瓶。

药品：浓硫酸（工业用），盐酸（$6mol\cdot L^{-1}$），大理石。

【实验步骤】

1. 二氧化碳的制备、净化、干燥与收集

按图 8.2 装配好二氧化碳气体发生与净化装置，石灰石与盐酸在启普发生器中反应生成 CO_2 气体，通过装 $NaHCO_3$（碳酸氢钠除去什么?）的洗气瓶和装浓 H_2SO_4（硫酸除去什么?）洗气瓶后，导出的气体即为干燥的纯净的 CO_2 气体。CO_2 气体制备反应如下：

$$2HCl+CaCO_3 = CaCl_2+CO_2\uparrow+H_2O$$

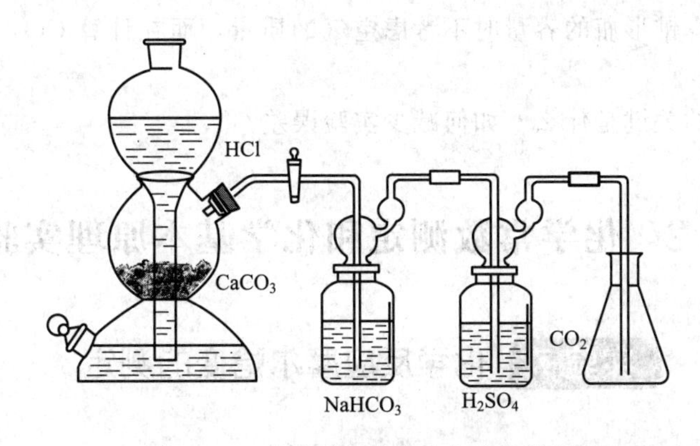

图 8.2　二氧化碳气体发生与净化装置

2. 称重

(1)（空气+瓶+塞子）的质量

取一洁净而干燥的锥形瓶，选一个合适的橡皮塞塞紧瓶口，在塞子上做一个记号，以标

出塞子塞入瓶内的位置，在分析天平上称量（空气 ＋ 瓶 ＋ 塞子）的质量。

（2）（二氧化碳＋瓶＋塞子）的质量

从启普发生器产生的二氧化碳气体，经过碳酸氢钠水溶液、浓硫酸洗涤和干燥后，导入锥形瓶内。因为二氧化碳的密度大于空气，所以必须把导管插入瓶底，才能把瓶内的空气赶尽；等1～2min后，缓慢取出导管，用塞子塞紧瓶口（塞子塞入瓶口的位置应与上次一样），在分析天平上称（二氧化碳＋塞子＋瓶）在空气中的质量。重复收集二氧化碳气体和称重的操作，直至前后两次的质量相差不超过1mg为止。

（3）（水＋瓶＋塞子）的质量

最后在瓶内装满水，塞紧塞子（塞子的位置与前一次一样），在台秤上称重（为什么不在分析天平上称?）。记下室温和大气压。

【数据记录与结果处理】

项目	原始数据	数据处理依据	结果
室温/℃	$T=$	锥形瓶的容积(mL)$V\approx\frac{m_3-m_1}{1.00}$	
气压/Pa	$p=$	瓶内空气质量(g)$m_{空气}=\frac{pVM_{空气}}{RT}$	
(空气＋瓶＋塞)/g	$m_1=$	CO_2 气体质量(g)$m_{CO_2}=(m_2-m_1)+m_{空气}$	
(CO_2＋瓶＋塞)/g	$m_2=$	CO_2 分子量 $M_{CO_2}=\frac{m_{CO_2}}{m_{空气}}\times 29.0$	
(H_2O＋瓶＋塞)/g	$m_3=$	绝对误差 $E=44.01-M_{CO_2}$	

【思考题】

1. 为什么当（CO_2＋瓶＋塞子）达到恒重时，即可认为锥形瓶中已充满 CO_2 气体?

2. 为什么（CO_2＋瓶＋塞子）的质量要在分析天平上称重，而（水＋瓶＋塞子）的质量则可以在台秤上称量?

3. 为什么在计算锥形瓶的容量时不考虑空气的质量，而在计算 CO_2 的质量时却要考虑空气的质量?

4. 做好本实验的关键是什么？如何减少实验误差?

8.2 化学常数测定和化学基本原理实验

实验7 化学反应摩尔焓变的测定

【实验目的】

1. 了解化学反应焓变或反应热效应的测定原理和方法。
2. 熟悉实验数据处理的作图外推法。
3. 掌握称量、溶液配制和移取的基本操作。

【实验原理】

化学反应通常是在恒压条件下进行的，反应的热效应一般指的就是恒压热效应 Q_p。化学热力学中反应的摩尔焓变 $\Delta_r H_m$ 数值上等于 Q_p，因此，通常可用量热的方法测定反应的摩尔焓变。

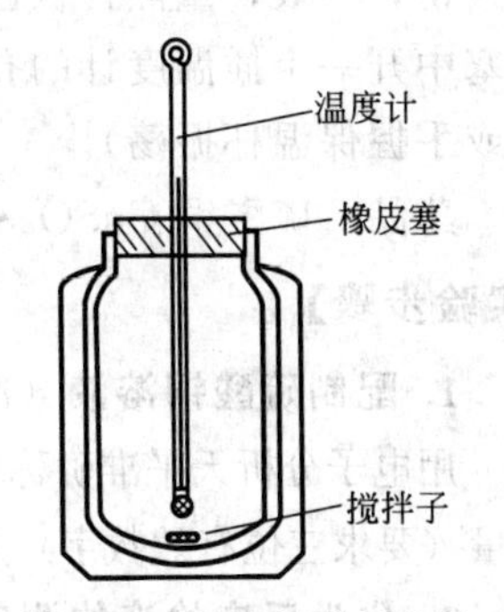

图 8.3 保温杯式量热计

反应焓变或反应热效应的测定原理是：设法使反应物在绝热条件下（反应系统不与量热计外的环境发生热量交换），仅在量热计中发生反应，使量热计及其内部物质的温度发生改变。从反应系统前后的温度变化及有关物质的质量和比热，就可以计算出反应热。然而本实验中溶液反应的焓变是采用简易量热计（见图 8.3）测定。由于它并非严格绝热，在实验时间内，量热计不可避免地会与环境发生少量热交换。采用作图外推法作出的温度差 ΔT 可适当地消除这一影响。

本实验测定 $CuSO_4$ 溶液与 Zn 粉反应的焓变：

$$Cu^{2+}(aq)+Zn(s) = Cu(s)+Zn^{2+}(aq)$$

由于该反应的反应速率较快，并且能进行得相当完全。若使用过量 Zn 粉，$CuSO_4$ 溶液中 Cu^{2+} 可认为完全转化为 Cu。系统中反应放出的热量等于溶液所吸收的热量。

简易量热计中，反应后溶液所吸收的热量为：

$$Q_p = mC\times\Delta T(\mathrm{J}) = V\rho C\times\Delta T(\mathrm{J})$$

式中 m——反应后溶液的质量，g；

C——反应后溶液的比热容，$\mathrm{J\cdot g^{-1}\cdot K^{-1}}$；

ΔT——反应前后溶液的温度差（K），经温度计测量后由作图外推法确定；

V——反应后溶液的体积，mL；

ρ——反应后溶液的密度，$\mathrm{g\cdot mL^{-1}}$。

设反应前溶液中 $CuSO_4$ 的物质的量为 n mol，则反应的摩尔焓变为：

$$\Delta_r H_m = -\frac{mC\times\Delta T}{n}\mathrm{J\cdot mol^{-1}} = \frac{-V\rho C\times\Delta T}{n\times 1000}\mathrm{kJ\cdot mol^{-1}} \quad (1)$$

设反应前后溶液的体积不变，则：

$$n = \frac{c_{CuSO_4}V}{1000}\mathrm{mol}$$

式中 c_{CuSO_4}——反应前溶液中 $CuSO_4$ 的浓度，$\mathrm{mol\cdot L^{-1}}$。将上式代入式（1）中，可得：

$$\Delta_r H_m = \frac{-V\rho C\times\Delta T}{\frac{c_{CuSO_4}V}{1000}\times 1000} = \frac{-\rho C\times\Delta T}{c_{CuSO_4}}\mathrm{kJ\cdot mol^{-1}} \quad (2)$$

Zn 与 $CuSO_4$ 溶液反应的标准摩尔焓变理论值为：

$$\Delta_r H_m^{\ominus}(295.15) = [\Delta_f H_m^{\ominus}(Cu,s)+\Delta_f H_m^{\ominus}(Zn^{2+},aq)] - [\Delta_f H_m^{\ominus}(Cu^{2+},aq)+\Delta_f H_m^{\ominus}(Zn,s)]$$

$$= [0+(-152.42)] - [64.81+0] = -217.23\mathrm{kJ\cdot mol^{-1}}$$

【实验用品】

仪器：台秤，电子分析天平，烧杯（100mL），试管，试管架，滴管，移液管（50mL），容量瓶（250mL），洗瓶，玻璃棒，滤纸碎片，精密温度计（0～50℃，具有0.1℃分度），放大镜，秒表，量热计（注意：利用保温杯作量热计时，杯口橡皮塞的大小要配制适合，并于塞中开一个插温度计的孔，孔的大小要适当，不要太紧或太松。搅拌方式可采用磁力搅拌器或手握保温杯振荡）。

药品：硫酸铜 $CuSO_4 \cdot 5H_2O$（分析纯），锌粉（化学纯），Na_2S 溶液（0.1mol·L^{-1}）。

【实验步骤】

1. 配制硫酸铜溶液（准确浓度）

用电子分析天平准确称取配制 250mL 0.2000mol·L^{-1} $CuSO_4$ 溶液所需的 $CuSO_4 \cdot 5H_2O$ 晶体质量（要求三位有效数字）及去离子水，准确配制成 250mL $CuSO_4$ 溶液，摇匀备用。

2. 化学反应焓变的测定

（1）在台秤上称取 3g 锌粉。

（2）洗净并擦干用作量热计的保温杯。用移液管移取 100mL 配制好的硫酸铜溶液于量热计中。同时注意调节量热计中温度计安插的高度，要使其水银球能浸入溶液中，但又不能触及容器的底部，然后盖上量热计盖。

（3）用秒表每隔 30s 记录一次读数。注意要边读数边记录边用手适当摇荡保温杯，直至溶液与量热计达到热平衡，即温度保持恒定（一般需要 2min）。

如果采用磁力搅拌器进行搅拌，应事先将擦干的搅拌子放入量热计中。欲搅拌时，将量热计放到磁力搅拌器的盘上，接通磁力搅拌器的电源，开通磁力搅拌器的开关，并用调速旋钮调节适当的转速。

（4）迅速往溶液中加入称好的锌粉，并立即盖紧量热计的盖子（为什么?）。同时记录开始反应的时间，继续不断摇荡或搅拌，并每隔 15～20s 记录一次读数（应读至 0.01℃，第二位小数是估计值）。为了便于观察温度计读数，可使用放大镜。直至温度上升到最高温度读数后，再每隔 30s 记录一次读数，继续测定 5～6min。

（5）实验结束后，打开量热计的盖子，注意动作不能过猛，要边旋转边慢慢打开，否则容易将温度计折断。

（6）取少量反应后的澄清溶液置于一试管中，观察溶液的颜色（蓝色是否消失），随后加入 1～2 滴 0.1mol·L^{-1} Na_2S 溶液，看是否有黑色沉淀物产生，以此检验 Zn 与 $CuSO_4$ 溶液反应进行的程度。

【数据记录与结果处理】

（1）数据记录

项目	原始记录	项目	原始记录
室温/K		c_{CuSO_4}/mol·L^{-1}	
$m_{CuSO_4 \cdot 5H_2O}$/g		$CuSO_4$ 溶液温度/K	
温度随实验时间的变化			
反应时间/s			
温度/K			

（2）数据处理

用作图纸绘制 T-t 曲线作图，横坐标表示的时间，每隔 20s 用 1cm，纵坐标表示的温度，每度用 1cm。

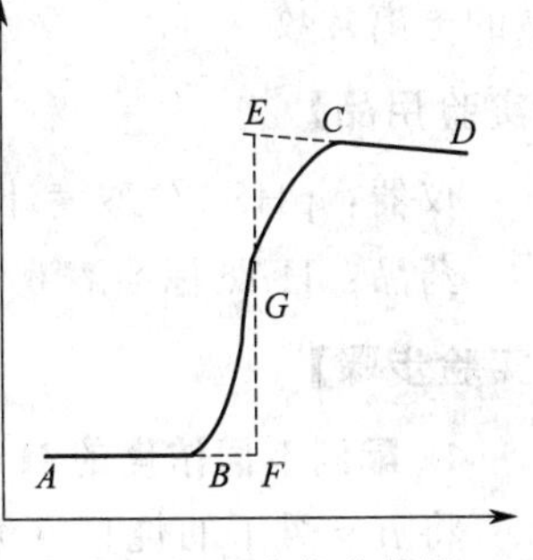

图 8.4　温度校准曲线

本实验所用的为简易量热计，它并非严格绝热，在实验时间内，量热计不可避免地会与环境发生少量热交换。为了消除此影响，求绝热条件下的真实温升，可采用图 8.4 所示的外推法作图，对影响 ΔT 的因素进行校正。其校正的方法是：将 T-t 曲线的 AB 和 CD 线段分别延长，再做垂线 EF，与曲线交于 G 点，且使 CEG 和 BFG 所围两块面积相等，此时 E 和 F 对应的 T 值之差即为校正后的温差 ΔT。

(3) 实验结果

项目	结果	项目	结果
ΔT(校正后)/K		n($CuSO_4$ 或生成铜的物质的量)/mol	
V(实验移取的 $CuSO_4$ 溶液的体积)/mL		$\Delta_r H_m$/kJ·mol^{-1}	
$\Delta_r H_m^{\ominus}$/kJ·mol^{-1}	−217.23	相对误差/%	

注：1. 上述计算中假设：反应前溶液的比热容与水相同，为 4.18J·g^{-1}·K^{-1}，溶液的密度与水相同，为 1.00g·mL^{-1}。

2. 相对误差(%)$=\dfrac{\Delta_r H_m-\Delta_r H_m^{\ominus}}{\Delta_r H_m^{\ominus}}\times 100\%$

【思考题】

1. 为什么锌粉用台秤称量，而 $CuSO_4\cdot 5H_2O$ 要在分析天平（或电子天平）上称取？
2. 如何配制 250mL 0.2000mol·L^{-1} $CuSO_4$ 溶液？
3. 所用的量热计是否允许残留有水滴？为什么？
4. 量热计是否事先要用硫酸铜溶液洗涤几次？为什么？移液管又如何处理？

实验 8　醋酸解离常数的测定

【实验目的】

1. 了解用 pH 法测定醋酸电离度（或解离度）、电离常数（或解离常数）的原理和方法。
2. 加深对弱电解质电离或解离平衡的了解。
3. 学习酸度计的使用方法，进一步练习滴定管、移液管的基本操作。

【实验原理】

醋酸在水溶液中存在下列电离平衡：$HAc \rightleftharpoons H^+ + Ac^-$

其电离常数的表达式：$K_{a,HAc}^{\ominus}=\dfrac{[H^+][Ac^-]}{[HAc]}$

设醋酸的起始浓度为 c，平衡时 $[H^+]=[Ac^-]=x$，代入上式，可以得到：

$$K_{a,HAc}^{\ominus}=\frac{x^2}{c-x} \tag{1}$$

在一定温度下，用酸度计测定一系列已知浓度的醋酸 pH 值，根据 $pH=-\lg[H^+]$，换算出 $[H^+]$，代入式 (1)，可求得一系列对应的 $K_{a,HAc}^{\ominus}$ 值，取其平均值，即为该温度下醋酸的电离常数。

【实验用品】

仪器：pHS-3C 酸度计，酸式滴定管，50mL 烧杯。

药品：HAc 标准溶液（$0.1mol \cdot L^{-1}$），标准缓冲溶液（pH=4.00）。

【实验步骤】

1. 配制不同浓度的 HAc 溶液

将五支烘干的烧杯（编号 1～5）用滴定管依次加入已知浓度的 HAc 溶液 40.00mL、20.00mL、10.00mL、5.00mL 和 2.00mL，再用另一滴定管依次加入 0.00mL、20.00mL、30.00mL、35.00mL 和 38.00mL 蒸馏水，分别搅拌均匀。

2. HAc 溶液 pH 值的测定

用酸度计由稀到浓测定 1～5 号 HAc 溶液的 pH 值，记录数据。

【数据记录与结果处理】

烧杯	V_{HAc}/mL	V_{H_2O}/mL	$c_{HAc}/mol \cdot L^{-1}$	pH 值	$c_{H^+}/mol \cdot L^{-1}$	$K^{\ominus}_{a,HAc}$
1	40.00	0.00				
2	20.00	20.00				
3	10.00	30.00				
4	5.00	35.00				
5	2.00	38.00				

【思考题】

1. 当改变外界温度或 HAc 溶液的浓度时，解离度和解离常数是否变化？如有变化，会怎样变化？

2. 结合本实验数据，解离度越大，HAc 溶液酸度是否相应变大？

3. 如 HAc 溶液浓度极稀，能否使用式（1）来计算 HAc 溶液的 $K^{\ominus}_{a,HAc}$

4. 做好本实验的关键有哪些？如何减少实验误差？

实验 9 碘化铅溶度积常数的测定

【实验目的】

1. 了解用离子交换法测定难溶电解质的原理和方法。

2. 进一步练习滴定管、移液管的基本操作。

【实验原理】

在难溶电解质 PbI_2 的饱和溶液中存在下列平衡：

$$PbI_2(s) \rightleftharpoons Pb^{2+} + 2I^-$$

其溶度积常数的表达式为：

$$K^{\ominus}_{sp,PbI_2} = [Pb^{2+}][I^-]^2$$

本实验是利用离子交换树脂与饱和 PbI_2 溶液进行离子交换，以测定 PbI_2 的溶解度，从而得到其溶度积常数。

离子交换是指离子交换剂与溶液中某些离子发生交换的过程。离子交换树脂是最常用的一种离子交换剂，它是由人工合成的网状结构的高分子化合物，通常为颗粒状，性质稳定，不溶于酸、碱及普通溶剂。离子交换树脂中含有能与其他物质进行离子交换的活性基团。含有酸性基团［如磺酸基（$—SO_3H$）、羧基（—COOH）等］，能与其他物质进行阳离子交换的称为阳离子交换树脂；含有碱性基团［如氨基（$—NH_2$）］，能与其他物质进行阴离子交换的称为阴离子交换树脂。

本实验采用阳离子交换树脂与碘化铅饱和溶液的铅离子进行交换：

$$2R^- H^+ + Pb^{2+} \rightleftharpoons R_2^- Pb^{2+} + 2H^+$$

将一定体积的碘化铅饱和溶液通过阳离子交换树脂，树脂上的氢离子即与铅离子进行交换。交换后，氢离子随流出液流出，可测出氢离子的浓度。根据流出液中氢离子的数量，可计算出通过离子交换树脂的碘化铅饱和溶液中的铅离子浓度，从而得到碘化铅饱和溶液的浓度，然后求出碘化铅的溶度积。

【实验用品】

仪器：离子交换柱，pHS-3C 酸度计，移液管，100mL 容量瓶，50mL 烧杯。

药品：新过滤的 PbI_2 饱和溶液，阳离子交换树脂，标准缓冲溶液（pH＝4.00）。

【实验步骤】

1. 装柱

首先将阳离子交换树脂（钠型）在蒸馏水中浸泡 24～48h。在交换柱底部填入少量玻璃纤维，将 40g 阳离子交换树脂（钠型）和水的“糊状”物注入交换柱内，用塑料通条赶走树脂间的气泡，并保持液面略高于树脂，以免树脂间产生气泡。

2. 转型

为保证 Pb^{2+} 完全交换 H^+，必须将钠型完全转变为氢型，否则将导致实验结果偏低（为什么?）。用 130mL $2mol \cdot L^{-1}$ HCl 以每分钟 30 滴的流速流过阳离子交换树脂，然后用去离子水洗涤树脂，直至流出液呈中性为止。

3. 交换和洗涤

用移液管准确吸取 25mL PbI_2 饱和溶液，放入离子交换柱中。用 100mL 容量瓶收集流出液，流速控制在每分钟 20～25 滴。当液面下降到略高于树脂时，加 25mL 蒸馏水洗涤，流速仍保持在每分钟 20～25 滴。再次用 25mL 蒸馏水洗涤，流速可适当加快。继续洗涤，当流出液接近 100mL 时，用 pH 试纸测试，若此时流出液的 pH 值接近 7，即可旋紧螺旋夹，移走容量瓶。

4. 氢离子浓度的测定

用蒸馏水稀释至容量瓶刻度，摇匀。用酸度计测定溶液的 pH 值，计算氢离子浓度。

【数据记录与结果处理】

室温：

通过交换柱的碘化铅饱和溶液的体积：

流出液的 pH 值：　　　　　　　　流出液的 c_{H^+}：

PbI_2 的溶解度：　　　　　　　　PbI_2 的溶度积常数：

【思考题】

1. 配制 PbI_2 饱和溶液时，对所用蒸馏水有何要求？
2. 在进行离子交换时如流速太快，将会导致什么结果？
3. 为什么交换前后都要求流出液呈中性？为什么要将洗涤液合并到容量瓶中？
4. 除了用酸度计测定氢离子浓度外，还可以采用哪些方法？

实验 10 磺基水杨酸合铁（Ⅲ）配合物稳定常数的测定

【实验目的】

1. 了解分光光度法测定配合物的组成及其稳定常数的原理和方法。
2. 学习分光光度计的使用。

【实验原理】

磺基水杨酸（HO—C₆H₃(COOH)—SO_3H，简写为 H_3R）与 Fe^{3+} 可以形成稳定的配合物，形成的配合物的组成随 pH 值不同而不同。在 pH<4 时，形成 1∶1 型紫红色螯合物，在 pH 值为 4～10 时生成 1∶2 型红色螯合物，在 pH 值为 10 左右时形成 1∶3 型黄色螯合物。本实验通过加入 $0.01mol \cdot L^{-1}$ $HClO_4$，将 pH 值控制在 2.5 以下，测定 Fe^{3+} 与磺基水杨酸形成紫红色的磺基水杨酸合铁(Ⅲ) 配离子的组成和稳定常数。

根据朗伯-比耳定律 $A=\varepsilon cd$，如液层的厚度 d 不变，吸光度 A 仅与有色物质的浓度 c 成正比。

设中心离子 M 和配体 L 反应，只生成一种配合物 ML_n（略去电荷）：

$$M+nL \xlongequal{} ML_n$$

如果 M 和 L 都是无色的，而 ML_n 有色，则此溶液的吸光度与配合物的浓度成正比，测得此溶液的吸光度，即可求出该配合物的组成和稳定常数。

本实验采用等物质的量系列法进行测定。所谓等物质的量系列法，就是保持溶液中心离子 M 与配体 L 的总物质的量不变，改变 M 与 L 的相对量，配制系列溶液，测定其吸光度。在这一系列溶液中，有一些溶液中的中心离子是过量的，而另一些溶液中的配体是过量的，在这两种情况下，配离子的浓度都不能达到最大值，只有当溶液中配体与中心离子的物质的量之比与配离子的组成一致时，配离子的浓度才能达到最大。由于中心离子和配体对光几乎不吸收，所以配离子浓度越大，吸光度也就越大。若以吸光度对中心离子的摩尔分数作图，则从图中最大吸收峰处可求得配离子的组成，如图 8.5 所示。

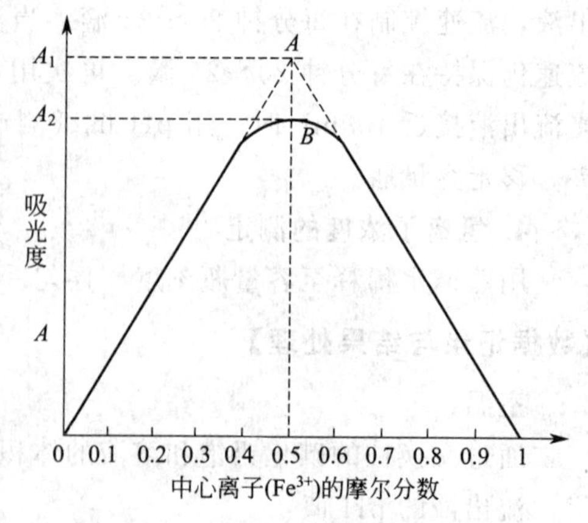

图 8.5 等物质的量系列法

设 M 和 L 全部形成了配合物 ML 时的最大吸光度值为 A_1，而由于 ML 发生部分解离而剩下的那部分配合物的吸光度值为 A_2，配合物 ML 的解

离度 α 为：

$$\alpha=\frac{A_1-A_2}{A_1}$$

对 1∶1 型配合物 ML，其稳定常数可由下列平衡关系求出：

$$\begin{array}{lccccc} & ML & \rightleftharpoons & M & + & L \\ \text{平衡浓度} & c-c\alpha & & c\alpha & & c\alpha \end{array}$$

$$K^{\ominus}_{稳}=\frac{1-\alpha}{c\alpha^2}$$

【实验用品】

仪器：721 型分光光度计，100mL 容量瓶，50mL 烧杯。

药品：$(NH_4)Fe(SO_4)_2$（0.0100mol·L^{-1}），磺基水杨酸（0.0100mol·L^{-1}），$HClO_4$（0.01mol·L^{-1}）。

【实验步骤】

1. 配制 0.0010mol·L^{-1} Fe^{3+} 溶液

准确吸取 10mL 0.0100mol·L^{-1} Fe^{3+} 溶液于 100mL 容量瓶中，用 0.01mol·L^{-1} $HClO_4$ 稀释至刻度，摇匀备用。

2. 配制 0.0010mol·L^{-1} 磺基水杨酸溶液

准确吸取 10mL 0.0100mol·L^{-1} 磺基水杨酸溶液于 100mL 容量瓶中，用 0.01mol·L^{-1} $HClO_4$ 稀释至刻度，摇匀备用。

3. 按下表配制溶液，混合均匀。

4. 在 721 型分光光度计上波长为 500nm 处测定溶液的吸光度，将所得数据记录在下表。

【数据记录与结果处理】

溶液编号	0.01mol·L^{-1} $HClO_4$ 溶液的体积/mL	0.0010mol·L^{-1} Fe^{3+} 溶液的体积/mL	0.0010mol·L^{-1} 磺基水杨酸溶液的体积/mL	Fe^{3+} 的摩尔分数	吸光度 A
1	10.00	10.00	0.00		
2	10.00	9.00	1.00		
3	10.00	8.00	2.00		
4	10.00	7.00	3.00		
5	10.00	6.00	4.00		
6	10.00	5.00	5.00		
7	10.00	4.00	6.00		
8	10.00	3.00	7.00		
9	10.00	2.00	8.00		
10	10.00	1.00	9.00		
11	10.00	0.00	10.00		

【思考题】

1. 本实验测定配合物稳定常数的原理是什么？

2. 在配制溶液时，为什么要用 0.01mol·L^{-1} $HClO_4$ 溶液作为稀释液？

3. 1∶1 型磺基水杨酸铁配离子的 $\lg K^{\ominus}_{稳}$ 为 14.60，试分析你的计算数据与理论值产生误差的原因。

实验 11　$I_3^- \rightleftharpoons I_2 + I^-$ 平衡常数的测定

【实验目的】

1. 测定 $I_3^- \rightleftharpoons I_2 + I^-$ 平衡常数。

2. 了解化学平衡和平衡移动原理。

3. 练习滴定操作。

【实验原理】

碘溶于碘化钾溶液：$I_3^- \rightleftharpoons I_2 + I^-$，不考虑离子强度的影响。

$$K^{\ominus} = \frac{[I_2][I^-]}{[I_3^-]}$$

为了测定平衡时的 $[I^-]$、$[I_2]$、$[I_3^-]$，可用过量固体碘与已知浓度的碘化钾溶液一起摇动，达到平衡后，取上清液用 $Na_2S_2O_3$ 溶液滴定。

$$2Na_2S_2O_3 + I_2 \longrightarrow Na_2S_4O_6 + 2NaI$$

这时测得的是平衡时 I_2 和 I_3^- 的总浓度 c：

$$c = [I_2] + [I_3^-],\ [I_3^-] = c - [I_2]$$

$[I_2]$ 可通过在相同温度下，测定过量固体碘与水处于下列平衡时

$$I_2(s) \rightleftharpoons I_2(水)$$

水溶液中碘的浓度来替代。设这个浓度为 c'，则 $[I_3^-] = c - c'$。

设碘化钾起始浓度为 c_0，则溶解 I_2 消耗的 I^- 的浓度应为 $[I_3^-]$，所以，$[I^-] = c_0 - (c - c')$，因此，将 $[I_2]$、$[I^-]$、$[I_3^-]$ 代入碘在碘化钾中的溶解平衡表达式，就可得平衡常数值。

【实验用品】

仪器：碘量瓶，滴定管，移液管等。

药品：碘，KI（$0.0100\text{mol} \cdot L^{-1}$，$0.0200\text{mol} \cdot L^{-1}$），$Na_2S_2O_3$ 标准溶液（$0.0500\text{mol} \cdot L^{-1}$，使用时稀释至 $0.0050\text{mol} \cdot L^{-1}$），淀粉溶液（0.2%）。

【实验内容】

1. 取两只干燥的 100mL 碘量瓶和一只 250mL 碘量瓶，分别标上 1、2、3 号。用量筒分别取 80mL $0.0100\text{mol} \cdot L^{-1}$ KI 溶液注入 1 号瓶，80mL $0.0200\text{mol} \cdot L^{-1}$ KI 溶液注入 2 号瓶，200mL 蒸馏水注入 3 号瓶。然后在每个瓶内加入 0.5g 研细的碘，盖好瓶塞。

2. 将 3 只碘量瓶在室温下振荡或在磁力搅拌器上搅拌 30min，待过量固体碘完全沉于瓶底后，取上层清液进行滴定。

3. 用 10mL 移液管移取 1 号瓶上层清液两份，分别注入 250mL 锥形瓶中，再各加入 40mL 蒸馏水，用 $0.0050\text{mol} \cdot L^{-1}$ $Na_2S_2O_3$ 标准溶液滴定，滴至溶液呈浅黄色时（注意不要滴过量），加入 4mL 0.2%淀粉溶液，此时溶液应呈蓝色，继续滴定至蓝色刚好消失。记下所消耗的 $Na_2S_2O_3$ 溶液的体积。平行做第二份清液。

用同样的方法滴定 2 号瓶上层清液。

4. 用 50mL 的移液管移取 3 号瓶上层清液两份，用 $0.0050mol \cdot L^{-1}$ $Na_2S_2O_3$ 标准溶液滴定，方法同上。

【数据记录与结果处理】

瓶号		1	2	3
取样体积/mL		10.00	10.00	50.00
$Na_2S_2O_3$ 溶液用量/mL	Ⅰ			
	Ⅱ			
	平均			
$Na_2S_2O_3$ 溶液的浓度/$mol \cdot L^{-1}$			0.0050	
I_2 与 I_3^- 总浓度 c/$mol \cdot L^{-1}$				—
水溶液中碘的平衡浓度/$mol \cdot L^{-1}$		—	—	
c_{I_2}/$mol \cdot L^{-1}$				
$c_{I_3^-}$/$mol \cdot L^{-1}$				
c_0/$mol \cdot L^{-1}$				
c_{I^-}/$mol \cdot L^{-1}$				
$K^{\ominus}$				
$K^{\ominus}$平均值				

【思考题】

1. 为何本实验中量取标准溶液时可用量筒？

2. 在实验中，以固体碘与水的平衡浓度代替固体碘与 I^- 平衡时的浓度，会引起怎样的误差？为何可代替？

3. 出现下列情况，将会对本实验产生何种影响？

(1) 所取的碘不够；

(2) 三只碘量瓶没有充分振荡；

(3) 在吸取清液时，不注意将沉在溶液底部或悬浮在溶液表面的少量碘吸入移液管。

实验 12 氧化还原反应

【实验目的】

1. 加深理解电极电势的概念。

2. 学习装配原电池。

3. 掌握电池的本性、电对的氧化型或还原型物质的浓度、介质的酸度等因素对电极电势、氧化还原反应的方向、产物、速率的影响。

【实验原理】

水溶液中自发进行的氧化还原反应的方向可由电极电势的大小进行判断。其依据是：

$$\varphi_{\text{氧化剂电对}} > \varphi_{\text{还原剂电对}} \text{ 或 } E = \varphi_{\text{氧化剂电对}} - \varphi_{\text{还原剂电对}} > 0$$

通常条件下，可用标准电极电动势 $E^{\ominus}$ 是否大于 0 来衡量，但当 $E^{\ominus} < 0.2V$ 时，应考虑溶液中离子浓度对电极电势的影响。

离子浓度对电极电势的影响可用能斯特方程来描述：

$$\text{氧化型物质} + ne^- \longrightarrow \text{还原型物质}$$

当增加氧化型物质的浓度时，电极电势 φ 随之增大；增加还原型物质的浓度时，电极电势 φ 随之减小。

此外，在许多电极反应中，H^+ 或 OH^- 的氧化值虽然没有发生改变，但却参加了反应，它们的浓度改变也将影响电极电势。通常情况下，凡含氧酸根作氧化剂时，其电对的电极电势代数值往往随着 H^+ 浓度的增加而变大。这种影响因素在有的电极反应中甚至起决定性作用。例如 MnO_4^- 在酸性、中性、碱性介质中的还原产物分别是 Mn^{2+}、MnO_2 和 MnO_4^{2-}。

中间氧化值物质具有氧化还原性，它们既可作氧化剂，又可作还原剂。例如过氧化氢（H_2O_2）常用作氧化剂而被还原成 H_2O 或 OH^-，但在酸性介质中遇到强氧化剂（如高锰酸钾），过氧化氢作为还原剂被氧化成 O_2。

【实验用品】

仪器：伏特计，试管，烧杯，U 形管。

药品（除注明外，试剂浓度单位为 $mol \cdot L^{-1}$）：HCl（浓），HNO_3(2)，HAc(6)，H_2SO_4(1)，NaOH(6)，浓氨水，$ZnSO_4$(1)，$CuSO_4$(0.01，1)，KI(0.1)，KBr(0.1)，$FeCl_3$(0.1)，$Fe_2(SO_4)_3$(0.1)，$FeSO_4$(1)，H_2O_2(3%)，KIO_3(0.1)，溴水，碘水(0.1)，氯水(饱和)，KCl(饱和)，CCl_4 溶液，酚酞，淀粉溶液(0.4%)，$KMnO_4$(0.01)。

【实验步骤】

1. 氧化还原反应和电极电势

（1）在试管中加入 0.5mL 0.1$mol \cdot L^{-1}$ KI 溶液和 2 滴 0.1$mol \cdot L^{-1}$ $FeCl_3$ 溶液，摇匀后加入 0.5mL CCl_4，充分振荡，观察 CCl_4 层颜色有无变化。

（2）用 0.1$mol \cdot L^{-1}$ KBr 溶液代替 KI 溶液进行同样实验，观察现象。

（3）往两支试管中分别加入 3 滴碘水、溴水，然后加入约 0.5mL 0.1$mol \cdot L^{-1}$ $FeSO_4$ 溶液，摇匀后，加入 0.5mL CCl_4，充分振荡，观察 CCl_4 层颜色有无变化。

根据以上实验结果，定性比较 Br_2/Br^-、I_2/I^-、Fe^{3+}/Fe^{2+} 三个电对的电极电势。

2. 浓度对电极电势的影响

（1）往一只小烧杯中加入约 30mL 1$mol \cdot L^{-1}$ $ZnSO_4$ 溶液，在其中插入锌片；往另一只小烧杯中加入约 30mL 1$mol \cdot L^{-1}$ $CuSO_4$ 溶液，在其中插入铜片。用盐桥将两烧杯相连，组成一个原电池。用导线将锌片和铜片分别与伏特计相接，测量两极之间的电压。

向 $CuSO_4$ 溶液中加入浓氨水至生成的沉淀溶解为止，生成深蓝色的溶液，测量电压，观察有何变化。

再向 $ZnSO_4$ 溶液中加入浓氨水至生成的沉淀溶解，测量电压，观察又有何变化。利用能斯特方程解释相应的电压变化。

（2）自行设计并测定下列浓差电池电动势。

$$Cu|CuSO_4(0.01mol \cdot L^{-1}) \| CuSO_4(1mol \cdot L^{-1})|Cu$$

在浓差电池的两极各连一个回形针，然后在表面皿上放一小块滤纸，滴加数滴 1$mol \cdot L^{-1}$ Na_2SO_4 溶液，使滤纸完全湿润，再加入 2 滴酚酞。将两极的回形针压在纸上，使其相距约 1mm，稍等片刻，观察所压处哪一端出现红色。

3. 酸度和浓度对氧化还原反应的影响

（1）酸度的影响

① 在3支均盛有0.5mL 0.1mol·L^{-1} Na_2SO_3 溶液的试管中，分别加入0.5mL 1mol·L^{-1} H_2SO_4 溶液、0.5mL蒸馏水和0.5mL 6mol·L^{-1} NaOH溶液，混合均匀后，再各滴入2滴0.01mol·L^{-1} $KMnO_4$ 溶液，观察试管中颜色变化有何不同，并解释其原因。

② 在试管中加入0.5mL 0.1mol·L^{-1}KI溶液和2滴0.1mol·L^{-1} KIO_3 溶液，再加几滴淀粉溶液，观察颜色有何变化。然后加2滴1mol·L^{-1} H_2SO_4 溶液，观察颜色有何变化。最后滴加2滴6mol·L^{-1} NaOH溶液，使混合液呈碱性，又有何变化。写出有关的化学方程式。

（2）浓度的影响

① 往盛有 H_2O、CCl_4 和0.1mol·L^{-1} $Fe_2(SO_4)_3$ 各0.5mL的试管中，加入0.5mL 0.1mol·L^{-1} KI溶液，振荡后观察 CCl_4 层的颜色。

② 往盛有 CCl_4、1mol·L^{-1}$FeSO_4$ 和0.1mol·L^{-1} $Fe_2(SO_4)_3$ 各0.5mL的试管中，加入0.5mL 0.1mol·L^{-1} KI溶液，振荡后观察 CCl_4 层的颜色，并与①比较。

③ 在实验①的试管中，加入少许 NH_4F 固体，振荡，观察 CCl_4 层的颜色。

通过①、②、③说明浓度对氧化还原反应的影响。

4. 酸度对氧化还原反应速率的影响

在两支盛有0.5mL 0.1mol·L^{-1} KBr溶液的试管中，分别加入0.5mL 1mol·L^{-1} H_2SO_4 和6mol·L^{-1}HAc溶液，然后各加入2滴0.01mol·L^{-1} $KMnO_4$ 溶液，观察2支试管中紫红色褪去的速率。写出有关的化学方程式。

5. 中间氧化值的物质的氧化还原性

① 在试管中加入0.5mL 0.1mol·L^{-1} KI溶液和2滴1mol·L^{-1} H_2SO_4 溶液，再加入2滴3% H_2O_2，观察试管中溶液颜色的变化。

② 在试管中加入2滴0.01mol·L^{-1} $KMnO_4$ 溶液和2滴1mol·L^{-1} H_2SO_4 溶液，再加入2滴3% H_2O_2，观察试管中溶液颜色的变化。

【思考题】

1. 从实验结果讨论氧化还原反应和哪些因素有关。
2. 电解 Na_2SO_4 溶液为什么得不到金属Na？
3. 反应的pH值对 $KMnO_4$ 的氧化性有何影响？

8.3 元素化学性质实验

实验13 碱金属与碱土金属

【实验目的】

1. 通过钾、钠、钙、镁等单质与水的反应，认识它们的金属活泼性。
2. 掌握钠与氧反应的特点，了解过氧化钠的性质。
3. 试验钠、钾微溶盐，碱土金属难溶盐及碱土金属氢氧化物的溶解性。
4. 学会利用焰色反应鉴定碱金属、碱土金属离子。

【实验原理】

碱金属、碱土金属是周期系中ⅠA和ⅡA族元素，ⅠA族包括锂、钠、钾、铷、铯、钫6种元素。因它们的氧化物在水溶液中显碱性，故称为碱金属。ⅡA族包括铍、镁、钙、锶、钡、镭6种元素。因钙、镁、钡氧化物的性质介于“碱性”氧化物和“土性”氧化物（土壤中难溶的氧化物，如 Al_2O_3）之间，故将ⅡA族元素称为碱土金属。

碱金属、碱土金属原子的价电子层构型分别是 ns^1 和 ns^2，故显示很强的金属活性。

1. 与水的反应

室温条件下，碱金属与水反应生成氢氧化物和氢气，同时伴随大量的热。

$$2M+2H_2O = 2MOH + H_2\uparrow$$

碱土金属与水的反应如下：

$$Be+2H_2O+2OH^- = [Be(OH)_4]^{2-} + H_2\uparrow$$

$$Mg+H_2O = MgO+H_2\uparrow$$

$$M+2H_2O = M(OH)_2+H_2\uparrow \quad (M=Ca,Sr,Ba)$$

2. 与氧的反应

碱金属中，除锂（过量氧的条件下）和钠与氧反应的产物为过氧化物外，其余的产物均为超氧化物。

碱土金属除Ba与 O_2 反应的产物为过氧化物外，其余均生成正常氧化物。

3. 过氧化钠的性质

过氧化钠易潮解，遇水或稀酸反应生成 H_2O_2，H_2O_2 又分解产生 O_2。

$$Na_2O_2+2H_2O = H_2O_2+2NaOH$$

所以，过氧化钠可用于氧气发生器，并作氧化剂、漂白剂及消毒剂。

4. 氢氧化物的溶解性

碱金属的氢氧化物是易溶于水的强碱，碱土金属的氢氧化物微溶于水。同一族中，从上到下，氢氧化物的碱性和溶解性都依次增强。

5. 盐的溶解性

碱金属的大部分盐都易溶于水，仅少数分子量大、结构复杂的化合物微溶于水，并具有特征颜色，如醋酸铀酰锌钠 $[NaAc\cdot Zn(Ac)_2\cdot 3UO_2(Ac)_2\cdot 9H_2O]$（淡黄色晶体）、钴亚硝酸钠钾 $K_2Na[Co(NO_2)_6]$（亮黄色晶体）。此外，锑酸二氢钠（NaH_2SbO_4）、高氯酸钾、酒石酸氢钾（$KHC_4H_4O_6$）等具有较大阴离子的盐也难溶于水。

碱土金属盐中，如碳酸盐、硫酸盐、铬酸盐、草酸盐等都是难溶的。这是碱土金属有别于碱金属的特点之一。

6. 焰色反应

碱金属和碱土金属及其挥发性化合物（氯化物），高温灼烧时，由于电子跃迁的结果，放出一定波长的光，产生各种不同颜色的火焰，称为焰色反应。如钠（亮黄色）、钾（紫色）、钙（橙色）、锶（洋红色）、钡（黄绿色）等。利用焰色反应可鉴别碱金属和碱土金属的离子。

【实验用品】

仪器：烧杯，试管，小刀，镊子，坩埚，坩埚钳，研钵，漏斗。

固体药品：金属钠、钾、钙、镁条。

液体药品（除注明外，试剂浓度单位为 $mol \cdot L^{-1}$）：NaCl(0.5)，KCl(0.5)，$MgCl_2$(0.5)，$CaCl_2$(0.5)，$BaCl_2$(0.2)，新配制的 NaOH(2)，氨水(6)，NH_4Cl(饱和)，H_2SO_4(1)，HCl(2，6)，HAc(2)，Na_2SO_4(0.5)，$CaSO_4$(饱和)，K_2CrO_4(0.5)，$K[Sb(OH)_6]$(饱和)，$(NH_4)_2C_2O_4$(饱和)，$NaHC_4H_4O_6$(饱和)，$KMnO_4$(0.01)，LiCl(0.5)，$SrCl_2$(0.5)，酚酞，乙醇。

材料：铂丝（或镍铬丝），pH 试纸，钴玻璃，滤纸。

【实验步骤】

1. 钠、钾与水的反应

用镊子取一粒绿豆大小的金属钾和金属钠（切勿与皮肤接触!），用滤纸吸干其表面的煤油，切去表面的氧化膜，立即将它们分别放入盛水的烧杯中。可将事先准备好的合适漏斗倒扣在烧杯上，以确保安全。观察两者与水反应的情况，并进行比较。反应终止后，滴入 1～2 滴酚酞指示剂，检验溶液的酸碱性。根据反应进行的剧烈程度，说明钠、钾的金属活泼性。

2. 钠与空气中氧的反应和过氧化钠的性质

(1) 钠与氧的反应

用镊子取一黄豆大小的金属钠，用滤纸吸干其表面的煤油，切去表面的氧化膜，立即置于坩埚内加热。当钠刚开始燃烧时，停止加热。观察反应情况和产物的颜色、状态。

(2) 过氧化钠的性质

① 过氧化钠的碱性。将上面钠与空气中氧反应的产物冷却后，往坩埚中加入 1mL 蒸馏水，使产物溶解，然后把溶液转移到一支试管中，用 pH 试纸检验溶液的酸碱性。溶液分成两份。

② 过氧化钠的分解。将一份溶液微热，观察是否有气体放出，并检验气体是否是氧气，写出反应方程式。

③ 溶液的性质。将另一份溶液用 $1mol \cdot L^{-1}$ H_2SO_4 酸化，滴加 1～2 滴 $0.01mol \cdot L^{-1}$ 的 $KMnO_4$ 溶液。观察紫色是否褪去。由此说明水溶液是否有 H_2O_2，从而推知钠在空气中燃烧是否有 Na_2O_2 生成。

3. 钠、钾微溶盐的生成

(1) 微溶性钠盐

往 5 滴 $0.5mol \cdot L^{-1}$ 氯化钠溶液中，注入 5 滴饱和六羟基锑(Ⅴ)酸钾 {$K[Sb(OH)_6]$} 溶液。如果无晶体析出，可用玻璃棒摩擦试管壁，然后放置一段时间。观察产物的颜色和状态，写出反应方程式。

(2) 微溶性钾盐

往 5 滴 $0.5mol \cdot L^{-1}$ 氯化钾溶液中，注入 5 滴饱和的酒石酸氢钠（$NaHC_4H_4O_6$）溶液，如果无晶体析出，可用玻璃棒摩擦试管壁。观察反应产物的颜色和状态，写出反应方程式。

4. 镁、钙与水的反应

(1) 取一小段镁条，用砂纸擦去表面的氧化物，放入一支试管中，加入少量水，观察有无反应。然后将试管加热，观察反应情况。加入 1 滴酚酞指示液检验水溶液的碱性，写出反应方程式。

(2) 将一小块钙放入盛有少量水的试管中，观察反应情况，并检验溶液的 pH 值。比较镁、钙与水反应的情况，说明它们的金属活泼性顺序。

5. 碱土金属氢氧化物的溶解性

（1）氢氧化镁的生成和性质

在三支试管中，各加入3滴0.5mol·L^{-1}的氯化镁溶液和2滴6mol·L^{-1}氨水，观察氢氧化镁沉淀的生成。然后分别试验它们与饱和氯化铵溶液、2mol·L^{-1}盐酸溶液和2mol·L^{-1}氢氧化钠溶液的反应情况。写出各反应的方程式。

（2）镁、钙、钡氢氧化物的溶解性

在三支试管中分别加入2滴0.5mol·L^{-1}的氯化镁、氯化钙、氯化钡溶液，再各加入5滴新配制的2mol·L^{-1}氢氧化钠溶液（为什么要新配制?），观察是否有沉淀生成。

6. 碱土金属的难溶盐

（1）镁、钙、钡硫酸盐溶解性的比较　在三支试管中，分别加入5滴0.5mol·L^{-1}氯化镁、氯化钙、氯化钡溶液，然后再分别滴加5滴0.5mol·L^{-1}硫酸钠溶液，观察现象。若氯化镁、氯化钙溶液中加入硫酸钠溶液后无沉淀生成，可用玻璃棒摩擦试管壁，再观察有无沉淀生成。说明生成沉淀情况，分别检验沉淀与浓硫酸的作用，写出反应方程式。另外在两支分别盛有5滴0.5mol·L^{-1}的氯化钙和0.2mol·L^{-1}的氯化钡溶液的试管中，各滴入几滴饱和硫酸钙溶液，观察沉淀生成的情况。比较硫酸镁、硫酸钙、硫酸钡溶解度的大小。

（2）钙、钡铬酸盐的生成和性质

在两支试管中，分别加入2滴0.5mol·L^{-1}氯化钙和0.2mol·L^{-1}氯化钡溶液，再各滴入0.5mol·L^{-1}铬酸钾溶液，观察现象，若无沉淀生成，可加入几滴乙醇。分别试验沉淀与2mol·L^{-1}醋酸和2mol·L^{-1}盐酸溶液的反应，写出反应方程式。

7. 碱金属、碱土金属盐的焰色反应

取一支镶有铂丝（或镍铬丝）的玻璃棒，蘸以6mol·L^{-1}盐酸溶液在氧化焰中灼烧，重复2～3次至火焰无色。再蘸上氯化锂溶液在氧化焰中灼烧，观察火焰颜色。依照此法，分别进行氯化钠、氯化钾、氯化钙、氯化锶、氯化钡溶液的焰色反应试验。每进行完一种溶液的焰色反应后，均需灼烧蘸浓盐酸溶液铂丝或镍铬丝，烧至无色后，再进行新的溶液的焰色反应。观察钾盐的焰色时，为消除钠对钾焰色的干扰，一般需有蓝色钴玻璃片滤光。

【思考题】

1. 如何利用化学方法证明钠在空气中燃烧的产物为过氧化钠?

2. 为什么氯化镁溶液中加入氨水时能生成氢氧化镁沉淀和氯化铵，而氢氧化镁沉淀又能溶于饱和氯化铵溶液?两者是否矛盾?试通过化学平衡移动的原理说明。

3. 试设计一个分离K^+、Mg^{2+}、Ba^{2+}的实验方案。

实验14　氧、硫、氮、磷

【实验目的】

1. 掌握过氧化氢的主要性质。
2. 掌握硫化氢、亚硫酸、硫代硫酸盐的性质。
3. 掌握亚硝酸及其盐的重要性质。
4. 了解磷酸盐的主要性质。

5. 熟悉 H_2O_2、S^{2-}、SO_3^{2-}、$S_2O_3^{2-}$、NH_4^+、NO_2^-、NO_3^-、PO_4^{3-} 等的鉴定方法。

【实验原理】

1. H_2O_2 既具氧化性，又显还原性，作氧化剂时还原产物是 H_2O 或 OH^-；作还原剂时氧化产物是氧气。

2. H_2S 具强还原性，氧化产物一般为单质硫，而遇强氧化剂如 $KMnO_4$，有时也可将 H_2S 氧化为 SO_4^{2-}：

$$5H_2S+2KMnO_4+3H_2SO_4 = 5S\downarrow+2MnSO_4+K_2SO_4+8H_2O$$

$$5H_2S+8KMnO_4+7H_2SO_4 = 8MnSO_4+4K_2SO_4+12H_2O$$

H_2S 的水溶液容易被空气中的氧所氧化析出硫，使溶液变浑浊：

$$2H_2S+O_2 = 2S\downarrow+2H_2O$$

因此，H_2S 的水溶液不能久藏，使用时需新制。

实验室往往用硫代乙酰胺（简称 TAA，下同）经微热水解生成 H_2S，本教材所有涉及 H_2S 溶液的实验全用 TAA 溶液替代。

3. 硫化物

根据硫化物在酸中溶解情况可分为四类：ZnS、MnS、FeS 等溶于稀盐酸；CdS、PbS 等难溶于稀盐酸，易溶于较浓的盐酸；CuS、Ag_2S 难溶于浓、稀盐酸，易溶于硝酸；HgS 在硝酸中也难溶，而溶于王水。

$$3CuS+8HNO_3 = 3Cu(NO_3)_2+3S\downarrow+2NO\uparrow+4H_2O$$

$$3HgS+2HNO_3+12HCl = 3H_2[HgCl_4]+3S\downarrow+2NO\uparrow+4H_2O$$

4. SO_2 溶于水生成亚硫酸，亚硫酸及其盐常用作还原剂，但遇强还原剂时，也起氧化剂作用。

SO_2 具有漂白性，能和某些有色有机物生成无色加成物，这种加成物受热易分解。

二氧化硫与品红溶液的脱色反应为：

（结构式）H_2N—，H_2N—，$=NH_2Cl + 3SO_2 + H_2O \rightleftharpoons$ HSO_2HN—，HSO_2HN—，SO_2OH，$-NH_2 + HCl$

红色　　　　无色

用二氧化硫漂白的品红溶液受热不稳定，加热后品红又显色。

5. $Na_2S_2O_3$ 具有还原性，可被卤素单质氧化，产物依卤素单质不同而不同。$Na_2S_2O_3$ 遇酸生成 $H_2S_2O_3$。后者不稳定，立即分解。

$$2Na_2S_2O_3+I_2 = Na_2S_4O_6+2NaI$$

$$Na_2S_2O_3+4Cl_2+5H_2O = Na_2SO_4+H_2SO_4+8HCl$$

$$H_2S_2O_3 = H_2O+S\downarrow+SO_2\uparrow$$

6. 亚硝酸是稍强于醋酸的弱酸，它极不稳定，仅存在于冷的稀溶液中，加热或浓缩便发生分解：

$$2HNO_2 = H_2O+N_2O_3(\text{浅蓝色})$$

$$N_2O_3 = NO+NO_2$$

中间产物 N_2O_3 在水溶液中呈浅蓝色，但不稳定，进一步分解为 NO 和 NO_2。

7. 磷酸盐和磷酸一氢盐中，只有碱金属（锂除外）和铵的盐类易溶于水，其他磷酸盐都难溶。大多数磷酸二氢盐易溶于水。

8. 一些常见离子鉴定列表如下：

离子	鉴定试剂	现象及产物
S^{2-}	(1)稀 HCl (2)$Pb(Ac)_2$ 试纸 (3)$Na_2[Fe(CN)_5NO]$	H_2S 臭鸡蛋味 变黑(PbS) 紫红色$[Fe(CN)_5NOS]^{4-}$
SO_3^{2-}	饱和 $ZnSO_4$,$K_4[Fe(CN)_6]$,$[Fe(CN)_5NO]$	红色
$S_2O_3^{2-}$	$AgNO_3$	白色变为黄色,然后变为棕色,最后变为黑色(Ag_2S)
NH_4^+	(1)NaOH,湿润红色石蕊试纸 (2)奈斯勒试剂($K_2[HgI_4]$的碱性溶液)	试纸变蓝 红棕色沉淀
NO_3^-	$FeSO_4\cdot 7H_2O$,浓 H_2SO_4	棕色环 $Fe(NO)SO_4$
NO_2^-	$FeSO_4\cdot 7H_2O$,HAc	棕色环 $Fe(NO)SO_4$
PO_4^{3-}	HNO_3,$(NH_4)_2MoO_4$(过量),微热	黄色沉淀$(NH_4)_3PO_4\cdot 12MoO_4\cdot 6H_2O$

【实验用品】

除注明外，试剂浓度单位为 $mol\cdot L^{-1}$。

KI(0.1)，H_2SO_4(1)，H_2O_2(3%)，$KMnO_4$(0.01，0.2)，$FeCl_3$(0.01)，TAA 溶液(4%)，$ZnSO_4$(0.1)，$CdSO_4$(0.1)，$CuSO_4$(0.1)，$Hg(NO_3)_2$(0.1)，HCl(2，6)，浓 HNO_3，浓 HCl，Na_2S(0.1)，$Na_2[Fe(CN)_5NO]$(1%)，碘水(0.01)，$Na_2S_2O_3$(0.1)，氯水(饱和)，SO_2 溶液(饱和)，$BaCl_2$(0.1)，NH_4Cl(0.1)，NaOH(2.0)，H_2SO_4(3)，$NaNO_3$(0.1)，$NaNO_2$(0.5，饱和)，$FeSO_4\cdot 7H_2O$(s)，HAc(2.0)，Na_3PO_4(0.1)，Na_2HPO_4(0.1)，NaH_2PO_4(0.1)，$AgNO_3$(0.1)，$Pb(Ac)_2$ 试纸，红色石蕊试纸，奈斯勒试剂，淀粉，钼酸铵试剂，CCl_4 试剂。

【实验步骤】

1. 过氧化氢的性质

(1) 氧化性

在一支试管中加入 0.5mL 0.1$mol\cdot L^{-1}$ KI 溶液，加 1 滴 1$mol\cdot L^{-1}$ H_2SO_4 酸化，然后滴加 0.5mL 3%的 H_2O_2 溶液，观察现象。再滴加 1mL CCl_4，观察现象，写出反应式。

(2) 还原性

取 0.5mL $KMnO_4$ 溶液（0.01$mol\cdot L^{-1}$），以 H_2SO_4 酸化后滴加 H_2O_2 溶液（3%），边滴边振荡，直至溶液的紫色消失为止，写出反应式。

2. 硫化氢和硫化物的性质

(1) 取几滴 0.2$mol\cdot L^{-1}$高锰酸钾溶液并用 3$mol\cdot L^{-1}$硫酸酸化，然后注入 2mL TAA 溶液，加热后观察溶液颜色变化和产物的状态，写出反应方程式。

(2) 试验 $FeCl_3$ 溶液（0.01$mol\cdot L^{-1}$）与 TAA 溶液的反应，加热后观察现象。

(3) 取 5 滴 $ZnSO_4$ 溶液于试管中，然后加入 1mL TAA 溶液，加热后观察是否有沉淀析出，如未出现沉淀，加 1～2 滴 NaOH 溶液（2$mol\cdot L^{-1}$），析出沉淀后，摇动试管使溶液成悬浊液，并分盛于 4 支离心管中，离心沉降，弃去上清液，用水洗涤沉淀后，分别加入 HCl(2.0$mol\cdot L^{-1}$)、HCl(6.0$mol\cdot L^{-1}$)、HNO_3(浓)、HCl(浓)，检验沉淀在酸性介质中的溶解性。如不溶解，用王水（HCl 与 HNO_3 的体积比约为 3：1）处理，并微热，观察沉淀是否溶解。

分别用 $CdSO_4$、$CuSO_4$、$Hg(NO_3)_2$ 代替 $ZnSO_4$ 溶液，重复上述实验。

(4) 在点滴板上加 1 滴 Na_2S 溶液（$0.1mol\cdot L^{-1}$），再加 1 滴 $Na_2[Fe(CN)_5NO]$(1%)，出现紫红色表示有 S^{2-}。

(5) 在试管中加数滴 Na_2S 溶液（$0.1mol\cdot L^{-1}$）和 HCl($6.0mol\cdot L^{-1}$)，微热之，在管口用湿润的 $Pb(Ac)_2$ 试纸检验逸出的气体。

3. 亚硫酸的性质

(1) 取 1 滴饱和碘水，加 5 滴淀粉试液，再加数滴 SO_2 溶液（饱和），观察现象。

(2) 取 5 滴 TAA 溶液于试管中，稍加热后滴加 SO_2 溶液（饱和），观察现象。

(3) 取 3mL 品红溶液，加 1～2 滴 SO_2 溶液（饱和），摇荡后静置片刻，观察溶液颜色的变化，微热后又有何变化？

(4) 在试管中加入 1mL 新配制的 $0.1mol\cdot L^{-1}$ Na_2SO_3 溶液，再滴加约 0.5mL $0.1mol\cdot L^{-1}$ $BaCl_2$ 溶液，至白色沉淀生成（什么物质?）。吸去上层清液，滴加 $6mol\cdot L^{-1}$ HCl，如沉淀溶解，表示有 SO_3^{2-} 存在，若混有 SO_4^{2-}（由 SO_3^{2-} 氧化生成），则部分沉淀不溶解。

4. 硫代硫酸及其盐的性质

(1) 在试管中加入 $Na_2S_2O_3$($0.1mol\cdot L^{-1}$) 和 HCl($2.0mol\cdot L^{-1}$) 数滴，摇荡片刻，观察现象，用湿润的蓝色石蕊试纸检查逸出的气体。

(2) 取 1 滴碘水（$0.01mol\cdot L^{-1}$），加 1 滴淀粉试液，逐滴加入 $Na_2S_2O_3$($0.1mol\cdot L^{-1}$)，观察颜色有何变化。

(3) 取 5 滴饱和氯水，滴加 $Na_2S_2O_3$($0.1mol\cdot L^{-1}$)，用 $BaCl_2$($0.1mol\cdot L^{-1}$) 检查是否有 SO_4^{2-} 生成。

(4) 往试管中加入 3 滴 $0.2mol\cdot L^{-1}$ 的硫代硫酸钠溶液，再加入 2 滴 $0.2mol\cdot L^{-1}$ 硝酸银溶液，观察沉淀颜色的变化（由白色硫代硫酸银→黄色→棕色→黑色硫化银的转变过程）。利用硫代硫酸银分解的颜色变化，以鉴定 $S_2O_3^{2-}$ 的存在。

5. NH_4^+ 的鉴定

(1) 在试管中加 NH_4Cl($0.1mol\cdot L^{-1}$) 和 NaOH($2.0mol\cdot L^{-1}$) 各 10 滴，微热，用湿润的红色石蕊试纸在管口检验逸出的气体。

(2) 在滤纸条上加 1 滴奈斯勒试剂，代替红色石蕊试纸重复上面的实验，观察、记录现象。

6. 亚硝酸和亚硝酸盐的性质

(1) 亚硝酸的生成和分解

将 2mL 浓度为 $3mol\cdot L^{-1}$ 的硫酸溶液注入到冰中冷却的 2mL 饱和亚硝酸钠溶液中，观察反应情况和产物的颜色。将试管从冰中取出，放置片刻，观察实验现象。解释现象并写出反应方程式。

(2) 在 1mL $0.5mol\cdot L^{-1}$ 亚硝酸钠溶液中滴入约 2 滴 $0.5mol\cdot L^{-1}$ 的碘化钾溶液，有无变化？再滴加 $3mol\cdot L^{-1}$ 硫酸溶液，有何现象？反应产物如何检验？写出反应方程式。

(3) 在 1mL $0.5mol\cdot L^{-1}$ 亚硝酸钠溶液中滴入约 2 滴 $0.2mol\cdot L^{-1}$ 高锰酸钾溶液，有无变化？再滴入 $3mol\cdot L^{-1}$ 硫酸溶液，有何现象？写出反应方程式。通过上述试验，说明亚硝酸具有什么性质？

7. NO_3^-、NO_2^- 的鉴定

(1) NO_3^- 的鉴定：取少量 $FeSO_4 \cdot 7H_2O(s)$ 于试管底部，试管壁尽量不粘有固体，取 1mL $NaNO_3$(0.1mol·L^{-1}) 沿试管壁缓慢加入，不要摇动试管，再沿试管壁滴加浓 H_2SO_4，由于浓 H_2SO_4 相对密度较水大，浓 H_2SO_4 到达固液接触面处形成棕色环，表示有 NO_3^-。

(2) NO_2^- 的鉴定：上述实验中以 1mL $NaNO_2$(0.5mol·L^{-1}) 代替 $NaNO_3$，用 HAc (2.0mol·L^{-1}) 代替浓 H_2SO_4，重复上述实验。

8. 磷酸盐的性质

(1) 用 pH 试纸分别测定下列溶液的 pH 值：Na_3PO_4 (0.1mol·L^{-1})，Na_2HPO_4 (0.1mol·L^{-1})，NaH_2PO_4(0.1mol·L^{-1})。

(2) 在 3 支试管中各加入 10 滴 $CaCl_2$(0.1mol·L^{-1})，然后分别加入等量的 Na_3PO_4、Na_2HPO_4 和 NaH_2PO_4 溶液，观察各试管中是否有沉淀生成？

9. PO_4^{3-} 的鉴定

(1) 取 5 滴 Na_3PO_4(0.1mol·L^{-1})，加 10 滴浓 HNO_3，再加 20 滴钼酸铵试剂，在水浴上微热到 40～45℃，观察黄色沉淀的产生。

(2) 取 10 滴 Na_3PO_4(0.1mol·L^{-1})，加 1 滴 HNO_3(2.0mol·L^{-1})，使溶液接近中性，再滴加 $AgNO_3$(0.1mol·L^{-1})，观察黄色沉淀的产生。

【思考题】

1. 长期放置的 H_2S、Na_2S、Na_2SO_3 溶液会发生什么变化，为什么？
2. 解释下列现象：将少量 $AgNO_3$ 溶液滴入 NaS_2O_3 溶液中，出现白色沉淀，振荡后沉淀马上消失，溶液又呈无色透明。
3. 如果用 Na_2SO_3 代替 KI 来证明 $NaNO_2$ 具有氧化性，应该怎样进行实验？

实验 15 卤素

【实验目的】

1. 掌握卤素的氧化性和卤离子的还原性的递变规律。
2. 掌握卤素含氧酸及其盐的性质。
3. 学习分离和鉴定卤素离子的方法。

【实验原理】

氟、氯、溴、碘是周期系ⅦA 族元素，总称卤素。卤素原子的价电子构型为 ns^2np^5。它们在化合物中的常见氧化态是－1。除氟外，氯、溴、碘也能生成氧化态为＋1、＋3、＋5、＋7 的化合物。

1. 卤素单质的性质

卤素单质在水中的溶解度很小（氟与水要发生剧烈的化学反应），而在 CCl_4 中的溶解度较大。所以当溶液中有 Br^-、I^- 时，可用氧化剂将它们氧化成 Br_2、I_2，再用 CCl_4 等来萃取。在 CCl_4 中 Br_2 显橙色，I_2 显紫色，可以用来鉴定 Br^-、I^-。

卤素单质均有氧化性。反之，卤素负离子具有还原性。从有关电对的电极电势可以看出：

$$I_2 + 2e^- \longrightarrow 2I^- \qquad \varphi^{\ominus} = 0.5345V$$

$$Br_2 + 2e^- \longrightarrow 2Br^- \qquad \varphi^{\ominus} = 1.065V$$

$$Cl_2 + 2e^- \longrightarrow 2Cl^- \qquad \varphi^{\ominus} = 1.36V$$

从氟到碘，由于原子半径增大，氧化能力减弱。例如在氯、溴、碘序列中，前面的卤素单质可以把后面的卤素离子氧化成相应的单质：

$$2Br^- + Cl_2 \longrightarrow 2Cl^- + Br_2$$

$$2I^- + Cl_2 \longrightarrow 2Cl^- + I_2$$

$$2I^- + Br_2 \longrightarrow 2Br^- + I_2$$

用上述反应来鉴定 I^- 时，氯水不能过量，因为过量的氯能将 I_2 进一步氧化：

$$I_2 + 5Cl_2 + 6H_2O \longrightarrow 2IO_3^- + 10Cl^- + 12H^+$$

$$I_2 + Cl_2 + 2Cl^- \longrightarrow 2ICl_2^-$$

2. 卤素离子的性质

卤化氢易溶于水，其水溶液称为氢卤酸。氢氟酸是一个弱酸，并且具有一定的还原性。从 I^- 到 F^-，由于离子半径减小，还原能力减弱。F^- 不为任何化学试剂所氧化。I^- 的还原性最强。

I^- 溶液在长期放置时易被空气中的氧所氧化，生成的 I_3^- 使溶液变成棕色（浓度低时呈浅黄色），在酸性介质中更甚：

$$4I^- + O_2 + 4H^+ \longrightarrow 2I_2 + 2H_2O$$

$$I_2 + I^- \longrightarrow I_3^-$$

浓硫酸不能氧化 HCl，但能氧化 HBr 和 HI：

$$2HBr + H_2SO_4(浓) \longrightarrow Br_2 + SO_2\uparrow + 2H_2O$$

$$8HI + H_2SO_4(浓) \longrightarrow 4I_2 + H_2S\uparrow + 4H_2O$$

氢氟酸不同于其他氢卤酸，它能与二氧化硅、硅酸盐作用生成气态 SiF_4：

$$SiO_2 + 4HF \longrightarrow SiF_4\uparrow + 2H_2O$$

$$CaSiO_3 + 6HF \longrightarrow SiF_4\uparrow + CaF_2 + 3H_2O$$

玻璃的主要成分是硅酸盐，所以，HF 不能存放在玻璃瓶中，但 HF 的这一特性，可用于玻璃的刻蚀加工和溶解二氧化硅及各种硅酸盐。

3. 卤素的含氧酸盐的性质

卤素的含氧酸盐均有较强的氧化性。氯气溶于 NaOH 冷溶液时所产生的 NaClO 具有强氧化性和漂白性。例如：

$$ClO^- + Cl^- + 2H^+ \longrightarrow Cl_2\uparrow + H_2O$$

卤酸盐在酸性溶液中都是较强的氧化剂，在碱性溶液中的氧化性较弱，从有关电对的电极电势（$\varphi^{\ominus}_{XO_3^-/X^-}$）看出，氯酸盐是卤酸盐中较强的氧化剂。

$KClO_3$ 是常用的氧化剂，它在中性介质中没有明显的氧化性，在酸性介质中其氧化性大增，可以将 I^- 氧化成 I_2，甚至 IO_3^-：

$$ClO_3^- + 6I^- + 6H^+ \longrightarrow Cl^- + 3I_2 + 3H_2O$$

$$2ClO_3^- + I_2 \longrightarrow 2IO_3^- + Cl_2$$

4. 卤化银的性质

除 AgF 以外，卤化银均难溶于水，且不溶于稀 HNO_3。氯化银易溶于氨水或

$(NH_4)_2CO_3$ 溶液中：

$$AgCl + 2NH_3 = [Ag(NH_3)_2]^+ + Cl^-$$

溴化银仅微溶于氨水，而碘化银难溶于氨水。且后二者在 $(NH_4)_2CO_3$ 溶液或 $AgNO_3$-NH_3 溶液中几乎不溶，利用这个性质可以将 AgCl 与 AgBr、AgI 分离，在分离后的溶液中，用 HNO_3 酸化，AgCl 重新沉淀出来：

$$[Ag(NH_3)_2]^+ + Cl^- + 2H^+ = AgCl\downarrow + 2NH_4^+$$

AgI 可用锌粉还原使 I^- 进入溶液：

$$2AgI + Zn = Zn^{2+} + 2I^- + 2Ag\downarrow$$

【实验用品】

药品（除注明外，试剂浓度单位均为 $mol \cdot L^{-1}$）：H_2SO_4(1，1∶1，浓)，HNO_3(2)，HCl(2，浓)，NaOH(2)，氨水(6)，KI(0.1)，KBr(0.1)，$AgNO_3$(0.1)，$Pb(Ac)_2$(0.1)，$Na_2S_2O_3$(0.1)，$KClO_3$(饱和)，$(NH_4)_2CO_3$(12%)，饱和氯水，淀粉(1%)，品红(0.1%)，CCl_4，饱和溴水，NaCl(s)，KBr(s)，KI(s)，锌粉，碘，pH 试纸，滤纸条。

【实验步骤】

1. 溴和碘的溶解性

(1) 在试管中加入 5 滴溴水，沿试管壁加入 10 滴 CCl_4，观察水层和 CCl_4 层的颜色。振荡试管，静置后，观察水层和 CCl_4 层颜色的变化，比较溴在水中和 CCl_4 中的溶解度。

(2) 取一小粒碘晶体放入试管中，加入 2mL 蒸馏水，振荡试管，观察溶液的颜色变化，再加入几滴 $0.1mol \cdot L^{-1}$ KI 溶液，摇匀，发生什么现象？为什么？

(3) 用 (2) 所得溶液仿照试验 (1) 做碘在水和 CCl_4 中的溶解度。

2. 卤素的氧化性

(1) 在试管中加入 0.5mL $0.1mol \cdot L^{-1}$ NaBr 和 5 滴 CCl_4，再滴加氯水，边加边振荡，观察 CCl_4 层的颜色变化。

(2) 用 $0.1mol \cdot L^{-1}$ KI 代替 NaBr 溶液做同样的实验，观察 CCl_4 层的颜色变化。

(3) 在试管中加入 0.5mL $0.1mol \cdot L^{-1}$ KI 和 5 滴 CCl_4，再滴加溴水，边加边振荡，观察 CCl_4 层的颜色变化。

根据以上实验结果，比较卤素单质氧化性的相对强弱，并说明置换顺序，写出上述有关的反应方程式。

3. 卤素离子的还原性（在通风橱中进行）

取 3 支试管，分别加入约 0.2g NaCl、NaBr 和 KI 晶体，再各加入 0.5mL 浓 H_2SO_4，观察各试管中的反应产物及其颜色，分别用湿润的 pH 试纸、KI-淀粉试纸和醋酸铅试纸检验各试管中产生的气体。写出上述反应方程式。根据实验结果，比较卤化氢还原性的相对强弱。

4. 氯的含氧酸及其盐的性质

(1) 次氯酸盐的制备及性质

取 2mL 氯水于试管中，逐滴加入 $2mol \cdot L^{-1}$ NaOH 溶液至溶液呈微碱性（pH＝8～9，为什么?)，将所得溶液分盛于四支试管中，分别进行下列实验。

① 与浓盐酸作用：在第一支试管中滴加浓 HCl 0.5mL，观察现象，写出反应方程式。

② 与 $MnSO_4$ 溶液作用：在第二支试管中滴加 $0.1mol \cdot L^{-1}$ $MnSO_4$ 溶液，观察现象，写出反应方程式。

③ 与KI溶液作用：取1mL 0.1mol·L^{-1}KI溶液，逐滴加入上述NaClO溶液，观察现象，写出反应方程式。

④ 与品红溶液作用：取1mL品红溶液，加入上述NaClO溶液，观察现象。

（2）氯酸盐的性质

① 与浓盐酸作用：取少许$KClO_3$晶体，滴加浓HCl，观察现象（如不明显，可微热），写出反应方程式。

② 与KI溶液作用：取2～3滴KI溶液，加入3～4滴饱和$KClO_3$溶液，观察现象。再逐滴加入1∶1 H_2SO_4，并不断振荡试管，观察溶液先呈黄色（I_3^-），后变为紫黑色（I_2），最后变为无色（IO_3^-）。根据实验现象，说明介质对$KClO_3$氧化性的影响。

在上述实验中，根据介质条件、反应物浓度及实验现象，比较HClO与NaClO、HClO与$HClO_3$、NaClO与$KClO_3$、$HClO_3$与HIO_3、$HClO_3$与$KClO_3$氧化性的相对强弱，并归纳两组氯的含氧酸及其盐的氧化性递变规律。

5. 卤化银的性质

（1）在三支离心试管中各加入几滴0.1mol·L^{-1}NaCl溶液，再加入0.1mol·$L^{-1}$$AgNO_3$溶液至AgCl沉淀完全，离心分离后，弃去上清液，分别试验AgCl是否溶于2mol·L^{-1} HNO_3、2mol·$L^{-1}$$NH_3·H_2O$、0.5mol·$L^{-1}$$Na_2S_2O_3$溶液中，并加以解释。

（2）依次用0.1mol·L^{-1}KBr溶液和0.1mol·L^{-1}KI溶液代替NaCl溶液进行同样的实验。

6. Cl^-、Br^-、I^-的分离和鉴定

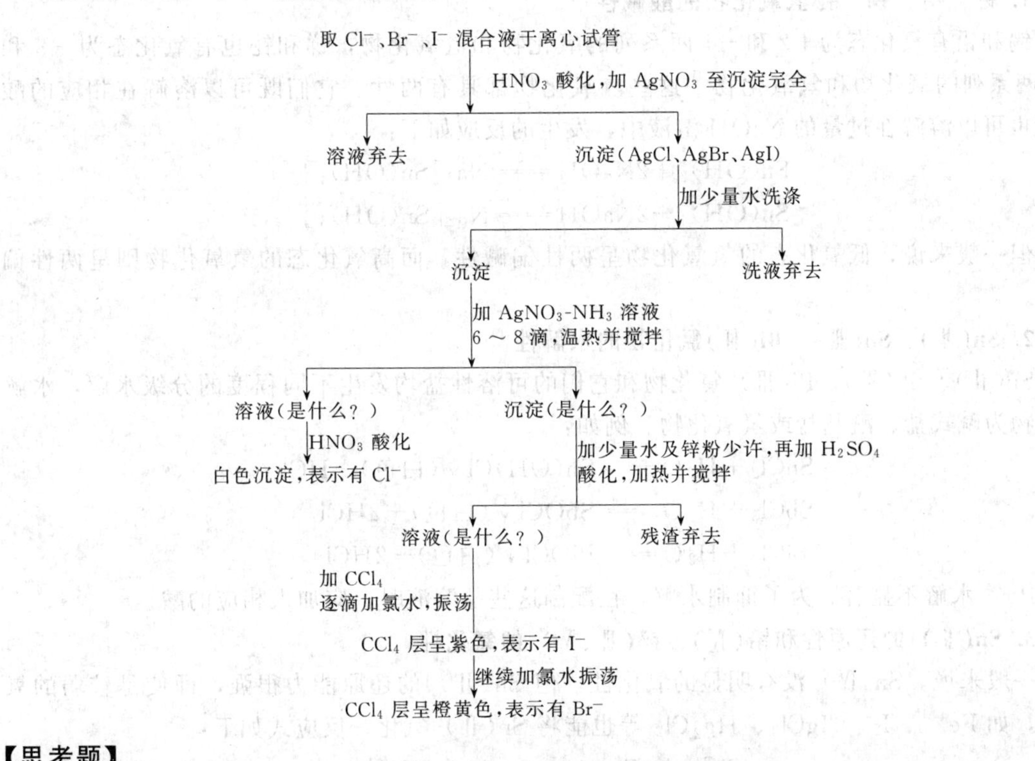

【思考题】

1. 在Br^-、I^-混合溶液中，逐滴加入氯水时，在CCl_4层中，先出现紫色，后呈橙黄色，如何解释这一现象？

2. 在 Cl^-、Br^-、I^- 混合离子的分离和鉴定步骤中，用锌粉与 AgBr、AgI 沉淀反应时，为什么要加入 $1mol \cdot L^{-1}$ 的 H_2SO_4？

3. 用碘化钾-淀粉试纸检验氯气时，试纸先呈蓝色，当在氯气中放置时间较长时，蓝色褪去。为什么？

4. 用硝酸银鉴定卤素离子时，为何要加入少量稀硝酸？

实验 16 锡、铅、锑、铋

【实验目的】

1. 了解锡、铅、锑和铋氢氧化物的酸碱性。
2. 了解锡(Ⅱ) 盐、锑(Ⅲ) 盐和铋(Ⅲ) 盐的水解作用。
3. 掌握锡(Ⅱ) 的还原性和铅(Ⅳ)、铋(Ⅲ、Ⅴ) 的氧化性及其在离子鉴定中的应用。
4. 掌握锡、铅、锑和铋难溶盐的生成和性质。

【实验原理】

锡、铅、锑、铋是周期表中 p 区金属元素，锡、铅是第ⅥA 族元素，其价电子构型为 ns^2np^2，能形成+2、+4 氧化数的化合物。锑、铋是第ⅤA 族元素，其价电子构型为 ns^2np^3，能形成+3、+5 氧化数的化合物。

1. 锡、铅、锑、铋氢氧化物的酸碱性

锡和铅有氧化态为+2 和+4 两系列的氧化物和氢氧化物，锑和铋也有氧化态为+3 和+5 两系列的氧化物和氢氧化物，这些氢氧化物都具有两性。它们既可以溶解在相应的酸中，也可以溶解在过量的 NaOH 溶液中，发生的反应如下：

$$Sn(OH)_2 + 2NaOH = Na_2[Sn(OH)_4]$$

$$Sn(OH)_4 + 2NaOH = Na_2[Sn(OH)_6]$$

但一般来说，低氧化态的氢氧化物呈两性偏碱性，而高氧化态的氢氧化物则呈两性偏酸性。

2. Sn(Ⅱ)、Sb(Ⅲ)、Bi(Ⅲ)氯化物的水解性

Sn(Ⅱ)、Sb(Ⅲ)、Bi(Ⅲ) 氯化物和它们的可溶性盐均发生不同程度的分级水解，水解的产物为碱式盐、酰基盐或氢氧化物。例如：

$$SnCl_2 + H_2O = Sn(OH)Cl\downarrow(白色) + HCl$$

$$SbCl_3 + H_2O = SbOCl\downarrow(白色) + 2HCl$$

$$BiCl_3 + H_2O = BiOCl\downarrow(白色) + 2HCl$$

Pb^{2+} 水解不显著。为了抑制水解，在配制这些盐溶液时，应加入相应的酸。

3. Sn(Ⅱ) 的还原性和铅(Ⅳ)、铋(Ⅲ、Ⅴ) 的氧化性

一般来说，Sn(Ⅳ) 没有明显的氧化性，但 Sn(Ⅱ) 的还原能力很强，即使是较弱的氧化剂，如 Fe^{3+}、I_2、$HgCl_2$、Hg_2Cl_2 等也能将 Sn(Ⅱ) 氧化。反应式如下：

$$Sn^{2+} + 2Fe^{3+} = Sn^{4+} + 2Fe^{2+}$$

$$Sn^{2+} + I_2 = Sn^{4+} + 2I^-$$

$$Sn^{2+} + 2HgCl_2 = Sn^{4+} + Hg_2Cl_2\downarrow + 2Cl^-$$

$$Sn^{2+} + Hg_2Cl_2 = Sn^{4+} + 2Hg\downarrow + 2Cl^-$$

后两个反应是 Sn^{2+} 与 $HgCl_2$ 的分步反应，常用于鉴定 Hg^{2+}（或 Sn^{2+}）。在碱性介质中，Sn(Ⅱ）的还原性更强，例如，将 Bi^{3+} 还原为 Bi，常用此来鉴定 Bi^{3+}，反应式为：

$$3SnO_2^{2-} + 2Bi(OH)_3 = 3SnO_3^{2-} + 2Bi\downarrow + 3H_2O$$

PbO_2 和铋（Ⅴ）的化合物都具有较强的氧化性，在酸性条件下，能将 Mn^{2+} 氧化成 MnO_4^-：

$$5NaBiO_3 + 2Mn^{2+} + 14H^+ = 2MnO_4^- + 5Na^+ + 5Bi^{3+} + 7H_2O$$

4. 锡、铅、锑和铋的难溶盐

锡、铅、锑和铋的常见难溶盐主要是硫化物及某些含氧酸盐，其中多数铅盐是难溶的，如 $PbSO_4$、$PbCrO_4$（铬黄）、$[Pb(OH)]_2CO_3$（铅白）、PbX_2 等，而可溶性铅盐都有毒。

常见的硫化物如下：

SnS	SnS_2	PbS	Sb_2S_3	Bi_2S_3
暗棕色	黄色	黑色	橙色	棕色

锡、铅和锑的硫化物不溶于稀 HCl，但可溶于浓 HCl，生成配离子和 H_2S 气体。如；

$$SnS_2 + 6HCl = H_2[SnCl_6] + 2H_2S\uparrow$$

SnS_2、Sb_2S_3 和 Sb_2S_5 呈酸性，可溶于过量的 Na_2S 或 $(NH_4)_2S$ 溶液，生成硫代酸盐。反应式如下：

$$SnS_2 + S^{2-} = SnS_3^{2-}$$

$$Sb_2S_3 + 3S^{2-} = 2SbS_3^{3-}$$

$$Sb_2S_5 + 3S^{2-} = 2SbS_4^{3-}$$

这类反应类似于酸性氧化物与碱性氧化物的成盐反应。相应的盐为硫代锡酸盐、硫代亚锑酸盐和硫代锑酸盐。这些盐不稳定，一旦酸化，又会析出相应的硫化物沉淀：

$$SnS_3^{2-} + 2H^+ = SnS_2 + H_2S\uparrow$$

据此可将 Sn(Ⅳ)、Sb(Ⅲ) 和 Sb(Ⅴ) 与其他金属元素分离。

SnS 一般不溶于 Na_2S，但 Na_2S 中有多硫离子时，则 SnS 被氧化而溶解。

Bi_2S_3 既不溶于浓硫酸，也不溶于 Na_2S［或 $(NH_4)_2S$］和多硫化物，只能借助氧化性酸将其氧化，使 Bi^{3+} 转移到溶液中去。

5. Pb(Ⅱ) 盐的溶解性

除 Pb(Ⅱ) 的硝酸盐和醋酸盐可溶外，其他 Pb(Ⅱ) 盐均难溶于水。常见的铅盐有：

$PbCl_2$	$PbSO_4$	$PbCO_3$	PbS	PbI_2	$PbCrO_4$
白色	白色	白色	黑色	黄色	黄色

$PbCl_2$ 虽然难溶于冷水，却可溶于热水、NH_4Ac、浓 HCl。$PbSO_4$ 溶于浓 H_2SO_4、饱和 NH_4Ac；$PbCO_3$ 溶于稀酸；PbI_2 溶于浓 KI；$PbCrO_4$ 溶于稀 HNO_3、浓 HCl、浓 NaOH。

$$2PbSO_4 + 2NH_4Ac = [PbAc]_2SO_4 + (NH_4)_2SO_4$$

$$2PbCrO_4 + 2HNO_3 = PbCr_2O_7 + Pb(NO_3)_2 + H_2O$$

$$PbCrO_4 + 4NaOH = Na_2PbO_2 + Na_2CrO_4 + 2H_2O$$

$$PbI_2 + 2KI = K_2[PbI_4]$$

【实验用品】

仪器：离心机。

药品（除注明外，试剂浓度单位为 $mol \cdot L^{-1}$）：$SnCl_2$（0.1），$SnCl_4$（0.1），$Pb(NO_3)_2$（0.1），$SbCl_3$（0.1），$Bi(NO_3)_3$（0.1），K_2SO_4（0.1），NaAc（饱和），K_2CrO_4（0.1），Na_2S（0.5，新配），$HgCl_2$（0.1），$MnSO_4$（0.1），HCl（6，浓），H_2SO_4（浓），HNO_3（6），HAc（6），KI（2），TAA 溶液，NaOH（2，6），PbO_2（s），$NaBiO_3$（s），pH 试纸。

【实验步骤】

1. 锡、铅、锑和铋氢氧化物的酸碱性

取约 2mL $0.1mol \cdot L^{-1}$ $SnCl_2$ 溶液，然后逐滴加入 $2mol \cdot L^{-1}$ NaOH 溶液（注意：别过量）。生成沉淀后，离心分离，弃去清液。将沉淀分成两份，分别试验与 $6.0mol \cdot L^{-1}$ NaOH 溶液和 $6mol \cdot L^{-1}$ HCl 溶液作用的情况。

按照上述操作过程，分别用 $SnCl_4$、$Pb(NO_3)_2$、$SbCl_3$ 和 $Bi(NO_3)_3$ 溶液进行实验，将实验结果填入下表：

氢氧化物 化学式	溶解情况			氢氧化物酸碱性
	颜色	NaOH	HCl	
$Sn(OH)_2$				
$Sn(OH)_4$				
$Pb(OH)_2$				
$Bi(OH)_3$				
$Sb(OH)_3$				

2. 锡、铅、锑和铋盐的水解

取少量 $SbCl_3$ 溶液，测其 pH 值。加水稀释，观察现象，并用 pH 试纸测溶液的 pH 值，然后逐滴加 $6mol \cdot L^{-1}$ HCl 溶液，沉淀是否溶解？最后再用水稀释，又有什么变化？

按上述操作，分别实验 $SnCl_2$、$Pb(NO_3)_2$ 和 $Bi(NO_3)_3$ 溶液的水解情况。

3. 锡、铅、锑和铋的难溶盐

（1）难溶铅盐

① 取 5 滴 $Pb(NO_3)_2$ 溶液，再加入数滴稀 HCl 溶液，观察沉淀的颜色。将试管微热，观察沉淀是否溶解。静置冷却后，沉淀是否又出现？离心分离，弃去清液，于沉淀上加浓 HCl，沉淀是否溶解？

② 取 5 滴 $Pb(NO_3)_2$ 溶液，加入数滴 $0.1mol \cdot L^{-1}$ K_2CrO_4 溶液，观察沉淀的颜色。离心分离，将沉淀分成两份，分别试验沉淀与 $6mol \cdot L^{-1}$ HNO_3 和 $6mol \cdot L^{-1}$ NaOH 溶液作用的情况。

③ 取 5 滴 $Pb(NO_3)_2$ 溶液，加入数滴 $0.1mol \cdot L^{-1}$ K_2SO_4 溶液，观察沉淀的颜色。离心分离，将沉淀分成两份，分别试验沉淀与浓 H_2SO_4（加热）和饱和 NaAc 溶液作用的情况。

④ 取 5 滴 $Pb(NO_3)_2$ 溶液，加入数滴 $0.1mol \cdot L^{-1}$ KI 溶液，观察沉淀的颜色。离心分离，弃去清液，于沉淀上加 $2mol \cdot L^{-1}$ KI 溶液，沉淀是否溶解？

将上述实验结果填入下表。

难溶盐	颜色	溶解性	
$PbCl_2$		热水	
		浓 HCl	
$PbCrO_4$		$6mol\cdot L^{-1}$ HNO_3	
		$6mol\cdot L^{-1}$ NaOH	
$PbSO_4$		浓 H_2SO_4	
		饱和 NaAc	
PbI_2		$2mol\cdot L^{-1}$ KI	

（2）难溶硫化物

在试管中加入 1mL $Bi(NO_3)_3$ 溶液，再加入 1mL TAA 溶液，加热观察沉淀的颜色。将试管摇动，使沉淀成悬浊液，分装于四支离心试管中，离心分离，弃去清液，将沉淀洗涤 1～2 次，分别试验沉淀与稀 HCl、浓 HCl，$6mol\cdot L^{-1}$ HNO_3 和 $0.5mol\cdot L^{-1}$ Na_2S 溶液作用的情况。

分别用 $SbCl_3$、$SnCl_2$、$SnCl_4$ 和 $Pb(NO_3)_2$ 溶液重复上述实验，将实验现象填入下表。

实验项目		Bi_2S_3	Sb_2S_3	SnS	SnS_2	PbS
颜色						
硫化物	$+2mol\cdot L^{-1}$ HCl					
	+浓 HCl					
	$+6mol\cdot L^{-1}$ HNO_3					
	$+0.5mol\cdot L^{-1}$ Na_2S					

4. 锡(Ⅱ)的还原性和铅(Ⅳ)、铋(Ⅲ、Ⅴ)的氧化性及其在离子鉴定中的应用

（1）试验 $Sn(OH)_4^{2-}$ 溶液（自制）与 $Bi(NO_3)_3$ 溶液的作用（此反应可鉴定 Sn^{2+} 和 Bi^{3+}）。

（2）在 $HgCl_2$ 溶液中，用稀酸酸化，并逐滴加入 $SnCl_2$ 溶液，观察反应现象（此反应鉴定 Hg^{2+}）。

（3）试验 PbO_2（少量）在酸性介质中与 $MnSO_4$ 溶液的作用情况（微热）。

（4）在试管中加入少量固体 $NaBiO_3$，然后逐滴加入浓盐酸，观察现象，并试验是否有氯气产生？

【思考题】

1. 怎样配制和保存 $SnCl_2$ 溶液？
2. 试验 $Pb(OH)_2$ 的酸碱性时，应使用什么酸？为什么？
3. $PbSO_4$ 可溶于浓 H_2SO_4 和饱和的 NaAc 溶液吗？为什么？
4. 今有未贴标签无色透明的二氯化锡、四氯化锡溶液各一瓶，设法鉴别。

【安全知识】

锑、铋、锡、铅等化合物均有毒性，因此使用时必须格外小心，废液应集中回收处理。

实验 17 钛、钒、铬、锰

【实验目的】

1. 了解钛、钒某些重要化合物的性质与铬、锰各种氧化态之间的转化条件。

2. 掌握 Cr(Ⅲ) 和 Mn(Ⅱ) 氢氧化物的生成与性质。

3. 掌握铬、锰化合物的氧化还原性。

4. 掌握 CrO_4^{2-} 与 $Cr_2O_7^{2-}$ 的相互转化及微溶铬酸盐的生成。

【实验原理】

钛以+4 价氧化态最稳定。纯二氧化钛为白色粉末，不溶于水，不易溶于碱，但能溶于热硫酸中

$$TiO_2+2H_2SO_4 = Ti(SO_4)_2+2H_2O$$

$$TiO_2+H_2SO_4 = TiOSO_4+H_2O$$

将 H_2O_2 加入中等酸度的钛(Ⅳ) 盐溶液中，可生成稳定的橘黄色的 $[TiO(H_2O_2)]^{2+}$

$$TiO^{2+}+H_2O_2 = [TiO(H_2O_2)]^{2+}$$

利用此反应可进行钛的定性检验和比色分析。

在盐酸溶液中，用锌还原钛(Ⅳ) 盐，可得到紫色的钛(Ⅲ) 的化合物，

$$2TiO^{2+}+Zn+4H^+ = 2Ti^{3+}+Zn^{2+}+2H_2O$$

钛(Ⅲ) 具有还原性，与 $CuCl_2$ 等发生如下氧化还原反应

$$Ti^{3+}+Cu^{2+}+Cl^-+H_2O = CuCl\downarrow+TiO^{2+}+2H^+$$

钒在化合物中常见的氧化态是+5 价。V_2O_5 是钒的重要化合物之一，可由偏钒酸铵加热分解制得：

$$2NH_4VO_3 = V_2O_5+2NH_3+H_2O$$

V_2O_5 呈橙色至深红色，微溶于水，两性偏酸，易溶于碱，能溶于强酸：

$$V_2O_5+6NaOH = 2Na_3VO_4+3H_2O$$

$$V_2O_5+H_2SO_4 = (VO_2)_2SO_4+H_2O$$

V_2O_5 溶解在盐酸中，V(Ⅴ) 被还原为 V(Ⅳ)：

$$V_2O_5+6HCl = 2VOCl_2+Cl_2\uparrow+3H_2O$$

在钒酸盐的酸性溶液中，加入还原剂（如 Zn 粉），溶液的颜色由黄色逐渐变为蓝色，绿色，最后成黄色。这些颜色对应于 V(Ⅳ)、V(Ⅲ) 和 V(Ⅱ) 的化合物：

$$NH_4VO_3+2HCl = VO_2Cl+NH_4Cl+H_2O$$

$$2VO_2Cl+Zn+4HCl = 2VOCl_2+ZnCl_2+2H_2O$$

$$2VOCl_2+Zn+4HCl = 2VCl_3+ZnCl_2+2H_2O$$

$$2VCl_3+Zn = 2VCl_2+ZnCl_2$$

铬的常见氧化值为+3、+6。

通过 Cr^{3+}、Mn^{2+} 与 NaOH 反应可制得 $Cr(OH)_3$ 和 $Mn(OH)_2$。$Cr(OH)_3$ 具有两性，而 $Mn(OH)_2$ 呈碱性，且在碱性介质中易被空气氧化成棕色 $MnO(OH)_2$。

Cr(Ⅲ) 在碱性条件下，具有较强的还原性，易被氧化为 CrO_4^{2-}，如 H_2O_2 氧化 CrO_2^- 为黄色的铬酸盐。

$$2CrO_2^-+3H_2O_2+2OH^- = 2CrO_4^{2-}+4H_2O$$

铬酸盐和重铬酸盐在水溶液中存在下列平衡：

$$2CrO_4^{2-}+2H^+ \rightleftharpoons Cr_2O_7^{2-}+H_2O$$

在酸性介质中平衡向右移动，黄色的 CrO_4^{2-} 转化为橙红色的 $Cr_2O_7^{2-}$；在碱性介质中向左移动。另外当加入一些重金属离子如 Ba^{2+}、Pb^{2+}、Ag^+ 时，因生成难溶性的铬酸盐，

使平衡向左移动。

$$2Ba^{2+}+Cr_2O_7^{2-}+H_2O \longrightarrow 2BaCrO_4\downarrow(\text{黄色})+2H^+$$

$$2Pb^{2+}+Cr_2O_7^{2-}+H_2O \longrightarrow 2PbCrO_4\downarrow(\text{黄色})+2H^+$$

$$4Ag^{+}+Cr_2O_7^{2-}+H_2O \longrightarrow 2Ag_2CrO_4\downarrow(\text{砖红色})+2H^+$$

在酸性溶液中 $Cr_2O_7^{2-}$ 具有强氧化性，$Cr_2O_7^{2-}$ 与 H_2O_2 反应生成在乙醚中较稳定的蓝色过氧化铬。

$$Cr_2O_7^{2-}+4H_2O_2+2H^+ \longrightarrow 2Cr(O_2)_2O+5H_2O$$

常利用此性质来鉴定 $Cr_2O_7^{2-}$ 或 Cr^{3+}。

锰常见的氧化数则为+2、+4、+6、+7。

Mn^{2+} 在酸性介质中相当稳定，只有在强酸性溶液中与强氧化剂（如 $NaBiO_3$、PbO_2、$S_2O_8^{2-}$ 等）作用时，才能被氧化为 MnO_4^-，如：

$$2Mn^{2+}+5NaBiO_3+14H^+ \longrightarrow 2MnO_4^-+5Na^++5Bi^{3+}+7H_2O$$

在中性或弱酸性溶液中 MnO_4^- 和 Mn^{2+} 反应生成棕色沉淀 MnO_2：

$$2MnO_4^-+3Mn^{2+}+2H_2O \longrightarrow 5MnO_2+4H^+$$

在强碱性溶液中 MnO_4^- 和 MnO_2 反应生成绿色 MnO_4^{2-}：

$$2MnO_4^-+MnO_2+4OH^- \longrightarrow 3MnO_4^{2-}+2H_2O$$

而在弱碱或微酸性溶液中 MnO_4^{2-} 不稳定，发生歧化反应生成紫色的 MnO_4^- 和棕色的 MnO_2：

$$3MnO_4^{2-}+4H^+ \longrightarrow 2MnO_4^-+MnO_2+2H_2O$$

高锰酸钾具有强氧化性，其还原产物随介质不同而不同，在酸性介质中被还原为 Mn^{2+}，在中性介质中被还原为 MnO_2，在碱性介质中被还原为 MnO_4^{2-}。

【实验用品】

仪器：离心机，瓷坩埚。

药品（除注明外，试剂浓度单位为 $mol\cdot L^{-1}$）：NaOH（2.0，6.0，40%，饱和），H_2SO_4（2.0，浓），HNO_3（6），HCl（浓），H_2O_2（3%），$CrCl_3$（0.5），$MnSO_4$（0.1），$K_2Cr_2O_7$（0.1），K_2CrO_4（0.5），$(NH_4)_2SO_4$（1），$CuCl_2$（0.2），$BaCl_2$（0.1），$Pb(NO_3)_2$（0.1），$AgNO_3$（0.1），$NaNO_2$（0.5），$KMnO_4$（0.1），Na_2SO_3（0.1），四氯化钛溶液，乙醚，偏钒酸铵（固体，饱和），二氧化钛（s），锌粒，Na_2SO_3（s），$NaBiO_3$（s），PbO_2（s），MnO_2（s），沸石。

【实验步骤】

1. 钛的化合物

（1）二氧化钛的性质和过氧钛酸根的生成

在试管中加入米粒大小的二氧化钛粉末，然后加入 2mL 浓硫酸，再加入几粒沸石，摇动试管加热至沸（注意防止浓硫酸溅出），观察试管的变化。静置冷却，取 0.5mL 溶液，滴入 1 滴 3% 的 H_2O_2，观察现象。

另取少量二氧化钛固体，加入 2mL 40%NaOH 溶液，加热。静置，取上层清液，小心滴入浓硫酸至酸性，滴入几滴 3% H_2O_2，检验二氧化钛是否溶解。

（2）钛（Ⅲ）化合物的生成和性质

在盛有0.5mL硫酸氧钛的溶液［用四氯化钛和$1mol \cdot L^{-1}$ $(NH_4)_2SO_4$按1：1的比例配成硫酸氧钛］中，加入两颗锌粒，观察颜色的变化，把溶液放置几分钟后，滴入几滴$0.2mol \cdot L^{-1}$ $CuCl_2$溶液，观察现象。

2. 钒的化合物

（1）取少量偏钒酸铵固体放入坩埚中，用小火加热并不断搅拌，观察固体颜色的变化。

（2）把上述固体产物分成四份，一份加浓硫酸，观察固体是否溶解？用水稀释后（如何稀释?），颜色有何变化？第二份加入$6mol \cdot L^{-1}$ NaOH溶液，加热后有何变化？第三份加入蒸馏水，煮沸，冷却后测pH值。第四份加入浓盐酸，加热，观察有何变化？

（3）在用稀盐酸酸化了的偏钒酸铵饱和溶液中，加入一颗锌粒，放置片刻，仔细观察颜色的变化。

3. 铬和锰的化合物

（1）Cr^{3+}、Mn^{2+}氢氧化物的生成和性质

① 用$CrCl_3$溶液制备氢氧化铬沉淀，观察沉淀的颜色，用实验说明氢氧化铬是否呈两性，写出有关反应方程式。

② 在三支试管中分别加入5滴$0.1mol \cdot L^{-1}$ $MnSO_4$溶液和$2mol \cdot L^{-1}$ NaOH溶液，制得氢氧化锰沉淀，观察产物的颜色，然后将一支试管振荡，使沉淀与空气接触，观察沉淀颜色的变化；其余两支试管中分别加入稀硫酸和稀碱溶液，观察沉淀是否溶解？写出有关反应式。

（2）CrO_4^{2-}与$Cr_2O_7^{2-}$的相互转化

① CrO_4^{2-}与$Cr_2O_7^{2-}$在溶液中的平衡：在试管中加入少量的$0.1mol \cdot L^{-1}$ $K_2Cr_2O_7$，滴加$2mol \cdot L^{-1}$ NaOH，观察溶液颜色有何变化？再滴加$2mol \cdot L^{-1}$ H_2SO_4，又有何变化？

② 难溶性铬酸盐的生成和溶解：取三份$0.5mol \cdot L^{-1}$ K_2CrO_4，分别加入数滴$0.1mol \cdot L^{-1}$ $BaCl_2$、$0.1mol \cdot L^{-1}$ $Pb(NO_3)_2$、$0.1mol \cdot L^{-1}$ $AgNO_3$，观察现象？写出有关的离子方程式。试验这些铬酸盐能溶于何种酸中。

用$0.1mol \cdot L^{-1}$ $K_2Cr_2O_7$代替K_2CrO_4溶液进行上述实验，又有何现象？

（3）Cr(Ⅲ)与Cr(Ⅵ)之间的转化

① 铬(Ⅵ)的氧化性：取0.5mL $0.1mol \cdot L^{-1}$ $K_2Cr_2O_7$，加入$2mol \cdot L^{-1}$ H_2SO_4酸化，然后分成两份，一份中滴加$0.5mol \cdot L^{-1}$ $NaNO_2$，另一份中加入少量Na_2SO_3(s)，各有何现象？写出有关反应式。

② Cr^{3+}的鉴定：取1～2滴$CrCl_3$溶液于试管中，加入$6mol \cdot L^{-1}$ NaOH，使其转化为CrO_2^-，再加入3滴3% H_2O_2，微热至溶液呈浅黄色。待试管冷却后，再滴加3滴3% H_2O_2，加入0.5mL乙醚，再缓慢滴加$6mol \cdot L^{-1}$ HNO_3酸化，振荡，在乙醚层中出现深蓝色，表示有Cr^{3+}存在。

（4）锰的各种价态之间的转化

① Mn(Ⅱ)的还原性（Mn^{2+}的鉴定）：在1mL $6mol \cdot L^{-1}$ HNO_3中加入1滴$0.1mol \cdot L^{-1}$ $MnSO_4$，再加入少量$NaBiO_3$(s)，水浴加热，观察现象。写出离子方程式。

用PbO_2代替$NaBiO_3$(s)进行上述实验，观察现象。写出离子方程式。

② 锰酸钾的生成与性质：取少量MnO_2于试管中加入1mL饱和NaOH，再滴加$0.1mol \cdot L^{-1}$ $KMnO_4$，观察现象，将所得溶液用$2mol \cdot L^{-1}$ H_2SO_4酸化，观察有何现象？

③ 高锰酸钾的氧化性：取 0.5mL 0.1mol·L^{-1} $KMnO_4$ 溶液 3 份，分别加入 2mol·L^{-1} H_2SO_4、蒸馏水、0.5mL 6mol·L^{-1} NaOH，然后各加入 0.5mL 0.1mol·L^{-1} Na_2SO_3，观察有何现象，写出离子反应方程式。

4. 怎样分离和鉴定 Cr^{3+} 和 Mn^{2+}？设计方案？

【思考题】

1. 酸化的 $TiOSO_4$ 溶液与锌粒作用得到的紫色溶液在空气中放置一段时间后又褪色，为什么？

2. 在实验 Cr^{3+} 还原性时，如选择 H_2O_2 为氧化剂，有时溶液会出现褐红色，为什么？

3. 在碱性条件下，Cr^{3+} 被 H_2O_2 氧化为 CrO_4^{2-}，用稀硫酸酸化后未能如愿得到 $Cr_2O_7^{2-}$ 而生成的却是蓝绿色的溶液，为什么？

实验 18 铁、钴、镍

【实验目的】

1. 掌握 Fe、Co、Ni 氢氧化物的生成、氧化还原性及稳定性。

2. 了解 Fe、Co、Ni 的＋2 价化合物的还原性和＋3 价化合物的氧化性及其变化规律。

3. 掌握 Fe、Co、Ni 配合物的生成以及 Fe^{3+}、Fe^{2+}、Co^{2+}、Ni^{2+} 的鉴定。

【实验原理】

铁系元素常见的盐类为 Fe(Ⅲ)、Fe(Ⅱ)、Co(Ⅱ)、Ni(Ⅱ) 盐，其中硝酸盐、硫酸盐和卤化物均易溶于水。

铁、钴、镍的二价氢氧化物呈还原性，还原能力从 Fe→Co→Ni 依次减弱，在空气中氧对它们的作用情况各不相同，$Fe(OH)_2$ 很快被氧化成红棕色的 $Fe(OH)_3$，但在氧化过程中，可以生成绿色到黑色的各种中间产物，而 $Co(OH)_2$ 被缓慢氧化成褐色的 $Co(OH)_3$，$Ni(OH)_2$ 却比较稳定，若要使其氧化，必须在碱性溶液中加强氧化剂，如溴水，则可使其氧化成黑色的 $Ni(OH)_3$。

$$2Ni(OH)_2 + Br_2 + 2NaOH = 2Ni(OH)_3\downarrow + 2NaBr$$

Fe^{3+}、Fe^{2+} 盐在水溶液中易水解。Fe^{2+} 为常用还原剂，Fe^{3+} 为中强氧化剂，Co^{3+}、Ni^{3+} 是很强的氧化剂。Fe^{3+} 可氧化 $SnCl_2$、I^-，当 $Co(OH)_3$、$Ni(OH)_3$ 用酸溶解时，可使 H_2O 产生氧气或使 Cl^- 氧化为氯气。

$$2Co(OH)_3 + 6HCl = 2CoCl_2 + Cl_2\uparrow + 6H_2O$$

$$4Co(OH)_3 + 8H^+ = 4Co^{2+} + O_2\uparrow + 10H_2O$$

$Ni(OH)_3$ 可发生与 $Co(OH)_3$ 类似的反应。

Fe^{2+}、Co^{2+}、Ni^{2+} 都能与 S^{2-} 生成不溶于水而溶于稀酸的硫化物沉淀。自溶液中析出的 CoS、NiS 沉淀，经放置后，由于结构的改变而成为不再溶于稀酸的难溶物质。

由于铁系很多配合物有特征颜色，稳定性高，因此常用于离子的分离和鉴定。

Fe^{3+}：在弱酸性介质中 Fe^{3+} 与 KSCN 作用形成血红色配离子 $[Fe(NCS)_n]^{3-n}$：

$$Fe^{3+} + nNCS^- = [Fe(NCS)_n]^{3-n} \quad (n=1\sim6)$$

此法无离子干扰。若其他重金属离子浓度不太高，也可借用 Fe^{3+} 与 $K_4[Fe(CN)_6]$ 溶液反应生成深蓝色沉淀（普鲁士蓝）来鉴定 Fe^{3+}：

$$Fe^{3+} + [Fe(CN)_6]^{4-} + K^+ + H_2O \xlongequal{} KFe[Fe(CN)_6] \cdot H_2O \downarrow$$

Fe^{2+}：Fe^{2+} 与 $K_3[Fe(CN)_6]$ 溶液反应生成深蓝色沉淀（滕氏蓝），可以鉴定 Fe^{2+}。

$$Fe^{2+} + [Fe(CN)_6]^{3-} + K^+ + H_2O \xlongequal{} KFe[Fe(CN)_6] \cdot H_2O \downarrow$$

在 Co^{2+} 溶液中加入饱和 KSCN 溶液生成蓝色配合物 $[Co(NCS)_4]^{2-}$：

$$Co^{2+} + 4NCS^- \xlongequal{} [Co(NCS)_4]^{2-}$$

【实验用品】

仪器：点滴板，离心机。

药品（除注明外，试剂浓度单位为 $mol \cdot L^{-1}$）：HCl(浓)，H_2SO_4(2.0)，TAA 溶液，NaOH(2.0，6.0)，$NH_3 \cdot H_2O$(6.0)，$FeCl_3$(0.1)，$FeSO_4$(0.1)，$CoCl_2$(0.1)，$NiSO_4$(0.1)，H_2O_2(3%)，$KMnO_4$(0.1)，$K_2Cr_2O_7$(0.1)，KI(0.1)，KSCN(0.1)，$K_4[Fe(CN)_6]$(0.1)，$K_3[Fe(CN)_6]$(0.1)。

其他：KI-淀粉试纸，溴水，四氯化碳，丁二酮肟。

【实验步骤】

1. Fe(Ⅱ)、Co(Ⅱ)、Ni(Ⅱ) 氢氧化物的生成和性质

(1) 制取 $M(OH)_2$，观察其颜色及在水中的溶解性。

注：$Fe(OH)_2$ 极易被溶液中的氧气氧化，必须小心操作才能观察到白色的 $Fe(OH)_2$ 生成。制备时，可在一试管中取适量的 $FeSO_4$ 溶液，用稀硫酸酸化，加入铁粉，煮沸；在另一试管中加入少量新配的 $6mol \cdot L^{-1}$ NaOH 溶液煮沸，用滴管取 0.5mL NaOH 溶液，小心插入 $FeSO_4$ 溶液中，缓慢加入 NaOH。

(2) 试验 $M(OH)_2$ 的还原性。

(3) 将所观察到的实验现象及反应产物填入表中。

<table>
<tr><th colspan="2"></th><th>Fe^{2+}</th><th>Co^{2+}</th><th>Ni^{2+}</th></tr>
<tr><td colspan="2">产物(盐+NaOH)</td><td></td><td></td><td></td></tr>
<tr><td colspan="2">现象</td><td></td><td></td><td></td></tr>
<tr><td rowspan="9">$M(OH)_2$</td><td>在空气中产物</td><td></td><td></td><td></td></tr>
<tr><td>现象</td><td></td><td></td><td></td></tr>
<tr><td>结论</td><td></td><td></td><td></td></tr>
<tr><td>加入 3% H_2O_2</td><td></td><td></td><td></td></tr>
<tr><td>现象</td><td></td><td></td><td></td></tr>
<tr><td>加入溴水</td><td></td><td></td><td></td></tr>
<tr><td>现象</td><td></td><td></td><td></td></tr>
<tr><td>结论</td><td></td><td></td><td></td></tr>
</table>

2. Fe(Ⅲ)、Co(Ⅲ)、Ni(Ⅲ) 氢氧化物的生成和性质

(1) $Fe(OH)_3$ 的生成和性质

取 10 滴 $0.1mol \cdot L^{-1}$ $FeCl_3$ 于离心管中，加入 $2mol \cdot L^{-1}$ NaOH，观察沉淀的生成和颜色。离心分离，在沉淀中加入 10 滴浓盐酸，观察现象，检验有无氯气放出？

(2) $Co(OH)_3$ 的生成和性质

取 10 滴 $0.1mol \cdot L^{-1}$ $CoCl_2$ 于离心管中，加入 $2mol \cdot L^{-1}$ NaOH，离心分离，在沉淀中加入数滴 3% H_2O_2，观察沉淀的颜色变化，离心分离，在沉淀中加入 10 滴浓盐酸，微热，用润湿的 KI^- 淀粉试纸检验是否有氯气放出？最后用水稀释，观察有何现象产生？

(3) $Ni(OH)_3$ 的生成和性质

取 10 滴 0.1mol·L^{-1} $NiSO_4$ 两份于两支离心管中，分别加入 2mol·L^{-1} NaOH，离心分离，取沉淀，其中一支离心管加入数滴 3% H_2O_2，观察有何现象；另一支离心管加入数滴溴水，观察沉淀的颜色变化。离心分离，在沉淀中加入 10 滴浓盐酸，观察有何变化，检验是否有氯气产生？

综合上述实验结果，比较在酸性溶液中 Fe(Ⅲ)、Co(Ⅲ)、Ni(Ⅲ) 氢氧化物氧化性的强弱。

3. 铁盐的氧化还原性

(1) 铁（Ⅱ）盐的还原性

取 1mL 0.2mol·L^{-1} $FeSO_4$ 于试管中，用 2mol·L^{-1} H_2SO_4 酸化，把溶液分成两份：一份加入 0.1mol·L^{-1} $KMnO_4$ 数滴；另一份加入 0.1mol·L^{-1} $K_2Cr_2O_7$ 数滴，振荡，观察 $KMnO_4$ 溶液和 $K_2Cr_2O_7$ 溶液颜色有何变化，写出有关反应式。

(2) 铁(Ⅲ) 盐的氧化性

取 5 滴 0.1mol·L^{-1} $FeCl_3$ 两份于两支试管中，其中一份加入 5 滴 TAA 溶液，加热并观察产物的颜色、状态；另一份加入 5 滴 0.1mol·L^{-1} KI 溶液，再加入 5 滴 CCl_4，振荡，观察 CCl_4 层的颜色。写出有关反应式。

4. 铁、钴、镍配合物及离子的鉴定

(1) 氨的配合物

分别向 $FeCl_3$、$FeSO_4$、$CoCl_2$ 和 $NiSO_4$ 溶液中滴加 6mol·L^{-1}氨水，观察沉淀的生成，继续滴加氨水观察沉淀是否溶解。比较颜色变化。

(2) 与 NCS^- 形成的配合物

分别向 $FeCl_3$、$FeSO_4$、$CoCl_2$ 和 $NiSO_4$ 溶液中滴加 KSCN 溶液，观察比较溶液颜色的变化。

(3) 离子的鉴定

Fe^{3+}：在点滴板上加入 1 滴 0.1mol·L^{-1} $FeCl_3$ 和 1 滴 0.1mol·L^{-1} $K_4[Fe(CN)_6]$，观察有何现象？

Fe^{2+}：在点滴板上加入 1 滴 0.1mol·L^{-1} $FeSO_4$ 和 1 滴 0.1mol·L^{-1} $K_3[Fe(CN)_6]$，观察有何现象？

Ni^{2+}：在点滴板上加入 1 滴 0.1mol·L^{-1} $NiSO_4$，再加入 1 滴 6mol·L^{-1}氨水，最后加入 1 滴丁二酮肟，观察有何现象？

【思考题】

1. 有一溶液，可能含有 Fe^{3+}、Co^{2+}、Ni^{2+}，设计分离和鉴定方案（绘制分离鉴定示意图）。

2. 如果想观察纯的 $Fe(OH)_2$ 白色沉淀，原料硫酸亚铁中不含 Fe^{3+} 是关键，如何检出和除去硫酸亚铁中的 Fe^{3+}？

3. 若 Co^{2+} 液中含少量 Fe^{3+}，在检验 Co^{2+} 时应采取什么措施？

实验 19 铜、银、锌、镉、汞

【实验目的】

1. 掌握 Cu、Ag、Zn、Cd、Hg 的氢氧化物或氧化物的酸碱性和热稳定性。

2. 掌握 Cu、Ag、Zn、Cd、Hg 重要配合物的生成和性质。

3. 掌握 Cu(Ⅰ) 与 Cu(Ⅱ)、Hg(Ⅰ) 与 Hg(Ⅱ) 的相互转化条件。

4. 掌握 Cu、Ag、Zn、Cd、Hg 离子的鉴定。

【实验原理】

铜、银是周期系ⅠB族元素，锌、镉、汞属于ⅡB族元素。它们的结构特征是 $(n-1)d^{10}ns^{1\sim2}$ ($n\geqslant4$)，因此这些元素的重要特征之一是具有不同的氧化值，以不同氧化值的化合物存在。在化合物中，铜和汞呈可变的氧化值（+1 和+2），而银的稳定氧化值为+1，锌、镉的氧化值为+2。

$Zn(OH)_2$ 显两性，$Cu(OH)_2$（浅蓝色）呈微弱两性，以碱性为主，$Cd(OH)_2$ 显碱性，银和汞的氢氧化物极不稳定，极易脱水成为 Ag_2O(棕色)、HgO(黄色)、Hg_2O(棕褐色)。所以在银盐和汞盐溶液中加碱时，得不到氢氧化物，而生成氧化物。$Cu(OH)_2$、$Zn(OH)_2$ 和 $Cd(OH)_2$ 受热易脱水，分别生成黑色 CuO、白色 ZnO 和棕灰色 CdO。黄色 HgO 继续加热则变成橘红色 HgO 变体，Hg_2O 受热会分解为黄色 HgO 和黑色的 Hg。

Cu^{2+}、Ag^{+}、Hg^{2+}、Hg^{+} 和对应的化合物均具有氧化性，是中强氧化剂，而 Zn^{2+}、Cd^{2+} 及其对应化合物一般不显氧化性。

Cu^{2+} 与 I^- 反应可生成白色 CuI 沉淀，CuI 能进一步溶于过量的 KI 中生成 $[CuI_2]^-$ 配离子：

$$2Cu^{2+}+4I^- = 2CuI\downarrow+I_2$$

$$CuI+I^- = [CuI_2]^-$$

$CuCl_2$ 溶液和铜粉反应生成白色的 CuCl 沉淀，加入浓 HCl，加热可得无色 $[CuCl_2]^-$ 配离子：

$$CuCl_2+Cu = 2CuCl\downarrow$$

$$CuCl+Cl^- = [CuCl_2]^-$$

$[CuI_2]^-$ 与 $[CuCl_2]^-$ 都不稳定，将溶液加水稀释可得到白色 CuI 和 CuCl 沉淀。另外，在铜盐溶液中加入过量的 NaOH，再加入葡萄糖，则 Cu^{2+} 能还原成 Cu_2O 沉淀。在银盐溶液中加入过量的氨水，再用葡萄糖或甲醛还原，便可制得银镜。

ds 区元素阳离子都有较强的接受配体的能力，可以形成多种配合物。易与 H_2O、NH_3、X^-、CN^- 和 SCN^- 等形成配离子。例如 $[Zn(H_2O)_4]^{2+}$、$[Cd(NH_3)_4]^{2+}$、$[Ag(SCN)_2]^-$ 等。

Hg^{2+} 与 I^- 反应先生成橘红色 HgI_2 沉淀，加入过量的 I^- 则生成无色的 $[HgI_4]^{2-}$ 配离子，它和 KOH 的混合溶液称为奈斯勒试剂，在 NH_4^+ 溶液中加入该试剂则立即生成棕黄色的碘化氨基氧化汞沉淀，因此它能有效地检验溶液中是否有 NH_4^+ 存在。

Cu^{2+}、Ag^{+}、Zn^{2+}、Cd^{2+} 与氨水反应生成 $[Cu(NH_3)_4]^{2+}$(深蓝色)、$[Ag(NH_3)_2]^+$(无色)、$[Zn(NH_3)_4]^{2+}$(无色)、$[Cd(NH_3)_4]^{2+}$(无色) 等配离子。Hg^{2+} 只有在过量铵盐存在下才与 NH_3 生成配离子，当铵盐不存在时，则生成氨基化合物白色沉淀：

$$HgCl_2+2NH_3 = HgNH_2Cl\downarrow+NH_4Cl$$

$$2Hg(NO_3)_2+4NH_3+H_2O = HgO\cdot HgNH_2NO_3\downarrow+3NH_4NO_3$$

Hg_2^{2+} 在 NH_3 中不生成配离子，而发生歧化反应：

$$Hg_2Cl_2+2NH_3 = HgNH_2Cl\downarrow+Hg+NH_4Cl$$

$$2Hg_2(NO_3)_2 + 4NH_3 + H_2O = HgO \cdot HgNH_2NO_3 + 2Hg + 3NH_4NO_3$$

卤化银难溶于水，但可通过形成配合物而使之溶解。

$$AgCl + 2NH_3 = [Ag(NH_3)_2]^+ + Cl^-$$

$$AgBr + 2S_2O_3^{2-} = [Ag(S_2O_3)_2]^{3-} + Br^-$$

$$AgI + 2CN^- = [Ag(CN)_2]^- + I^-$$

离子的鉴定

Cu^{2+}：Cu^{2+}能与$K_4[Fe(CN)_6]$反应生成红棕色的$Cu_2[Fe(CN)_6]$沉淀。

Ag^+：Ag^+溶液加入稀盐酸，得到白色沉淀，沉淀加足量的氨水溶解，再加稀硝酸，重新得到白色沉淀。

Zn^{2+}：Zn^{2+}在强碱性溶液中与二苯硫腙反应生成粉红色螯合物。

Cd^{2+}：Cd^{2+}与TAA溶液加热生成黄色CdS沉淀。

Hg^{2+}：Hg^{2+}可被$SnCl_2$还原为白色的Hg_2Cl_2沉淀，过量$SnCl_2$的溶液能将它进一步还原为黑色的Hg沉淀。

【实验用品】

仪器：离心机。

药品（除注明外，试剂浓度单位为$mol \cdot L^{-1}$）：HCl(2.0，浓)，HNO_3(2.0，6.0)，NaOH(2.0，6.0)，$NH_3 \cdot H_2O$(2.0，6.0)，$CuSO_4$(0.1)，$AgNO_3$(0.1)，$ZnSO_4$(0.1)，$CdSO_4$(0.1)，$Hg(NO_3)_2$(0.1)，$HgCl_2$(0.1)，$Hg_2(NO_3)_2$(0.1)，$SnCl_2$(0.1)，NaCl(0.1)，KBr(0.1)，KI(0.1)，$Na_2S_2O_3$(0.1)，$K_4[Fe(CN)_6]$(0.1)，KCN(0.1)，$CuCl_2$(饱和)，KI(饱和)，TAA溶液，二苯硫腙溶液，铜粉。

【实验步骤】

1. 氢氧化物或氧化物的生成和性质

(1) 制取Cu^{2+}、Ag^+、Zn^{2+}、Cd^{2+}、Hg^{2+}、Hg_2^{2+}的氢氧化物或氧化物，观察其颜色以及在水中的溶解性。

(2) 试验氢氧化物或氧化物的酸碱性。

(3) 试验氢氧化物的热稳定性。

(4) 写出有关反应方程式。

将上述实验所观察到的现象及反应产物填入下列表中，并对酸碱性及热稳定性作出结论。

项目		Cu^{2+}	Ag^+	Zn^{2+}	Cd^{2+}	Hg^{2+}	Hg_2^{2+}
盐＋氢氧化钠	现象						
	产物						
氢氧化物或氧化物	＋NaOH(现象)						
	＋酸(现象)						
结论	酸碱性						
	热稳定性						

注：试验Ag_2O、HgO、Hg_2O碱性时要选稀硝酸，为什么不能选稀盐酸？

2. 配合物的生成和性质

(1) 氨合物

分别往$CuSO_4$、$AgNO_3$、$ZnSO_4$、$CdSO_4$、$Hg(NO_3)_2$溶液中滴加$2.0mol \cdot L^{-1}$ $NH_3 \cdot$

$NH_3 \cdot H_2O$，观察沉淀的生成，然后加入过量的氨水，观察沉淀是否溶解？写出有关反应方程式。归纳实验结果填入下表：

项目		$CuSO_4$	$AgNO_3$	$ZnSO_4$	$CdSO_4$	$Hg(NO_3)_2$
少量氨水	现象					
	产物					
过量氨水	现象					
	产物					

（2）其他配体化合物

① 制取少量 AgCl、AgBr、AgI，观察这些卤化物的颜色和在水溶液中的溶解性。

② 选择适当试剂，使上述卤化银溶解，并通过实验比较 $[Ag(NH_3)_2]^+$、$[Ag(S_2O_3)_2]^{3-}$、$[Ag(CN)_2]^-$ 稳定性的大小，用平衡移动的原理解释溶解的原因，写出有关的反应方程式。

③ 取 2 滴 0.1mol·L^{-1} 的 $Hg(NO_3)_2$ 溶液于试管中，逐滴加入 KI 溶液，观察沉淀的生成与溶解，然后在溶解后的溶液中加 2mol·L^{-1} NaOH 溶液，使呈碱性，再加入几滴铵盐溶液，观察现象。写出反应式（此反应可用于检验 NH_4^+ 的存在）。

3. Cu(Ⅰ) 与 Cu(Ⅱ) 的相互转化

（1）CuI 的生成　取数滴 $CuSO_4$ 溶液于离心试管中，逐滴加 KI 溶液，观察有何现象。再加入几滴 0.1mol·L^{-1} $Na_2S_2O_3$，以除去反应中生成的碘（少量，否则 CuI 与 $Na_2S_2O_3$ 形成配离子 $[Cu(S_2O_3)_2]^{3-}$），离心分离并洗涤沉淀，再进一步滴加 KI 溶液，观察有何现象？写出反应式。

（2）在试管中，加入数滴饱和的 $CuCl_2$ 溶液和约 0.5mL 浓盐酸，再加入少许铜粉，小火加热片刻，此时溶液颜色加深，继续加热微沸，待溶液颜色由深变浅近似无色时，将溶液倾入另一支装有蒸馏水的试管中，观察沉淀的生成和颜色。

4. Hg(Ⅰ) 与 Hg(Ⅱ) 的相互转化（选做）

（1）取 2 滴 $Hg_2(NO_3)_2$ 溶液于试管中，加入数滴 NaCl 溶液，观察现象，再加入 2.0mol·L^{-1} $NH_3 \cdot H_2O$，有何变化？

（2）少量 $Hg(NO_3)_2$ 溶液中加入一滴汞（小心取用，切勿洒出瓶外）。振荡试管，把清液转移至另一试管中（余下的汞要回收）。将溶液分成两份，分别加入数滴 NaCl、KI 溶液，观察现象，写出反应式。

5. 离子的分离和鉴定

（1）Cu^{2+}、Zn^{2+}、Cd^{2+}、Hg^{2+} 的鉴定

① Cu^{2+}：在点滴板凹穴中，加 1 滴 Cu^{2+} 盐溶液，再加 1 滴 $K_4[Fe(CN)_6]$ 溶液，生成红棕色 $Cu_2[Fe(CN)_6]$ 沉淀，表示有 Cu^{2+} 存在。此沉淀能溶于氨水，生成 $[Cu(NH_3)_4]^{2+}$。所以反应需在中性或弱酸性溶液中进行。

② Zn^{2+}：取 5 滴锌盐溶液于小试管中，加入二苯硫腙 10 滴，搅拌，并在水浴中加热，水溶液呈粉红色，表示有 Zn^{2+} 存在。

③ Cd^{2+}：取 5 滴镉盐溶液于小试管中，加入等体积的 TAA 溶液，加热后如有黄色沉淀，表示有 Cd^{2+} 存在。

④ Hg^{2+}：在点滴板凹穴中，加 1 滴 Hg^{2+} 盐溶液，再加入新鲜配制的 $SnCl_2$ 数滴，有白色或灰黑色沉淀析出，表示有 Hg^{2+} 存在。

（2）试设计 Zn^{2+}、Cd^{2+}、Hg^{2+} 混合液的分离方案并逐个进行鉴定。

【思考题】

1. Fe^{3+}的存在能干扰Cu^{2+}的鉴定，怎样排除Fe^{3+}的干扰？

2. 为什么在$CuSO_4$溶液中加入KI即可产生CuI沉淀，而加入KCl则不出现CuCl沉淀，怎样才能得到CuCl沉淀？

实验20 常见阳离子的分离和鉴定

【实验目的】

1. 了解H_2S系统分析法对阳离子进行分组分离的原理和方法。
2. 掌握常见阳离子的鉴定方法。
3. 学习定性分析的基本操作技能。

【实验原理】

对常见的20多种阳离子进行个别鉴定时，容易发生相互干扰。所以，一般阳离子的分析都是利用阳离子的某些共同特性，用不同的组试剂先将它们分成几个组，然后再根据阳离子的个别特性加以检出。阳离子的分组方案很多，最常用的是H_2S系统分组法和两酸两碱系统分组法。下面介绍硫化氢系统分组法。

各离子硫化物溶解度的显著差异是常见阳离子分组的主要依据。硫化氢系统就是以HCl、H_2S、$(NH_4)_2S$和$(NH_4)_2CO_3$为组试剂，将25种常见阳离子分为五个组，如下表。

<table>
<tr><td rowspan="4">分组根据的特性</td><td colspan="4">硫化物不溶于水</td><td colspan="2">硫化物溶于水</td></tr>
<tr><td colspan="3">稀酸中生成硫化物沉淀</td><td rowspan="3">稀酸中不生成硫化物沉淀</td><td rowspan="3">碳酸盐不溶于水</td><td rowspan="3">碳酸盐溶于水</td></tr>
<tr><td rowspan="2">氯化物不溶于水</td><td colspan="2">氯化物溶于热水</td></tr>
<tr><td>硫化物不溶于硫化钠</td><td>硫化物溶于硫化钠</td></tr>
<tr><td>组内离子</td><td>Ag^{+}、Hg_2^{2+}、(Pb^{2+})①</td><td>Pb^{2+}、Bi^{3+}、Cu^{2+}、Cd^{2+}</td><td>Hg^{2+}、As(Ⅲ,Ⅴ)、Sb(Ⅲ,Ⅴ)、Sn^{4+}</td><td>Fe^{2+}、Fe^{3+}、Al^{3+}、Mn^{2+}、Cr^{3+}、Zn^{2+}、Co^{2+}、Ni^{2+}</td><td>Ba^{2+}、Sr^{2+}、Ca^{2+}</td><td>Mg^{2+}、K^{+}、Na^{+}、(NH_4^{+})②</td></tr>
<tr><td rowspan="2">组的名称</td><td rowspan="2">Ⅰ组
银组
盐酸组</td><td>ⅡA组</td><td>ⅡB组</td><td rowspan="2">Ⅲ组
铁组
硫化铵组</td><td rowspan="2">Ⅳ组
钙组
碳酸铵组</td><td rowspan="2">Ⅴ组
钠组
可溶组</td></tr>
<tr><td colspan="2">Ⅱ组
铜锡组
硫化氢组</td></tr>
<tr><td>组试剂</td><td>HCl</td><td colspan="2">约0.3mol·L^{-1} HCl，H_2S或TAA，加热</td><td>NH_3+NH_4Cl，$(NH_4)_2S$，加热</td><td>NH_3+NH_4Cl，$(NH_4)_2CO_3$</td><td>—</td></tr>
</table>

① Pb^{2+}浓度大时部分沉淀。

② 系统分析中需要加入铵盐，故NH_4^{+}需另行检出。

【实验用品】

仪器：离心机，铂丝，定性分析常用的玻璃仪器。

药品（除注明外，试剂浓度单位为mol·L^{-1}）：阳离子分析试液（含常见的25种阳离子），HCl（2.0，6.0，浓），HNO_3（6.0，浓），HAc（6.0），NaOH（40%，6.0），$NH_3·H_2O$（6.0），H_2O_2（3%），NH_4Cl（3.0），NaAc（3.0），$(NH_4)_2CO_3$（1.0），$SnCl_2$（0.2），

$HgCl_2$(0.2)，Na_2S(1.0)，TAA 溶液（5%），饱和 $CaSO_4$ 溶液，饱和 $(NH_4)_2SO_4$ 溶液，饱和 NH_4SCN 溶液，饱和 NaBrO（新配制）溶液，0.02% Co^{2+}，EDTA(0.05)，1∶1 甘油，0.1%铝试剂，0.05%镁试剂，奈斯勒试剂，$K_3[Fe(CN)_6]$(0.25)，$K_4[Fe(CN)_6]$(0.25)，1%丁二酮肟，$(NH_4)_2[Hg(SCN)_4]$（0.1），醋酸双氧铀锌试剂，NaF(s)，NaBiO(s)，Na_2CO_3(s)，锡箔，铁丝，戊醇，丙酮。

【实验步骤】

1. 第Ⅰ组阳离子的分离鉴定

(1) 氯化物沉淀

取分析试液 2mL 于离心试管中，加入 0.5mL 6mol·L⁻¹ HCl，充分搅拌，若有沉淀产生，放置片刻，离心沉降，取其上层清液，加 1 滴 $6mol \cdot L^{-1}$ HCl，检查沉淀是否完全，待沉淀完全后，离心分离。离心液中含Ⅱ～Ⅴ组阳离子，应予保留作后面分析。

(2) Pb^{2+} 的鉴定

取（1）所得沉淀加水 1mL，于沸水浴中加热 3min，不断搅拌后趁热离心沉降。取离心液 1 滴于点滴板上，加 1 滴 $2mol \cdot L^{-1}$ HAc、1 滴 $1mol \cdot L^{-1}$ K_2CrO_4，如有黄色 $PbCrO_4$ 沉淀生成（或变浑浊），表示有 Pb^{2+} 存在。

(3) Ag^+ 和 Hg_2^{2+} 的分离和鉴定

在（2）留下的沉淀上用少量热蒸馏水洗涤一次，离心分离，弃去洗涤液。在沉淀上加 10 滴 $6mol \cdot L^{-1}$ $NH_3 \cdot H_2O$，如沉淀变为灰黑色，表示有 Hg_2^{2+} 存在。离心沉降，在离心液中加几滴 $6mol \cdot L^{-1}$ HNO_3 酸化，如有白色 AgCl 沉淀产生，表示有 Ag^+ 存在。

2. 第Ⅱ组阳离子的分离鉴定

本组离子的共同特点是在 H^+ 浓度约为 $0.3mol \cdot L^{-1}$ 酸性溶液中，可与 H_2S 生成硫化物沉淀（H_2S 溶液可用 TAA 代替）。Pb^{2+}、Bi^{3+}、Cu^{2+}、Cd^{2+} 的硫化物难溶于 Na_2S，称为铜组（ⅡA 组）；As(Ⅲ)、Sb(Ⅲ)、Sn(Ⅳ) 的硫化物能溶于 Na_2S，称为锡组（ⅡB 组）。

(1) 第Ⅱ组离子的沉淀

取第Ⅰ组分离后留下的离心液，加 3 滴 3% H_2O_2，加热搅拌，然后用 $6mol \cdot L^{-1}$ $NH_3 \cdot H_2O$ 和 $2mol \cdot L^{-1}$ HCl 调节酸度至 $c_{H^+} = 0.3mol \cdot L^{-1}$，再加 TAA 溶液 15 滴，在沸水浴中加热 15min。然后用水稀释一倍，再煮沸 4～5min，冷却，离心沉降。离心液为Ⅲ～Ⅴ组阳离子，应予保留。

(2) 铜组与锡组的分离

在（1）沉淀上加 6 滴 $1mol \cdot L^{-1}$ Na_2S，加热 3min，搅拌后离心分离。吸出清液后，沉淀再以 $1mol \cdot L^{-1}$ Na_2S 处理一次，离心分离，两次清液合并，供锡组分析用。沉淀为铜组硫化物，以含 NH_4Cl 的水洗涤两次，弃去洗涤液。

(3) 铜组的分离鉴定

① 铜组沉淀的溶解　在（2）所得的沉淀上加 $6mol \cdot L^{-1}$ HNO_3 4～6 滴，加热并搅拌，使沉淀完全溶解。沉淀溶解时应有 S 析出。离心沉降，弃去析出的 S，离心液按②分析。

② Cd^{2+} 的分离和鉴定　取由①所得离心液，加入 1∶1 甘油溶液 5～6 滴，然后滴加 40% NaOH 至呈碱性，再过量 4～5 滴，充分搅拌，加热片刻，离心沉降。将 $Cd(OH)_2$ 沉淀以稀的甘油-碱性溶液洗涤数次后，直接在沉淀上加入 TAA 溶液并加热，如有黄色 CdS 沉淀生成，表示有 Cd^{2+} 存在。

③ Cu^{2+}的鉴定　取1滴由②所得离心液于点滴板上，以6mol·L^{-1} HAc酸化，加1滴$K_4[Fe(CN)_6]$，有红棕色$Cu_2[Fe(CN)_6]$沉淀生成，表示有Cu^{2+}存在。

④ Pb^{2+}的鉴定　取1滴由②所得离心液于点滴板上，加1滴2mol·L^{-1} HNO_3、2滴6mol·L^{-1} HAc，再加1滴K_2CrO_4，黄色$PbCrO_4$沉淀生成并能溶于NaOH，表示有Pb^{2+}存在。

⑤ Bi^{3+}的鉴定　取1滴$SnCl_2$于点滴板上，加3滴6mol·L^{-1} NaOH，搅拌，使其生成$Na_2[Sn(OH)_4]$，然后在所得溶液中，逐滴加入由②所得离心液，若立刻有黑色沉淀生成，表示有Bi^{3+}存在。

(4) 锡组的分离鉴定

① 锡组的沉淀　取由（2）得到的锡组硫代酸盐溶液，于其中逐滴加入6mol·L^{-1} HCl，搅拌，至溶液呈酸性为止。此时硫代酸盐被分解，析出相应的硫化物。离心沉降后弃去离心液。用少量蒸馏水洗涤沉淀，离心沉降弃去洗涤液。

② Hg^{2+}、As(Ⅲ)与Sb(Ⅲ)、Sn(Ⅳ)的分离　在沉淀①上加入6～8滴浓HCl，加热近沸5min。此时，HgS与As_2S_3不溶解，而Sb_2S_3和SnS_2则生成配离子而溶解，离心沉降，离心液移入另一支离心试管中，用少量水洗涤沉淀，离心分离，弃去清液。

③ Hg^{2+}与As(Ⅲ)的分离　在沉淀②上加入过量的12%$(NH_4)_2CO_3$，微热并充分搅拌，此时HgS不溶，而As_2S_3则溶解。离心沉降。从沉淀中检出Hg^{2+}，从离心液中检出As(Ⅲ)。

④ Hg^{2+}的鉴定　将由③得到的沉淀用数滴含NH_4Cl的水洗涤后，用王水溶解，吸取澄清的溶液，滴加$SnCl_2$，如生成灰黑色沉淀，表示有Hg^{2+}存在。

⑤ As(Ⅲ)的鉴定　在离心液③中滴加2mol·L^{-1} HCl至呈酸性，若有黄色As_2S_3沉淀生成，表示有As(Ⅲ)存在。

⑥ Sn(Ⅳ)的鉴定　取分离HgS和As_2S_3后的离心液5滴，加1滴浓HCl及少量洁净的铁丝，加热5min，在所得清液中加1滴$HgCl_2$，生成灰黑色沉淀，表示有Sn(Ⅳ)存在。

⑦ Sb(Ⅲ)的鉴定　取离心液②1滴于一小块锡箔上，如锡箔上有黑色或黑色的斑点生成，用水仔细洗净，以1滴新配制的NaBrO溶液处理，斑点不消失，表示有Sb(Ⅲ)存在。

3. 第Ⅲ组阳离子的分离鉴定

本组离子的氯化物溶于水，硫化物不能在H^+浓度为0.3mol·L^{-1}溶液中生成，只能在NH_3+NH_4Cl存在下与TAA溶液生成硫化物或氢氧化物。本组离子有Fe^{2+}、Fe^{3+}、Al^{3+}、Mn^{2+}、Cr^{3+}、Zn^{2+}、Co^{2+}、Ni^{2+}。

(1) Fe^{3+}和Fe^{2+}的鉴定

首先取原试液鉴定Fe^{3+}和Fe^{2+}，否则分析过程中铁的氧化态可能发生变化。

取原试液（或Ⅲ～Ⅴ组试液）1滴于点滴板上，加0.25mol·L^{-1} $K_4[Fe(CN)_6]$ 1滴，生成深蓝色$KFe[Fe(CN)_6]$沉淀，表示有Fe^{3+}存在。

(2) 第Ⅲ组阳离子的沉淀及沉淀的溶解

取分离出Ⅱ组后的试液（含Ⅲ～Ⅴ组），加3～4滴3mol·L^{-1} NH_4Cl，用6mol·L^{-1} $NH_3·H_2O$中和至呈碱性（pH≈9），加TAA溶液10滴，加热近沸5min，使沉淀完全。离心沉降，离心液为Ⅳ～Ⅴ组，应予保留。

将Ⅲ组沉淀物以含NH_4Cl的热水洗涤2～3次，弃去洗涤液。在沉淀上加6mol·L^{-1} HNO_3 5～8滴，在水浴上加热，直至沉淀完全溶解。离心沉降，弃去固体残渣。离心液用作本组离子的分别鉴定。

(3) 第Ⅲ组阳离子的鉴定

① Cr^{3+}的鉴定　取6滴离心液(2)于离心试管中，加6mol·L^{-1} NaOH使溶液呈碱性。加3% H_2O_2 2~3滴，充分搅拌，加热煮沸除去过量的H_2O_2，溶液变为黄色，初步证实有Cr^{3+}存在。

取上面制得的CrO_4^{2-}溶液2滴于另一离心试管中，加2滴6mol·L^{-1} HNO_3酸化，再加戊醇6滴、2滴3% H_2O_2，振荡，戊醇层显蓝色，证实有Cr^{3+}存在。

② Al^{3+}的鉴定　取2滴离心液(2)于离心试管中，加2滴铝试剂，再加6mol·L^{-1} $NH_3·H_2O$至有氨气味，在水浴上加热，如生成红色絮状沉淀，表示有Al^{3+}存在。

③ Mn^{2+}鉴定　取1滴离心液(2)于点滴板上，加1滴6mol·L^{-1} HNO_3，再加$NaBiO_3$粉末少许(米粒大小)，搅拌，溶液呈紫红色，表示有Mn^{2+}存在。

④ Ni^{2+}的鉴定　取1滴离心液(2)于点滴板上，加少许固体NaF(掩蔽Fe^{3+})，再加6mol·L^{-1} $NH_3·H_2O$至呈碱性，然后加1%丁二酮肟1滴，生成鲜红色螯合物沉淀，表示有Ni^{2+}存在。

⑤ Co^{2+}的鉴定　取2滴离心液(2)于点滴板上，加少许固体NaF(掩蔽Fe^{3+})，再加1滴饱和NH_4SCN溶液和5滴丙酮，依含Co^{2+}量多少显蓝色或绿蓝色溶液，表示有Co^{2+}存在。

⑥ Zn^{2+}的鉴定　取1滴$(NH_4)_2[Hg(SCN)_4]$试剂于点滴板上，加0.02% $CoCl_2$ 1滴，搅拌，再加入离心液(2)1滴，如迅速生成天蓝色沉淀，表示有Zn^{2+}存在。

Fe^{3+}及大量的Cu^{2+}、Cd^{2+}、Co^{2+}存在时干扰鉴定。此时应取试液5滴于离心试管中，加入过量NaOH，使Zn^{2+}转化为$[Zn(OH)_4]^{2-}$，离心沉降后弃去沉淀，离心液以HCl酸化后，按上法鉴定。

4. 第Ⅳ组阳离子的分离鉴定

本组离子在$NH_3·H_2O$-NH_4Cl(pH≈9)存在下，用$(NH_4)_2CO_3$与Ba^{2+}、Sr^{2+}、Ca^{2+}作用，生成碳酸盐沉淀而与第Ⅴ组离子分离。

(1) 第Ⅳ组阳离子的沉淀及沉淀的溶解

取分离出Ⅲ组后的试液(含Ⅳ~Ⅴ组)，加3mol·L^{-1} NH_4Cl 8~10滴，滴加6mol·L^{-1} $NH_3·H_2O$至呈碱性(pH≈9)，在水浴上温热至70℃左右，然后在搅拌下滴加$(NH_4)_2CO_3$溶液至沉淀完全。离心沉降，离心液为第Ⅴ组，应予保留。

将沉淀以含NH_4Cl的热水洗涤2~3次后，在沉淀上加6mol·L^{-1} HAc 4~5滴，使沉淀重新溶解，溶液分别鉴定Ba^{2+}、Sr^{2+}、Ca^{2+}。

(2) Ba^{2+}的分离与鉴定

取(1)所得溶液于离心试管中，加1mol·L^{-1} K_2CrO_4至沉淀完全，离心沉降。如有黄色$BaCrO_4$沉淀生成，表示有Ba^{2+}存在。

(3) 过量CrO_4^{2-}的除去

由(2)所得离心液中，过量CrO_4^{2-}的黄色将影响以后$SrSO_4$和CaC_2O_4白色沉淀的观察，使Sr^{2+}和Ca^{2+}的检出困难，应预先除去。在离心液中加入少许Na_2CO_3(s)至呈强碱性，加热3min后离心沉降，弃去含CrO_4^{2-}的离心液。将析出的$SrCO_3$和$CaCO_3$沉淀用水洗后，加1mol·L^{-1} HAc 4~6滴，使沉淀完全溶解。

(4) Sr^{2+}的分离和鉴定

取溶液(3)1滴于离心试管中，加2滴饱和$CaSO_4$溶液，加热3～4min，如缓慢生成白色浑浊，表示有Sr^{2+}存在。

在剩余的溶液(3)中加1mol·L^{-1} NaAc 2～3滴，然后加入过量饱和$(NH_4)_2SO_4$溶液和数滴0.05mol·L^{-1} EDTA溶液，加热10min左右，此时生成$SrSO_4$沉淀，而Ca^{2+}则生成可溶性$(NH_4)_2Ca(SO_4)_2$和CaY^{2-}螯合物而与$SrSO_4$白色沉淀分离。

为进一步确证Sr^{2+}的存在，可进行焰色试验，先用Na_2CO_3将$SrSO_4$转化为$SrCO_3$白色沉淀，再用铂丝蘸取沉淀及浓HCl，在煤气灯氧化焰上灼烧，火焰呈洋红色，证实有Sr^{2+}。

(5) Ca^{2+}的鉴定

取溶液(4)1滴于离心试管中，加1滴0.5mol·L^{-1} $(NH_4)_2C_2O_4$，加热，析出白色CaC_2O_4沉淀，表示有Ca^{2+}。再用铂丝蘸取沉淀及浓HCl，在煤气灯氧化焰上灼烧，火焰呈砖红色，进一步证实Ca^{2+}的存在。

5. 第Ⅳ组离子的鉴定

本组离子间相互干扰较少，因此可采用分别分析的方法进行个别鉴定。由于在分析过程中引入了大量的铵盐，因此NH_4^+的检出要在原试液中检出。

(1) NH_4^+的鉴定

在两块直径相同的表面皿合成的气室中，于下方表面皿上滴加少量原试液，上方表面皿贴以润湿的中性pH试纸（或滴加奈氏试剂的滤纸）。然后在试液上加浓NaOH，于水浴上加热，pH试纸显碱性（奈氏试剂斑点变棕色），表示有NH_4^+存在。

(2) NH_4^+的除去

将分离第Ⅳ组后的离心液放在坩埚内，蒸发至4～6滴，加10滴浓HNO_3，蒸发至干，然后用强火灼烧至不再有白烟发生。冷却，加10滴水，从溶液中检出K^+、Na^+、Mg^{2+}。

(3) K^+的鉴定

在点滴板上滴1滴溶液(2)，加2滴2mol·L^{-1} HAc及1滴0.1mol·L^{-1} $Na_3[Co(NO_2)_6]$，如有黄色$K_2Na[Co(NO_2)_6]$沉淀生成，表示有K^+存在。

蘸取溶液(2)做焰色试验，火焰显紫色，证实有K^+。

(4) Na^+的鉴定

取1滴溶液(2)于离心试管中，加1滴2mol·L^{-1} HAc和6滴醋酸双氧铀锌，用玻璃棒充分摩擦管壁，如有柠檬黄色沉淀$NaAc \cdot Zn(Ac)_2 \cdot 3UO_2(Ac)_2 \cdot 9H_2O$生成，表示有$Na^+$存在。

蘸取溶液(2)做焰色试验，火焰显黄色，证实有Na^+。

(5) Mg^{2+}的鉴定

取1滴溶液(2)于点滴板上，加1滴浓NaOH，搅拌，然后加1滴镁试剂，如有天蓝色沉淀生成，表示有Mg^{2+}存在。

【思考题】

1. 在H_2S系统分组法中，如何控制各组组试剂的沉淀条件？

2. 如将H_2S系统分组法的组试剂加入顺序加以改变，会出现什么问题？

实验21 已知阳离子混合液的定性分析

【实验目的】

1. 掌握常见阳离子混合液的分离和鉴定方法。

2. 熟悉常见阳离子混合液的分离条件的控制。

3. 了解硫化氢和两酸两碱系统分析方法。

【实验原理】

1. 系统分析法

按一定分离程序将离子进行严格的分离后再确认的方法。

（1）硫化氢系统分析法：阳离子硫化物溶解度的显著差异为主要依据，以 HCl、H_2S、$(NH_4)_2S$ 和 $(NH_4)_2CO_3$ 为组试剂，将阳离子分为五个组的分析体系，见实验20。

（2）两酸两碱系统：用普通的两酸（盐酸、硫酸）两碱（氨水、氢氧化钠）为组试剂，利用形成沉淀及其溶解性质将阳离子分成五个组的分析体系。

2. 分别鉴定法

离子间相互无干扰或采用适当方法可避免干扰时，就可以不用分离而直接鉴定各种离子。在进行离子个别鉴定时，可同时做对照试验（以已知离子溶液代替试液用同法鉴定）和空白试验（以配制试液的蒸馏水或溶剂代替试液，然后加入相同试剂，用同法鉴定）。

【实验用品】

仪器：离心机，定性分析常用玻璃仪器。

药品（除注明外，试剂浓度单位为 $mol \cdot L^{-1}$）：阳离子分析试液 A（含 Ag^+、Pb^{2+}、Hg^{2+}、Cu^{2+}、Fe^{3+}），阳离子分析试液 B（含 Ag^+、Cd^{2+}、Al^{3+}、Ba^{2+}、Na^+），HCl（2.0，6.0，浓），HNO_3(6.0，浓)，HAc(6.0)，NaOH(40%，6.0)，$NH_3 \cdot H_2O$，H_2O_2(3%)，NH_4Cl(3.0)，NaAc(3.0)，Na_2S(1.0)，5%硫代乙酰胺(TAA)，饱和 NH_4SCN 溶液，茜素磺酸钠(茜素S）溶液，$K_3[Fe(CN)_6]$（0.25），$K_4[Fe(CN)_6]$（0.25），醋酸铀酰锌溶液，Na_2CO_3(饱和)。

【实验步骤】

1. 用硫化氢系统分析法分离和鉴定阳离子分析试液 A（含 Ag^+、Pb^{2+}、Hg^{2+}、Cu^{2+}、Fe^{3+}）。

（1）Ag^+ 和 Pb^{2+} 分离

取分析试液 A 0.5mL 于离心试管中，加入4～5滴 $2mol \cdot L^{-1}$ HCl，充分搅拌，沉淀产生后，放置片刻，离心沉降，取其上层清液，加1滴 $2mol \cdot L^{-1}$ HCl，检查沉淀是否完全，待沉淀完全后，离心分离。离心液保留作后面分析。

（2）Ag^+ 和 Pb^{2+} 的鉴定

① Pb^{2+} 的鉴定　取（1）所得沉淀加水1mL，于沸水浴中加热3min，不断搅拌后趁热离心沉降。取离心液1滴于点滴板上，加1滴 $2mol \cdot L^{-1}$ HAc、1滴 $2mol \cdot L^{-1}$ K_2CrO_4，如有黄色 $PbCrO_4$ 沉淀生成（或变浑浊），表示有 Pb^{2+} 存在。

② Ag^{2+} 的鉴定　在①留下的沉淀上用少量热蒸馏水洗涤一次，离心分离，弃去洗涤

液。在沉淀上加10滴$6mol \cdot L^{-1}$ $NH_3 \cdot H_2O$，搅拌后如有沉淀。离心沉降，取离心液加几滴$6mol \cdot L^{-1}$ HNO_3酸化，如有白色AgCl沉淀产生，表示有Ag^+存在。

(3) Cu^{2+}、Pb^{2+}和Hg^{2+}分离 [Pb^{2+}在(1)中沉淀不完全]

于分离Ag^+和Pb^{2+}后的离心液中，用HCl调至H^+浓度约为$0.3mol \cdot L^{-1}$，加入TAA后加热，沉淀产生后，放置片刻，离心沉降，分离沉淀后的溶液用于鉴定Fe^{3+}。

(4) Fe^{3+}的鉴定　取2滴(3)的离心液，加2滴$3mol \cdot L^{-1}$ NH_4Cl溶液，用NH_3水调节pH值为8～9，离心沉降，弃去离心液，沉淀用$1mol \cdot L^{-1}$ HCl溶解，加KSCN溶液，溶液呈血红色，表示有Fe^{3+}存在。

(5) Hg^{2+}的分离

在(3)沉淀上加Na_2S溶液并加热，离心沉降，分离沉淀后的溶液用于鉴定Hg^{2+}。

(6) Hg^{2+}的鉴定

取(5)的离心液加5滴$6mol \cdot L^{-1}$ H_2SO_4，加热，沉淀产生后，放置片刻，离心沉降，弃去离心液，用蒸馏水洗涤沉淀，加KI和HCl溶液，加热，离心沉降，取离心液加$CuSO_4$和Na_2SO_3溶液，如有橙红色的$Cu_2[HgI_4]$沉淀，表示有Hg^{2+}存在。

(7) Cu^{2+}和Pb^{2+}的鉴定

在(5)沉淀上加HNO_3溶液并加热，溶解后分别鉴定Cu^{2+}和Pb^{2+}。

① Cu^{2+}的鉴定　取2滴(7)溶液于点滴板上，加3～4滴NaAc溶液，加1滴$K_4[Fe(CN)_6]$，有红棕色$Cu_2[Fe(CN)_6]$沉淀生成，表示有Cu^{2+}存在。

② Pb^{2+}的鉴定　Pb^{2+}已鉴定，这里不再讨论。

其分离鉴定示意图如下：

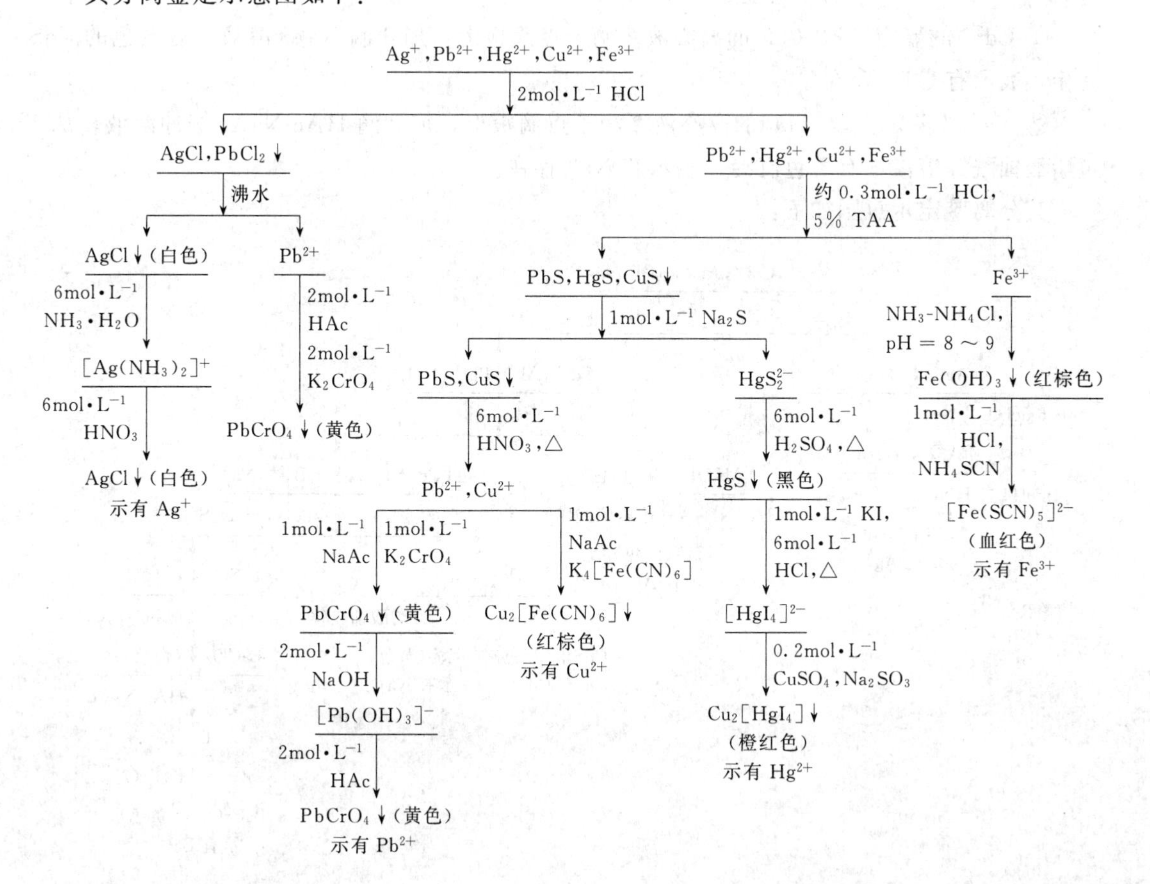

2. 用两酸两碱系统分析法分离和鉴定阳离子分析试液 B（含 Ag^+、Cd^{2+}、Al^{3+}、Ba^{2+}、Na^+）。

（1）Ag^+ 的分离鉴定

取分析试液 B 0.5mL 于离心试管中，加入 4～5 滴 $6mol \cdot L^{-1}$ HCl，按硫化氢系统法分离鉴定 Ag^+。

（2）Al^{3+} 的分离

取（1）分离 Ag^+ 的离心液，加入约 0.5mL $6mol \cdot L^{-1}$ $NH_3 \cdot H_2O$，沉淀产生后，放置片刻，离心沉降，保留离心液作后面分析用。

（3）Al^{3+} 的鉴定

取（2）的沉淀加 HAc-NH_4Ac 溶液溶解，加入茜素磺酸钠（茜素 S）溶液，若有红色沉淀生成，表示有 Al^{3+} 存在。

（4）Ba^{2+} 的分离

取（2）分离 Al^{3+} 的离心液，加入数滴 $6mol \cdot L^{-1}$ H_2SO_4，沉淀产生后，放置片刻，离心沉降，保留离心液作后面分析用。

（5）Ba^{2+} 的鉴定

将（4）的沉淀用蒸馏水洗涤后，加饱和 Na_2CO_3 搅拌，离心沉降，弃去离心液，沉淀用蒸馏水洗涤后，用 HAc 溶解，用 HAc-NaAc 溶液控制溶液的 pH≈4，加入适当过量的 $0.1mol \cdot L^{-1}$ K_2CrO_4，有黄色的 $BaCrO_4$ 沉淀，表示有 Ba^{2+} 存在。

（6）Cd^{2+} 和 Na^+ 的分别鉴定

① Cd^{2+} 的鉴定　取（4）的离心液 2 滴于点滴板上，加 2 滴 Na_2S 溶液，有黄色的 CdS 沉淀，表示有 Cd^{2+} 存在。

② Na^+ 的鉴定　取（4）的离心液 2 滴于点滴板上，加 2 滴 HAc-NaAc 缓冲溶液，加 1 滴醋酸铀酰锌溶液，有黄色沉淀，表示有 Na^+ 存在。

其分离鉴定示意图如下：

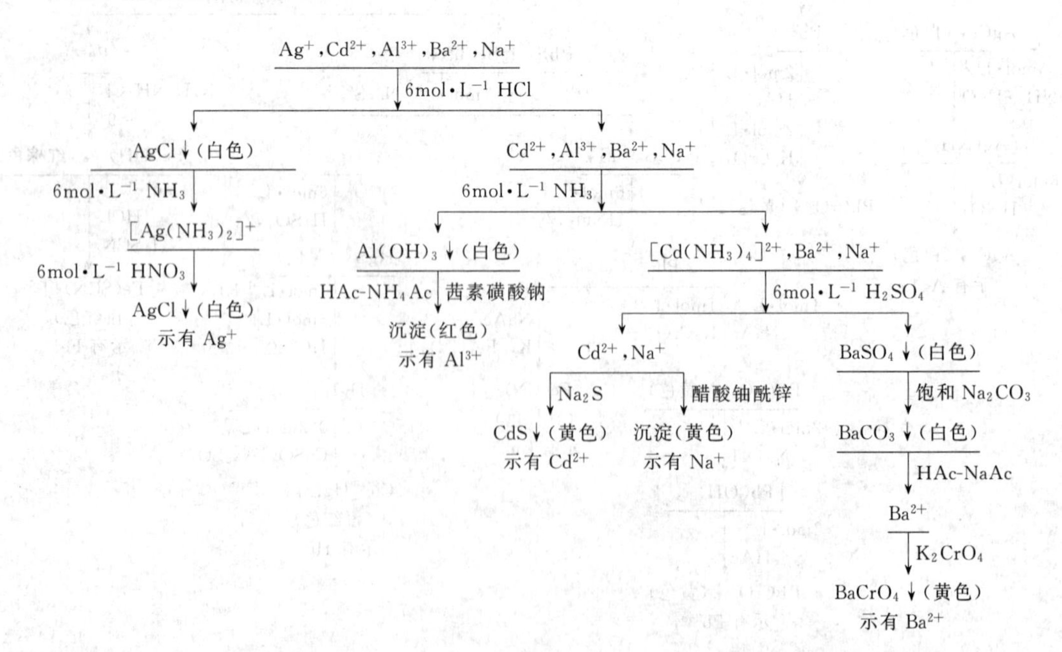

【思考题】

1. 在 Ba^{2+} 分析中，当由碳酸盐制备铬酸盐沉淀时，为什么需用醋酸溶液去溶解碳酸盐沉淀，而不用强酸如盐酸去溶解？

2. HgS 的沉淀的步骤中为什么选用 H_2SO_4 溶液酸化而不用 HCl？

3. Cu^{2+} 的鉴定条件是什么？硫化铜溶于 $6mol \cdot L^{-1}$ HNO_3 后，如何证实有 Cu^{2+}？

实验 22 常见阴离子的分离与鉴定

【实验目的】

1. 了解分离检出 10 种常见阴离子的方法、步骤和条件。

2. 熟悉常见阴离子的有关性质。

【实验原理】

常见的阴离子有 CO_3^{2-}、NO_3^-、NO_2^-、PO_4^{3-}、S^{2-}、SO_3^{2-}、SO_4^{2-}、Cl^-、Br^-、I^- 等 10 种。在碱性溶液中，这些离子可能同时存在。在鉴定一种离子时，其他离子有时可能会产生干扰，在混合溶液中作离子鉴定时，必须注意采取措施，以消除干扰。

1. SO_4^{2-}

用生成 $BaSO_4$ 的白色沉淀进行鉴定时会受到 CO_3^{2-}、SO_3^{2-} 等的干扰，预先酸化可以消除干扰离子。

2. PO_4^{3-}

用生成磷钼酸铵的反应来鉴定，但溶液中有 S^{2-}、SO_3^{2-} 等还原性阴离子以及 Cl^-，都干扰此反应，还原性离子能将钼(Ⅵ)还原成低氧化态而破坏了试剂的作用，Cl^- 能降低反应的灵敏度。通常采用滴加浓 HNO_3，并煮沸的办法以消除这些干扰离子。

3. Cl^-、Br^-、I^-

由于强还原性阴离子妨碍 Br^-、I^- 的鉴定，所以一般将 Cl^-、Br^-、I^- 先沉淀为难溶性银盐，再做进一步分析鉴定。在溶液中加 $AgNO_3$ 和 HNO_3 溶液，并加热，能避免 CO_3^{2-}、PO_4^{3-}、S^{2-}、SO_3^{2-} 生成银盐沉淀。

4. S^{2-}

加入 $Na_2[Fe(CN)_5NO]$，在碱性或氨碱性介质中生成紫红色的 $[Fe(CN)_5NOS]^{4-}$ 溶液。

5. SO_3^{2-}

S^{2-} 干扰 SO_3^{2-} 的检出，可在溶液中加入 $PbCO_3$ 固体，利用沉淀的转化反应除去 S^{2-}。

SO_3^{2-} 在一定条件下，与 $ZnSO_4$、$Na_2[Fe(CN)_5NO]$ 等反应生成红色沉淀。在酸性溶液中，红色沉淀消失，如介质为酸性，必须调至中性。

6. CO_3^{2-}

将溶液酸化后产生的 CO_2 气体导入 $Ba(OH)_2$ 溶液中，以鉴定 CO_3^{2-}。SO_3^{2-} 对 CO_3^{2-} 的检出有干扰，因为 SO_3^{2-} 酸化后产生的 SO_2 也会使 $Ba(OH)_2$ 溶液变浑浊。若在酸化前加入 H_2O_2 溶液，能使 SO_3^{2-} 氧化为 SO_4^{2-}，以消除干扰。同时 S^{2-} 也会被 H_2O_2 氧化

为 SO_4^{2-}。

7. NO_2^-

用稀 HAc 酸化溶液，加入硫脲，再加入 HCl 和 $FeCl_3$ 溶液，溶液变为深红色。其反应为：

$$CS(NH_2)_2 + HNO_2 = N_2\uparrow + H^+ + SCN^- + 2H_2O$$

生成的 SCN^- 在稀 HCl 介质中与 $FeCl_3$ 反应，生成红色 $[Fe(NCS)_n]^{3-n}$。

8. NO_3^-

一般用“棕色环”法鉴定 NO_3^-。Br^-、I^-、NO_2^- 等干扰 NO_3^- 的检出，可先向溶液中加入 H_2SO_4 和 Ag_2SO_4 溶液，使 Br^-、I^- 等生成难溶银盐而除去，再向溶液中加入尿素并加热，使 NO_2^- 生成 N_2 而除去：

$$2NO_2^- + CO(NH_2)_2 + 2H^+ = CO_2\uparrow + 2N_2\uparrow + 3H_2O$$

或加入 $H_2N\text{-}HSO_3$ 除去 NO_2^-。

$$NO_2^- + H_2N\text{-}HSO_3 = N_2\uparrow + SO_4^{2-} + H^+ + H_2O$$

【实验用品】

仪器：离心机，水浴，带塞的滴管或带塞的镍铬丝小圈。

药品（除注明外，试剂浓度单位为 $mol\cdot L^{-1}$）：HCl(2.0，6.0)，H_2SO_4(2.0，浓)，HNO_3(2.0，6.0，浓)，HAc(6.0)，$Ba(OH)_2$(饱和)，$NH_3\cdot H_2O$(2.0)，$BaCl_2$(1.0)，$(NH_4)_2CO_3$(12%)，$(NH_4)_2MoO_4$ 溶液，$AgNO_3$(0.1)，Ag_2SO_4(0.02)，$FeCl_3$(0.1)，$ZnSO_4$(饱和)，$K_4[Fe(CN)_6]$ (0.1)，$Na_2[Fe(CN)_5NO]$ (1%)，CCl_4，H_2O_2(3%)，氯水（饱和），硫脲(8%)，$FeSO_4\cdot 7H_2O(s)$，$PbCO_3(s)$，Zn 粒，尿素，pH 试纸。

【实验步骤】

1. 用 pH 试纸检验溶液的酸碱性。

2. SO_4^{2-} 的鉴定

取 10 滴试液于试管中，加入 HCl($6mol\cdot L^{-1}$) 至无气泡产生时，再多加 1～2 滴 HCl($6mol\cdot L^{-1}$)，加入 1～2 滴 $BaCl_2$($1.0mol\cdot L^{-1}$)。若生成白色沉淀，表示有 SO_4^{2-} 存在。

3. PO_4^{3-} 的鉴定

取 10 滴试液于试管中，加入 10 滴 HNO_3（浓）并煮沸，以除去 SO_3^{2-}、S^{2-}、Cl^- 等干扰离子。稍微冷却后，再加入 20 滴 $(NH_4)_2MoO_4$ 溶液，并在水浴上加热至 40～50℃。若有黄色沉淀生成，证明有 PO_4^{3-} 存在。

4. Cl^-、Br^-、I^- 的鉴定

(1) 取 10 滴试液于试管中，加入 5 滴 HNO_3（$6.0mol\cdot L^{-1}$）和 15～20 滴 $AgNO_3$($0.1mol\cdot L^{-1}$)，在水浴上加热 2min。离心分离，弃去清液，保留沉淀，并用 2mL 去离子水洗涤沉淀 2～3 次，使溶液的 pH 值接近中性。

(2) AgCl 的溶解和 Cl^- 的鉴定　在 (1) 所得的沉淀中，加入 10 滴 $(NH_4)_2CO_3$(12%)，并在水浴上温热 1min，离心分离，保留沉淀。取清液加入 1～2 滴 HNO_3($2.0mol\cdot L^{-1}$)。若有白色沉淀生成，表示有 Cl^- 存在。

(3) 在 (2) 所得的沉淀中，加入 1mL HAc(6.0mol·L^{-1}) 和一粒金属锌。振荡 1min，沉降片刻后，将清液转移到另一试管中 (将沉淀中的锌粒洗净回收)。

(4) 在 (3) 所得的清液中，加入 1 滴 H_2SO_4(2.0mol·L^{-1}) 和 1mL CCl_4，再加入 1 滴氯水，充分振荡。CCl_4 层呈紫红色，表示 I^- 存在。继续滴加氯水并振荡，CCl_4 层的紫红色褪去，又呈现出棕黄色或黄色，则表示 Br^- 存在。

5. S^{2-} 的鉴定

在点滴板上，加 1 滴试液，加入 1 滴 $Na_2[Fe(CN)_5NO]$ (1%)，呈紫红色，证明 S^{2-} 存在。

6. SO_3^{2-} 的鉴定

(1) S^{2-} 的分离

取 10 滴试液于试管中，加入少量 $PbCO_3$ (s)，搅拌，若沉淀为纯黑色，需继续加入少量 $PbCO_3$(s)，直到固体呈灰色为止。离心分离，取 1 滴清液检查 S^{2-} 是否除净。弃去沉淀，保留清液。

(2) SO_3^{2-} 的鉴定

在点滴板上，加 1 滴 $ZnSO_4$(饱和)、1 滴 $K_4[Fe(CN)_6]$ (0.1mol·L^{-1}) 及 1 滴 $Na_2[Fe(CN)_5NO]$ (1%)，再加 1～2 滴 $NH_3·H_2O$(2.0mol·L^{-1})，将溶液调至中性，最后加入 1 滴由 (1) 得到的清液。若生成红色沉淀，表示 SO_3^{2-} 存在。

7. CO_3^{2-} 的鉴定

(1) SO_3^{2-} 的除去

取 1mL 试液于试管中，加入 1mL H_2O_2(3%)，在水浴上加热 3min，使 SO_3^{2-} 氧化为 SO_4^{2-}，同时 S^{2-} 也被氧化为 SO_4^{2-}。在点滴板上分别检验 S^{2-} 和 SO_3^{2-} 是否除去。

(2) CO_3^{2-} 的鉴定

在 (1) 所得的溶液中，一次加入半滴 HCl(6.0mol·L^{-1})，立即向试管中插入吸有 $Ba(OH)_2$ 饱和溶液的带塞滴管，使滴管口悬挂一滴 $Ba(OH)_2$ 饱和溶液，观察液滴是否变浑浊；或者向试管中插入蘸有 $Ba(OH)_2$ 饱和溶液的带塞镍铬丝小圈，若观察小圈上液膜变浑浊，证明 CO_3^{2-} 存在。

8. NO_2^- 的鉴定

(1) I^- 的除去

取 10 滴试液于试管中，加入 15～20 滴 Ag_2SO_4(0.02mol·L^{-1})，保留清液。

(2) NO_2^- 的鉴定

在 (1) 所得的清液中，加入 3～5 滴 HAc(6.0mol·L^{-1}) 和 10 滴硫脲溶液 (8%)，再加入 5～6 滴 6.0mol·L^{-1} HCl 及 1～2 滴 0.1mol·L^{-1} $FeCl_3$。若溶液变为深红色，表示 NO_2^- 存在。

9. NO_3^- 的鉴定

(1) Br^-、I^- 及 NO_2^- 的除去

取 10 滴试液于试管中，加入 5 滴 2.0mol·L^{-1} H_2SO_4 和 20 滴 0.02mol·L^{-1} Ag_2SO_4，离心分离，弃去沉淀，保留清液。

在清液中加入尿素，并加热以除去 NO_2^-。

检验 Br^-、I^- 及 NO_2^- 是否除去。

(2) NO_3^- 的鉴定

在 (1) 所得的清液中，加入少量 $FeSO_4\cdot 7H_2O(s)$，摇动溶解后，将试管斜持，慢慢沿试管壁滴入 20 滴 H_2SO_4(浓)，若 H_2SO_4(浓) 层与溶液的界面处有“棕色环”出现，表示 NO_3^- 存在。

【思考题】

1. 试液若显碱性，上述 10 种阴离子中有哪些离子不可能存在？
2. 哪些离子干扰 PO_4^{3-} 的鉴定？怎样避免？
3. SO_3^{2-} 的存在为什么干扰 CO_3^{2-} 的鉴定？如何防止？

8.4 无机化合物制备实验

实验 23 工业盐制备试剂级 NaCl

【实验目的】

1. 了解盐类溶解度知识和沉淀溶解平衡原理的应用，学习中间控制检验方法。
2. 掌握离心、减压过滤、蒸发浓缩、pH 试纸的使用方法、无机盐的干燥和滴定等基本操作。
3. 熟悉天平的使用和目视比浊法进行限量分析。

【实验原理】

氯化钠试剂和氯碱工业用的食盐水，都是以粗盐为原料进行提纯的。一般食盐中含有泥沙等不溶性杂质及 SO_4^{2-}、Ca^{2+}、Mg^{2+} 和 K^+ 等可溶性杂质。NaCl 的溶解度随温度的变化很小，不能用重结晶方法来提纯，而需用化学方法处理，使可溶性杂质都转化成难溶物，过滤除去。此法的具体原理是，利用稍过量的 $BaCl_2$ 与食盐中的 SO_4^{2-} 反应转化为难溶的 $BaSO_4$；再加 Na_2CO_3 与 Ca^{2+}、Mg^{2+} 及过量的 Ba^{2+} 生成碳酸盐沉淀，过量的 Na_2CO_3 会使产品呈碱性，将沉淀过滤后加盐酸除去过量的 CO_3^{2-}，有关化学反应式如下：

$$Ba^{2+} + CO_3^{2-} = BaCO_3\downarrow$$

$$Ca^{2+} + CO_3^{2-} = CaCO_3\downarrow$$

$$2Mg^{2+} + 2OH^- + CO_3^{2-} = Mg_2(OH)_2CO_3\downarrow$$

$$CO_3^{2-} + 2H^+ = CO_2\uparrow + H_2O$$

至于用沉淀剂不能除去的其他可溶性杂质（如 K^+），在最后的浓缩结晶过程中，绝大部分仍留在母液中，而与氯化钠晶体分开；少量多余的盐酸，在干燥氯化钠时，以氯化氢形式逸出。

【实验用品】

仪器：托盘天平，250mL 烧杯，滴管，玻璃棒，玻璃漏斗，离心管，离心机，蒸发皿，分析天平，滴定管，抽滤瓶，布氏漏斗，25mL 比色管，锥形瓶。

药品：食盐，$0.5mol\cdot L^{-1}$ $BaCl_2$ 溶液，$0.5mol\cdot L^{-1}$ Na_2CO_3 溶液，$2mol\cdot L^{-1}$ 盐酸，质量分数为 1% 的淀粉，$0.1000mol\cdot L^{-1}$ $AgNO_3$ 标准溶液，质量分数为 0.5% 的荧光黄指

示剂，质量分数为1%的酚酞指示剂，0.10mol·L^{-1} NaOH，pH试纸。

【实验步骤】

1. 溶盐

用烧杯称取5g食盐，加水25mL，加热搅拌，使盐溶解，溶液中的少量不溶性杂质留待下一步过滤时一并滤去。

2. 化学处理

(1) 除去SO_4^{2-}

将食盐溶液加热至沸，用小火维持微沸。边搅拌边逐滴加入0.5mol·L^{-1} $BaCl_2$溶液，要求将溶液中全部的SO_4^{2-}都变成$BaSO_4$沉淀。记录所用$BaCl_2$溶液的量。因$BaCl_2$的用量随食盐来源不同而异，应通过实验确定最少用量。为此，需进行中间控制检验，其方法为：取离心管两支，各加入约2mL溶液。离心沉降后，沿其中一支离心管的管壁滴入3滴$BaCl_2$溶液，另一支留作比较。如无浑浊产生，说明SO_4^{2-}已沉淀完全；若溶液变浑，需要再往烧杯中加适量的$BaCl_2$溶液，并将溶液煮沸。如此操作，反复检验、处理，直至SO_4^{2-}沉淀完全为止。检验液未加其他药品，观察后可倒回原溶液中。

常压过滤。过滤时，不溶性杂质及$BaSO_4$沉淀尽量不要倒到漏斗中去。

(2) 除去Ca^{2+}、Mg^{2+}、Ba^{2+}

将滤液加热至沸，用小火维持微沸。边搅拌边逐滴加入0.5mol·L^{-1} Na_2CO_3溶液（如上法，通过实验确定用量），Ca^{2+}、Mg^{2+}、Ba^{2+}便转变为难溶的碳酸盐或碱式碳酸盐沉淀。

确证Ca^{2+}、Mg^{2+}、Ba^{2+}已沉淀完全后，进行第二次常压过滤（用蒸发皿收集滤液）。记录Na_2CO_3溶液的用量。在整个过程中应随时补充蒸馏水，维持原体积，以免NaCl析出。

(3) 除去多余的CO_3^{2-}

往滤液中滴加2mol·L^{-1}盐酸，搅匀，使溶液的pH＝3～4，记录所用盐酸的体积。溶液经蒸发后，CO_3^{2-}转化为CO_2逸出。

3. 蒸发、干燥

(1) 蒸发浓缩，析出纯NaCl

将用盐酸处理后的溶液蒸发，当液面出现晶体时，改用小火并不断搅拌，以免溶液溅出。蒸发后期，再检查溶液的pH值，必要时，可加1～2滴2mol·L^{-1}盐酸溶液，保持溶液微酸性（pH值约为6）。当溶液蒸发至稀糊状时（切勿蒸干），停止加热。冷却后，减压过滤，尽量将NaCl晶体抽干。

(2) 干燥

将NaCl晶体放入有柄蒸发皿中，在石棉网上用小火烘炒，应不断用玻璃棒翻动，以防结块。待无水蒸气逸出后，再大火烘炒数分钟。得到的NaCl晶体应是洁白和松散的。放冷，在台秤上称重，计算收率。

4. 产品检验

根据中华人民共和国国家标准（简称国标）GB 1266—2006，试剂级NaCl的技术条件如下：

(1) NaCl含量不低于99.5%；

(2) 水溶液反应合格；

(3) 杂质最高含量中 SO_4^{2-} 的标准为（以质量分数计）：

规格	优级纯(一级)	分析纯(二级)	化学纯(三级)
含 SO_4^{2-}/%	0.001	0.002	0.005

产品检验按 GB 619—88 的规定进行取样验收，测定中所需要的标准溶液、杂质标准液、制剂和制品按 GB 601—2016、GB 602—2016、GB 603—2016 的规定制备。

1. 氯化钠含量的测定

用减量法称取 0.15g 干燥恒重的样品，称准至 0.0002g，溶于 70mL 水中，加 10mL 质量分数为 1%的淀粉溶液，在摇动下用 0.1mol·L^{-1} $AgNO_3$ 标准溶液避光滴定，接近终点时，加 3 滴质量分数为 0.5%的荧光素指示剂，继续滴定至乳液呈粉红色。NaCl 含量（w）按下式计算：

$$w=\frac{Vc\times 58.44}{m\times 1000}\times 100\%$$

式中，V 为硝酸银标准溶液的用量，mL；c 为硝酸银标准溶液的浓度，mol·L^{-1}；m 为样品质量，g；58.44 为 NaCl 的摩尔质量。

2. 水溶液反应

称取 5g 样品，称准至 0.01g，溶于 100mL 不含 CO_2 的水中，用酸度计测定，pH 值应在 5.0～8.0 之间。

3. 用比浊法检验 SO_4^{2-} 的含量

称取 1g 产品于 25mL 比色管中，加 10mL 蒸馏水，溶解，再加 0.5mL 质量分数为 25%的盐酸酸化试液。将 0.25mL 硫酸钾乙醇溶液（0.2g·L^{-1}）与 1mL 氯化钡溶液（250g·L^{-1}）混合，放置 1min 后，加入上述已酸化的试液中，加蒸馏水稀释至刻度，摇匀，放置 5min，与标准溶液进行比浊。根据溶液产生浑浊的程度，确定产品中 SO_4^{2-} 杂质含量所达到的等级。

标准溶液实验室已配好，比浊时搅匀。

规格	一级	二级	三级
含 SO_4^{2-}/mg	0.01	0.02	0.05

比浊后，计算产品中 SO_4^{2-} 的质量分数。

【思考题】

1. 溶盐的水量过多或过少有何影响？

2. 为什么选用 $BaCl_2$、Na_2CO_3 作沉淀剂？为什么除去 CO_3^{2-} 用盐酸而不用其他强酸？

3. 为什么先加 $BaCl_2$ 后加 Na_2CO_3？为什么要将 $BaSO_4$ 过滤掉才加 Na_2CO_3？什么情况下 $BaSO_4$ 可能转化为 $BaCO_3$？

4. 为什么往粗盐液加 $BaCl_2$ 和 Na_2CO_3 后，均要加热至沸？

5. 如果产品的溶液呈碱性，加入 $BaCl_2$ 后有白色浑浊。此 NaCl 可能有哪些杂质？如何证明那些杂质确实存在？

6. 烘炒 NaCl 前尽量将 NaCl 抽干，有何好处？

7. 什么情况下会造成产品收率过高？

8. 固液分离有哪些方法？根据什么情况选择固液分离的方法？

实验 24 硫代硫酸钠的制备

【实验目的】

1. 掌握用溶剂法提纯工业硫化钠和制备硫代硫酸钠的方法。

2. 了解冷凝管的安装和回流操作，以及抽滤、气体发生器皿等连接操作方法。

【实验原理】

1. 非水溶剂重结晶法提纯硫化钠

工业硫化钠由于含有大量杂质，如重金属硫化物、煤粉等而呈红褐色或棕黑色。利用硫化钠能溶于热的酒精中，其他杂质或在趁热过滤时除去，或在冷却后硫化钠结晶析出时留在母液中除去，达到纯化硫化钠的目的。

2. 硫代硫酸钠的制备

(1) 硫化钠与二氧化硫反应生成亚硫酸钠和硫

$$2Na_2S+3SO_2 = 2Na_2SO_3+3S\downarrow$$

(2) 亚硫酸钠与硫反应而制备硫代硫酸钠

$$Na_2SO_3+S = Na_2S_2O_3$$

从式(2) 可看出亚硫酸钠与硫反应为等物质的量反应，仅靠式(1) 得到的亚硫酸钠量相对较少，使析出的硫不能全部生成硫代硫酸钠。因此，工业上常用碳酸钠与二氧化硫中和而生成亚硫酸钠提供所缺的 Na_2SO_3，其反应如下：

$$Na_2CO_3+SO_2 = Na_2SO_3+CO_2$$

总反应为：

$$2Na_2S+Na_2CO_3+4SO_2 = 3Na_2S_2O_3+CO_2$$

含有硫化钠和碳酸钠的溶液，用二氧化硫气体饱和。硫化钠和碳酸钠以 2∶1 的摩尔比为适宜。反应完毕后过滤得到 $Na_2S_2O_3$ 溶液，然后浓缩蒸发，冷却，析出晶体为 $Na_2S_2O_3\cdot5H_2O$，干燥后即为产品。

【实验用品】

仪器：酒精喷灯，圆底烧瓶（250mL），300mm 直形或球形冷凝管，抽滤瓶（250mL），G_3 砂芯漏斗，烧杯（250mL），分液漏斗，蒸馏烧瓶（250mL），磁力搅拌器，烘箱。

固体药品：硫化钠（工业级），亚硫酸钠（无水），碳酸钠。

液体药品：乙醇（95%），浓硫酸，NaOH($6.0mol\cdot L^{-1}$)。

材料：pH 试纸。

【实验步骤】

1. 硫化钠的提纯

取粉碎的工业级硫化钠 8g，装入 250mL 烧瓶中，再加入 70mL 95% 的酒精和 4mL 水。将烧瓶放在水浴锅上加热，用通有冷却水的冷凝管冷却，回流约 30min。如图 8.6 所示。

停止加热并使烧瓶在水浴锅上静置 5min，然后取下烧瓶，用砂芯漏斗趁热抽滤，除去不溶性杂质。将滤液转入 250mL 烧杯中，自然冷却，则硫化钠晶体不断析出（若无晶体析出，可轻刮烧杯壁，促使晶体析出）。再放置一段时间，冷却至室温。冷却后倾析出上层母液。硫化钠晶体用少量95%酒精在烧杯中用倾析法洗涤1～2次，然后抽滤至干，再用滤纸尽量吸干。母液装入指定的回收瓶中。按本方法制得的产品组成相当于 $Na_2S\cdot5H_2O$。

2. 硫代硫酸钠的制备

称取提纯后的硫化钠5g，计算出所需碳酸钠的用量并进行称量。然后将硫化钠和碳酸钠一并放入250mL锥形瓶中，加入70mL蒸馏水使其溶解（可微热，促其溶解）。如图8.7所示。

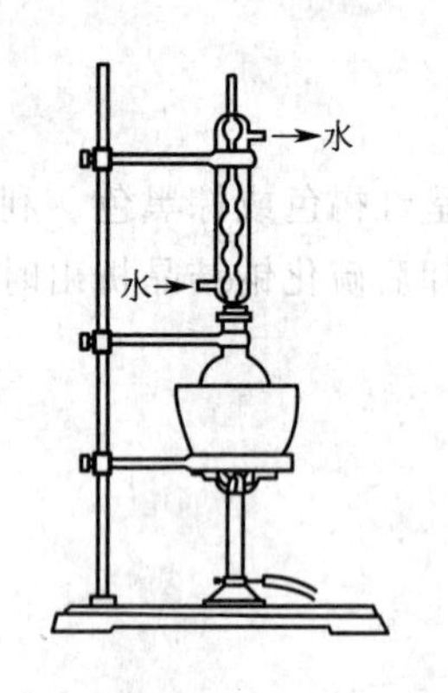

图8.6 硫化钠的纯化装置

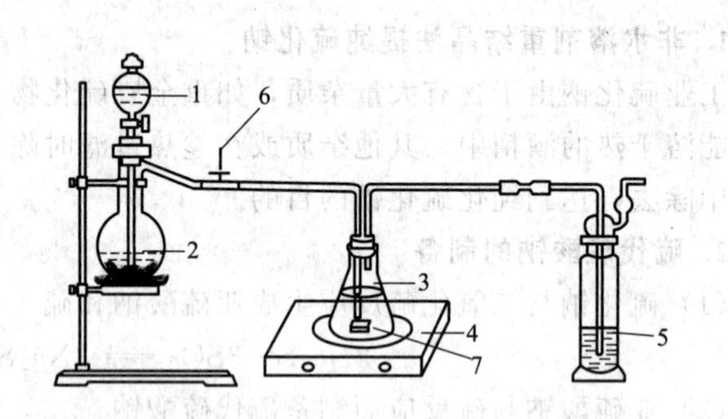

图8.7 $Na_2S_2O_3\cdot5H_2O$ 反应装置

1—分液漏斗（内装浓硫酸）；2—蒸馏烧瓶（内装亚硫酸钠）；3—锥形瓶；4—电磁搅拌器；5—碱吸收瓶；6—螺旋夹；7—搅拌子

在分液漏斗中加入浓硫酸，蒸馏烧瓶中加入比理论量稍多的亚硫酸钠固体，反应后产生 SO_2 气体。在碱吸收瓶中加入 $6mol\cdot L^{-1}$ NaOH溶液吸收多余的 SO_2 气体。打开分液漏斗，使浓硫酸慢慢滴下。打开螺旋夹，适当调节螺旋夹，使反应产生的 SO_2 气体较均匀地通入 Na_2S-Na_2CO_3 溶液中，同时用电磁搅拌器搅拌。随着 SO_2 气体的通入，逐渐有大量淡黄色的单质硫析出。继续通 SO_2 气体，反应进行约1h，溶液的pH≈7时，停止通入 SO_2 气体。将过滤所得的溶液转移至烧杯中进行浓缩，直到溶液体积约为原来的 $\frac{1}{4}$（不要蒸发得太浓），冷却使结晶析出，过滤后将晶体放在烘箱中，温度控制在40℃下，然后干燥称量，计算产率。

【思考题】

1. 硫化钠制备硫代硫酸钠时加入碳酸钠的作用是什么？
2. 停止通 SO_2 时，为什么必须控制溶液的pH值约为7而不能小于7？
3. 碳酸钠的用量应控制在什么比例时产率最高？

实验25 四碘化锡的制备

【实验目的】

1. 掌握在非水溶剂中制备四碘化锡的原理和操作方法。
2. 了解非水溶剂的重结晶方法。

【实验原理】

无水四碘化锡是橙红色、共价型立方晶体，相对密度 4.50(299K)，熔点 416.5K，沸点 621K，约 453K 开始升华。受潮易水解，易溶于四氯化碳、三氯甲烷、二硫化碳等有机溶剂中，在石油醚和冰醋酸中溶解度较小。

本实验采用在非水溶剂中直接合成法制备无水四碘化锡。金属锡和碘在非水溶剂冰醋酸和醋酸酐体系中直接合成：

$$Sn + 2I_2 \xlongequal{\quad} SnI_4$$

用冰醋酸和醋酸酐作溶剂比用二硫化碳、四氯化碳、氯仿、苯等非水溶剂的毒性要小，产物不会水解，可以得到较纯的晶状产品。

【实验用品】

仪器：托盘天平，圆底烧瓶（100～150mL），冷凝管，干燥管，抽滤瓶，滤纸。

药品：锡片（或锡箔），碘，无水氯化钙，冰醋酸，醋酸酐，氯仿。

【实验步骤】

1. 无水四碘化锡的制备

称取 0.5g 剪碎的锡片和 2.5g 碘，置于洁净、干燥的 150mL 圆底烧瓶中，再向其中加入 20mL 冰醋酸和 25mL 醋酸酐，加入少量沸石，以防爆沸。装好冷凝管和干燥管，用水冷却、回流、加热，保持回流状态 2h。

当紫红色碘蒸气消失，溶液颜色由紫红色变为深橙红色时停止加热，冷却至室温，可见到橙红色针状四碘化锡晶体析出，迅速抽滤。将晶体放在小烧杯中，加 30mL 氯仿，用小火水浴温热溶解后，迅速抽滤，除去杂质。滤液倒入蒸发皿中，在通风橱内不断搅拌滤液，促使溶剂挥发，待氯仿全部挥发后便可得到橙红色晶体，最后称重，计算产率。

2. 性质检验

(1) 取少量四碘化锡固体于试管中，再向试管中加入少量蒸馏水，观察现象，其溶液及沉淀留作下面实验用。

(2) 取四碘化锡水解后的溶液，分盛两支试管中，一支滴加 $AgNO_3$ 溶液，另一支滴加 $Pb(NO_3)_2$ 溶液，观察现象。

(3) 取实验 (1) 中沉淀分盛两支试管中，分别滴加稀酸、稀碱，观察现象。

【思考题】

1. 本实验在操作中应注意什么问题？
2. 在合成四碘化锡时，以何种原料过量为好？为什么？

实验 26 由钛铁矿制备二氧化钛

【实验目的】

1. 了解用浓硫酸分解钛铁矿的原理和操作方法。
2. 了解钛盐在高酸度下水解的方法。
3. 熟悉二氧化钛的主要性质。

【实验原理】

钛铁矿的主要成分为 $FeTiO_3$，杂质主要为 Mg、Mn、V 和 Al 等。由于这些杂质的存在，以及一部分 Fe(Ⅱ) 在风化过程中转化为 Fe(Ⅲ) 而失去，因此 TiO_2 的含量变化较大，一般为 50%左右。

在 160～200℃时，过量的浓硫酸与钛铁矿会发生下列反应。

$$FeTiO_3 + 2H_2SO_4 = TiOSO_4 + FeSO_4 + 2H_2O$$

$$TiOSO_4 + H_2SO_4 = Ti(SO_4)_2 + H_2O$$

它们都是放热反应，反应一旦开始，便进行得很激烈。

用水浸取分解产物，这时钛、铁等以 $TiOSO_4$ 和 $FeSO_4$ 形式进入溶液。此外，部分 $Fe_2(SO_4)_3$ 也进入溶液，因此需在浸出液中加入适当过量的金属铁粉，把 Fe(Ⅲ) 完全还原为 Fe(Ⅱ)，同时也将少量 TiO^{2+} 还原为 Ti^{3+}，以保护 Fe(Ⅱ) 不被氧化。

将溶液冷却至−2℃以下，便有大量的 $FeSO_4 \cdot 7H_2O$ 晶体析出。剩下的 Fe(Ⅱ) 可以在偏钛酸的水洗过程中除去。然后将 $TiOSO_4$ 溶液加热至 100℃，使其水解，即得偏钛酸沉淀：

$$TiOSO_4 + 2H_2O = H_2TiO_3 + H_2SO_4$$

在 800～1000℃下灼烧偏钛酸，即得二氧化钛。

$$H_2TiO_3 = TiO_2 + H_2O$$

【实验用品】

仪器：托盘天平，温度计（250℃），瓷蒸发皿，烧杯（1000mL、250mL），电动搅拌器，瓷坩埚，电炉，马弗炉。

药品：钛铁矿粉（325 目），浓 H_2SO_4，铁粉，冰，食盐。

【实验步骤】

1. 钛铁矿的分解

称取 20g 钛铁矿（325 目）于有柄的蒸发皿中，加入 18mL 浓硫酸，搅拌均匀。然后在不断搅拌下小火加热，注意观察反应物的变化（有无气体放出？反应物的颜色如何？黏度有何变化?）。当温度升至 150℃左右时，反应激烈进行，反应物也迅速变稠变硬，这一过程几分钟内即可结束，故这段时间必须大力搅拌。激烈反应后，将反应物移入预先加热至温度在 200℃左右的沙浴中，保温 30min，最后冷却至近室温。

2. 浸取

将产物转入烧杯中，加入 50mL 水，搅拌浸取至产物全部分散为止。为了加速溶解，水可微热（50℃左右），但在整个浸取过程中，温度不能超过 70℃。然后抽滤，滤渣用少量水洗涤 1 次，观察滤液的颜色，滤渣弃去。

3. 浸取液的精制

往滤液中慢慢加入不多于 1g 的金属铁粉，并不断搅拌至溶液变为紫黑色时为止，立即抽滤，滤液用冰-食盐混合物冷至−2℃以下，即有 $FeSO_4 \cdot 7H_2O$ 晶体析出，抽滤，硫酸亚铁晶体回收。滤液供水解用。

4. 水解

先取上述滤液约 $\frac{1}{5}$ 体积，在不断搅拌下，将其逐滴加入 350mL 的沸水中，继续煮沸约

15min 后，再慢慢加入其余全部浸出液，继续煮沸约 30min（应适当补充水，保持总体积不变）。静置沉降，用倾析法除去上层水，再用热的稀硫酸（1∶10）洗 2 次，并用热水洗涤沉淀至检查不到 Fe^{2+} 为止。抽滤即得偏钛酸。

5. 煅烧

把偏钛酸放在瓷坩埚中，先小火烘干，然后用大火灼烧至不再冒白烟为止，冷却，即得白色的二氧化钛粉末。称量并计算产率。

【思考题】

1. 为什么浸取产物时温度要控制在 70℃以下？
2. 实验中，能否用其他金属将 Fe(Ⅲ) 还原为 Fe(Ⅱ)？
3. 钛盐水解时，为什么要不断搅拌？

实验 27 重铬酸钾制备

【实验目的】

1. 了解由铬铁矿制备重铬酸钾的原理。
2. 掌握碱熔法操作。
3. 进一步熟悉含铬化合物的性质。

【实验原理】

铬铁矿的主要成分是亚铬酸铁［$Fe(CrO_2)_2$ 或为 $FeO \cdot Cr_2O_3$］，其中含 Cr_2O_3 约为 40%，除铁外，还有硅、铝等杂质。

铬铁矿在碱性介质中（如碳酸钠）被加热熔融时，易被空气中的氧气氧化而生成可溶性的六价铬酸盐。

$$4Fe(CrO_2)_2 + 8Na_2CO_3 + 7O_2 = 8Na_2CrO_4 + 2Fe_2O_3 + 8CO_2\uparrow$$

在实验室中，为降低熔点，使上述反应能在较低温度下进行，加入固体氢氧化钠作助熔剂，并加入少量 $NaNO_3$（或 Na_2O_2 或 $KClO_3$）作氧化剂，加速其氧化。还可加入少量白云石作填充剂，以减少矿粉在液态 Na_2CO_3 中结块，有利于矿粉氧化和熔融物的浸取。如反应式：

$$2Fe(CrO_2)_2 + 4Na_2CO_3 + 7NaNO_3 = 4Na_2CrO_4 + Fe_2O_3 + 7NaNO_2 + 4CO_2\uparrow$$

在灼烧过程中，同时可发生下列反应，即 SiO_2、Fe_2O_3 和 Al_2O_3 与 Na_2CO_3 反应生成可溶性盐 Na_2SiO_3、$NaFeO_2$、$NaAlO_2$、SiO_2 与碱性氧化物 MgO、CaO 反应生成难溶性盐。

用水浸取熔融物时，生成的 $Fe(OH)_3$ 沉淀与其他不溶物及未反应的矿粉形成残渣过滤除去。调节滤液的 pH 值为 7～8，使 Na_2SiO_3 和 $NaAlO_2$ 水解析出 $Al(OH)_3$ 和 $SiO_2 \cdot xH_2O$，过滤除去，再将滤液酸化，使铬酸盐转化为重铬酸盐。

$$2CrO_4^{2-} + 2H^+ = Cr_2O_7^{2-} + H_2O$$

加入 KCl 使 $Na_2Cr_2O_7$ 和 KCl 发生复分解生成 $K_2Cr_2O_7$。

$$Na_2Cr_2O_7 + 2KCl = K_2Cr_2O_7 + 2NaCl$$

利用 $K_2Cr_2O_7$ 溶解度随温度变化大，NaCl 的溶解度随温度变化小这一溶解度随温度变化相差很大的特点，将溶液浓缩冷却后，则有 $K_2Cr_2O_7$ 晶体析出。

【实验用品】

仪器：铁坩埚，铁棒，酒精喷灯，蒸发皿，托盘天平，水浴锅，普通漏斗，抽滤装置。

药品：铬铁矿粉（100 目），Na_2O_2（固体），NaOH（固体），Na_2CO_3（固体），KCl（固体），冰醋酸，H_2SO_4（$3mol \cdot L^{-1}$），滤纸，pH 试纸。

【实验步骤】

1. 氧化灼烧

称取铬铁矿粉 2.0g、Na_2O_2 2.5g 和白云石 0.5g，混合均匀，另取 Na_2CO_3 和 NaOH 各 2.3g 于铁坩埚中混匀后，小火加热至熔融，再将矿粉分多次加入，并不断搅拌，以避免熔融物喷溅。加完矿粉后，逐渐加大火焰，灼烧 30min，此时熔体呈红褐色，然后让其冷却。

2. 浸取

先将熔块捣碎取出，用少量蒸馏水于坩埚中加热至沸后倾入烧杯，再加水，加热，如此反复几次至淹没全部熔块。然后将烧杯中的溶液及熔块加热煮沸，并不断搅拌以加速溶解，待其溶解，稍冷后，抽滤，滤渣用少量水洗涤，滤液控制在 25mL 左右。

3. 中和除铝

将滤液加热近沸，再用冰醋酸调节滤液的 pH 值为 7～8，继续加热煮沸数分钟，使 $Al(OH)_3$ 沉淀，趁热过滤，滤液转移到蒸发皿中，用 H_2SO_4 调节滤液的 pH 值为 4～5，使铬酸盐转化为重铬酸盐。

4. 复分解和结晶

在重铬酸盐溶液中加入 1.3g KCl，搅拌使之溶解。将蒸发皿置于水浴上浓缩。这时如果晶体析出（是什么?），应先分离出晶体，再将滤液继续蒸发。至液体表面有少量晶膜出现，冷却至室温（10 ～ 20℃）后抽滤，用滤纸吸干晶体并称重。母液回收，待后处理。

5. 粗产品重结晶

按 $K_2Cr_2O_7 : H_2O = 1 : 1.5$（质量比）加水并加热，使 $K_2Cr_2O_7$ 粗晶溶解，趁热过滤（若无不溶性杂质，则不需过滤），冷却，结晶，抽滤。将抽干的晶体在 40～50℃ 温度烘干，称量，计算产率。

【思考题】

1. 为什么铬铁矿采用碱熔而不用酸溶？碱熔在操作上应注意哪些问题？

2. 在矿粉氧化灼烧时，加入少量白云石的目的是什么？如果加入量过多，对实验结果会有什么影响？

实验 28 高锰酸钾的制备

【实验目的】

1. 了解碱熔法分解矿石及电解法制备高锰酸钾的基本原理和操作方法。

2. 熟悉锰的各种价态之间的转化关系。

3. 掌握碱熔、浸取、减压过滤、蒸发浓缩和重结晶等基本操作。

【实验原理】

将软锰矿（主要成分为 MnO_2）和氧化剂 $KClO_3$ 在碱性介质中加强热，可制得绿色的 K_2MnO_4：

$$3MnO_2+KClO_3+6KOH = 3K_2MnO_4+KCl+3H_2O$$

利用 K_2MnO_4 溶于水并发生歧化反应可生成紫红色高锰酸钾溶液：

$$3MnO_4^{2-}+2H_2O = MnO_2\downarrow+2MnO_4^-+4OH^-$$

加酸或通入 CO_2 气体有利于上述歧化反应的顺利进行，常用的方法是在反应体系中通入 CO_2，降低 K_2MnO_4 溶液的 pH 值时，促进 MnO_4^{2-} 发生歧化反应，其反应式为：

$$3K_2MnO_4+2CO_2 = 2KMnO_4+MnO_2\downarrow+2K_2CO_3$$

滤去 MnO_2 固体，溶液蒸发浓缩，即可析出 $KMnO_4$ 晶体。但用此法锰酸钾的最高转化率仅为 66.7%，为了提高 K_2MnO_4 的转化率可通过电解锰酸钾溶液来制取，其电极反应为：

阳极： $2MnO_4^{2-}-2e^- = 2MnO_4^-$

阴极： $2H_2O+2e^- = H_2\uparrow+2OH^-$

总反应： $2MnO_4^{2-}+2H_2O = 2MnO_4^-+2OH^-+H_2\uparrow$

【实验用品】

仪器：台秤，铁坩埚，坩埚钳，泥三角，铁搅拌棒，研钵，吸滤瓶，砂芯漏斗，蒸发皿，150mL 烧杯，整流器，安培计等。

药品：软锰矿粉，$KClO_3$（固），KOH（固），CO_2（CO_2 钢瓶或 CO_2 启普发生器）。

材料：pH 试纸，镍片，粗铁丝，导线。

【实验步骤】

1. 锰酸钾溶液的制备

称取 3g $KClO_3$ 和 6g KOH 固体倒入铁坩埚内，混合均匀。用铁夹把铁坩埚夹紧，固定在铁架台上[1]。先用小火加热，并用洁净的铁棒搅拌混合。待混合物熔融后，边搅拌边逐渐加入 5g MnO_2 固体[2]。随着反应的进行，熔融物的黏度逐渐增大，这时要用力搅拌，防止熔体结块或黏附在坩埚壁上。在反应物接近干涸时，熔体应呈颗粒状。待反应物干涸后，加大火力强热 5min。

待物料冷却后，用 150～200mL 热的蒸馏水浸取物料，浸取过程中可用铁丝不断搅拌。浸取液倒入烧杯中。

2. 锰酸钾转化为高锰酸钾

（1）二氧化碳法

在浸取液中通入 CO_2 气体，使 K_2MnO_4 完全歧化为 $KMnO_4$ 和 MnO_2，用 pH 试纸测试溶液的 pH 值，当溶液的 pH 值达到 10～11 时，K_2MnO_4 基本完全歧化，即可停止通 CO_2[3]。然后把溶液加热，趁热用砂芯漏斗减压滤去 MnO_2 残渣。把滤液移至蒸发皿内，用小火加热，用玻璃棒（此时不能用铁棒搅拌，为什么？）慢慢搅拌蒸发，当浓缩至液面出现晶膜时，停止加热，冷却，即有 $KMnO_4$ 晶体析出。最后用砂芯漏斗过滤，把 $KMnO_4$ 晶体尽可能抽干，称量，计算产率。记录晶体的颜色和形状。

（2）电解法

趁热用砂芯漏斗减压过滤含熔渣的浸取液，得到 K_2MnO_4 墨绿色的溶液。将它倒入

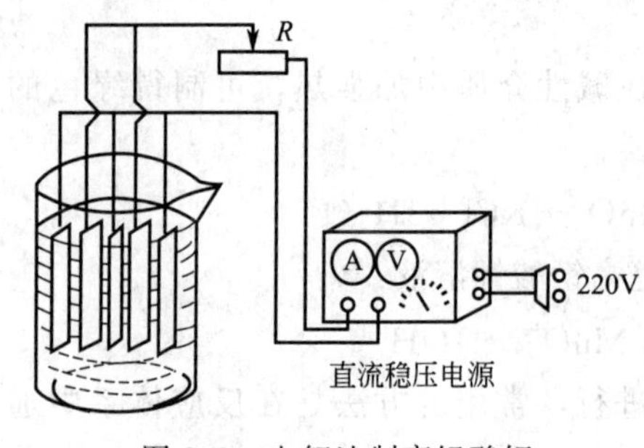

图 8.8 电解法制高锰酸钾

150mL 烧杯中，加热至 60℃，按图 8.8 所示装上电极，阳极为光滑的镍片（5cm×5cm），阴极为粗铁丝，其总面积为阳极总面积的$\frac{1}{10}$。通入直流电源，控制电流密度为 $10mA\cdot cm^{-2}$，阴极电流密度为 $150mA\cdot cm^{-2}$，槽电压为 2.8～3.0V。

这时可观察到阴极有气体（氢气）放出，墨绿色溶液逐渐转为紫红色，高锰酸钾则在阳极逐渐析出并沉于烧杯底部。电解 2h 后，用玻璃棒蘸取一些电解液，若观察不到明显的绿色时，即可认为电解完毕，停止通电。电解液在冷水中冷却，使晶体充分析出，用砂芯漏斗抽滤至干，称量，滤液回收。

以每克湿产品加 3mL 蒸馏水的比例，将制得的粗 $KMnO_4$ 晶体加热溶解。趁热过滤。冷却，重结晶，减压过滤，抽干晶体。将晶体放在表面皿上，在烘箱内 80℃以下烘干 1h，冷却，称量，计算产率。

【注释】

[1] 为了安全起见，可戴防护眼镜。

[2] 反应过程可认为包含两步反应，首先 $KClO_3$ 在 MnO_2 的催化下分解放出氧气，然后氧气与 MnO_2、KOH 反应生成绿色的 K_2MnO_4。

[3] 尽管 K_2MnO_4 的歧化反应是在酸性条件下更易进行，但酸度过大，在随后 $KMnO_4$ 溶液的蒸发浓缩时，$KMnO_4$ 会发生分解，因此一般不用 H_2SO_4、HCl 等强酸酸化。

【思考题】

1. 为什么碱熔融时要用铁坩埚，而不用瓷坩埚？
2. 过滤 $KMnO_4$ 溶液时，为什么用砂芯漏斗，而不用滤纸？
3. CO_2 通入过多，对产品的纯度有何影响？
4. 本实验中用过的容器壁上所附的棕色物质是什么？应怎样洗去？

8.5 定量分析实验

实验 29 酸碱标准溶液的配制与浓度比较

【实验目的】

1. 掌握酸碱标准溶液的配制方法。
2. 掌握酸碱溶液的滴定方法及指示剂的选择。

【实验原理】

浓盐酸容易挥发，NaOH 容易吸收空气中的水分和 CO_2，因此，不能直接配制盐酸和氢氧化钠的标准溶液，只能先配制近似浓度的标准溶液，然后再用基准物质标定其准确浓度，也可用另一已知准确浓度的标准溶液滴定该溶液，再根据它们的体积比求得该溶液的浓度。

测定 NaOH 和 HCl 溶液的浓度比可通过两溶液相互滴定，终点时，所消耗的体积比即为两溶液浓度的反比。

酸碱指示剂都具有一定的变色范围。0.1mol·L^{-1} NaOH 和 HCl 溶液的滴定（强酸和强碱的滴定），突跃范围为 pH4.3～9.7，应选用在此范围内变色的指示剂，如甲基橙和酚酞。

【实验用品】

6mol·L^{-1}的 HCl，饱和 NaOH 溶液（约 19mol·L^{-1}），甲基橙指示剂和酚酞指示剂。

【实验步骤】

1. 0.1mol·L^{-1} HCl 溶液的配制：用洁净的小量筒量取一定体积的 6mol·L^{-1}的 HCl，倒入试剂瓶中，用蒸馏水稀释至 500mL，盖上玻璃塞，摇匀。贴上标签。

2. 0.1mol·L^{-1} NaOH 溶液的配制：用滴管吸取饱和 NaOH 溶液的上层清液于小量筒中，至一定体积，转入试剂瓶中，加水（刚煮沸冷却后的蒸馏水）稀释至 500mL，用橡皮塞塞好瓶口，摇匀。贴上标签。

3. 取已洗净的酸式、碱式滴定管各一支，先用蒸馏水冲洗滴定管内壁 2～3 次。然后用配好的盐酸标准溶液润洗酸式滴定管 2～3 次，每次 5～10mL 溶液，再于管内装满该酸溶液；用氢氧化钠标准溶液润洗碱式滴定管 2～3 次，再于管内装满该碱溶液。然后排除两滴定管管尖空气泡，调好零点。

4. 由碱式滴定管以 10mL·min^{-1}的速度放出 NaOH 溶液 20～25mL，注入 250mL 锥形瓶中，记录注入的 NaOH 溶液的实际体积。加 1～2 滴甲基橙指示剂，用盐酸溶液滴定至溶液由黄色变为橙色即为终点。读取所消耗的 HCl 溶液的体积，记录并计算 c_{HCl}/c_{NaOH}。反复滴定几次，直至三次测定结果的相对平均偏差不大于 0.5%。

5. 由酸式滴定管以 10mL·min^{-1}的速度放出 HCl 溶液 20～25mL，注入 250mL 锥形瓶中，记录注入的 HCl 溶液的实际体积。加 1～2 滴酚酞指示剂，用 NaOH 溶液滴定至溶液由无色变为微红色，30s 内不褪即为终点。读取所消耗的 NaOH 溶液的体积，记录并计算 c_{HCl}/c_{NaOH}。反复滴定几次，直至三次测定结果的相对平均偏差不大于 0.5%。

【数据记录与结果处理】

（1）以甲基橙为指示剂

项目	Ⅰ	Ⅱ	Ⅲ
V_{NaOH}/mL			
V_{HCl}/mL			
c_{HCl}/c_{NaOH}			
平均值			
相对平均偏差/%			

（2）以酚酞为指示剂

格式同上。

【思考题】

1. 滴定管在装满标准溶液前，为什么要用此溶液润洗内壁 2～3 次？用于滴定的锥形瓶或烧杯是否需要干燥？要不要用标准溶液润洗？

2. 为什么不能用直接配制法配制 NaOH 标准溶液？

3. 配制 HCl 溶液和 NaOH 溶液的纯水体积是否需要准确量取？为什么？

4. 装 NaOH 溶液的试剂瓶或滴定管不宜用玻璃塞，为什么？

5. 用 NaOH 溶液滴定 HCl 溶液宜选用何种指示剂？为什么？

6. 用 HCl 溶液滴定 NaOH 溶液宜选用何种指示剂？为什么？

实验 30 醋酸总酸度的测定

【实验目的】

1. 掌握标定碱标准溶液和测定醋酸总酸度的原理和方法。

2. 掌握酸碱滴定法选择指示剂的原则。

3. 熟悉电子天平称量及移液管的操作。

【实验原理】

醋酸为一弱酸，其电离常数 $K_a=1.8\times10^{-5}$，符合弱酸的滴定条件（$cK_a\geqslant10^{-8}$），可在水溶液中用 NaOH 标准溶液滴定。其反应式是：

$$NaOH+CH_3COOH = CH_3COONa+H_2O$$

$0.1mol\cdot L^{-1}$ NaOH 溶液滴定 $0.1mol\cdot L^{-1}$ CH_3COOH 溶液的 pH 突跃范围为7.7～9.7，化学计量点的 pH 值为 8.7。选择酚酞为指示剂，终点由无色到微红色，在 30s 内不褪色为终点。

滴定时，不仅 HAc 与 NaOH 作用，醋酸试样中可能存在的其他各种形式的酸也与 NaOH 反应，故滴定所得为总酸度，以 CH_3COOH 的含量表示（$g\cdot L^{-1}$）。

NaOH 标准溶液的浓度用基准物邻苯二甲酸氢钾（$KHC_8H_4O_4$）进行标定，指示剂选用酚酞。邻苯二甲酸氢钾中只有一个可解离的 H^+，标定时的反应式为：

$$C_6H_4(COOK)(COOH)+NaOH = C_6H_4(COOK)(COONa)+H_2O$$

【实验试剂】

NaOH 饱和溶液（约 $19mol\cdot L^{-1}$），邻苯二甲酸氢钾（KHP），酚酞指示剂，醋酸试样。

【实验步骤】

1. $0.1mol\cdot L^{-1}$ NaOH 溶液的配制

用小滴管吸取约 3mLNaOH 饱和溶液的上层清液于小量筒中，转入试剂瓶中，加水（刚煮沸冷却后的蒸馏水）稀释至 500mL，用橡皮塞塞好瓶口，摇匀。贴上标签。

2. $0.1mol\cdot L^{-1}$ NaOH 标准溶液的标定

准确称取三份干燥过的邻苯二甲酸氢钾，每份为 0.4～0.6g，放入 250mL 锥形瓶中，用 50mL 煮沸后刚冷却的蒸馏水使之溶解，加入 2 滴酚酞指示剂，用上述配制的 NaOH 溶液滴定至微红色 30s 不褪，即为终点，要求相对平均偏差在 0.5%以内。

3. 醋酸总酸度的测定

用移液管准确吸取 10mL 醋酸试液 3 份，分别置于 250mL 锥形瓶中，加酚酞指示剂 2 滴，用上述所标定的 NaOH 标准溶液滴至微红色 30s 内不褪色为终点。结果以 HAc（$g\cdot L^{-1}$）表示。要求相对平均偏差在0.5%以内。

【数据记录与结果处理】

1. 0.1mol·L^{-1} NaOH 标准溶液的标定

项目	Ⅰ	Ⅱ	Ⅲ
m_{KHP}/g			
V_{NaOH}/mL			
c_{NaOH}/mol·L^{-1}			
c_{NaOH}平均值/mol·L^{-1}			
相对平均偏差/%			

2. 醋酸总酸度的测定

项目	Ⅰ	Ⅱ	Ⅲ
V_{HAc}/mL	10.00	10.00	10.00
V_{NaOH}/mL			
c_{HAc}/g·L^{-1}			
c_{HAc}平均值/g·L^{-1}			
相对平均偏差/%			

【思考题】

1. 用邻苯二甲酸氢钾为基准物质标定0.1mol·L^{-1}NaOH溶液时，基准物的称量范围为0.4～0.6g，为什么？

2. 用邻苯二甲酸氢钾为基准物质标定NaOH溶液时，为什么用酚酞而不用甲基橙作指示剂？

3. 用酚酞作指示剂进行酸碱滴定时，溶液中存在的CO_2对滴定有无影响？

实验31 工业碱灰中总碱度的测定

【实验目的】

1. 掌握标定盐酸的原理、方法和碱灰中总碱度测定的原理、方法。
2. 熟悉酸碱滴定法选用指示剂的原则。
3. 学习用容量瓶把固体试样制备成试液的方法。

【实验原理】

标定盐酸的基准物质常用无水碳酸钠和硼砂，用无水碳酸钠标定盐酸的反应为：

$$Na_2CO_3 + HCl = NaHCO_3 + NaCl$$

$$NaHCO_3 + HCl = NaCl + H_2O + CO_2\uparrow$$

反应完全时，pH值约为3.9，可选用甲基橙作指示剂。

碱灰为不纯的碳酸钠，由于制造方法不同，其中所含的杂质也不同。如由氨法制成的碳酸钠就可能含NaCl、Na_2SO_4、NaOH或$NaHCO_3$等。用盐酸滴定时，除其中主要组分Na_2CO_3被中和外，其他碱性杂质如NaOH或$NaHCO_3$等也都被中和。因此这个测定的结果是碱的总量，通常以Na_2CO_3或Na_2O的百分含量来表示总碱度。

0.1mol·L^{-1}碳酸钠溶液的pH值为11.6，当中和成$NaHCO_3$时，pH值为8.3；在全部

中和后，其 pH 值为 3.9。由于滴定的第一化学计量点（pH 8.3）的突跃范围比较小，终点不敏锐。因此采用第二化学计量点，以甲基橙为指示剂，溶液由黄色变为橙色时即为终点。

【实验用品】

甲基橙指示剂，6 mol·L^{-1} HCl 溶液，无水碳酸钠，碱灰试样。

【实验步骤】

1. 0.1mol·L^{-1} HCl 溶液的配制

用洁净小量筒量取一定体积的 6mol·L^{-1} HCl，倒入试剂瓶中，用蒸馏水稀释至 500mL，盖上玻璃塞，摇匀。贴上标签。

2. 0.1mol·L^{-1} HCl 标准溶液的标定

准确称取无水碳酸钠 1.0～1.5g，置于烧杯中，加水少许，使之溶解（必要时稍加热），待冷却后转移至 250mL 容量瓶中，并以洗瓶洗烧杯的内壁和搅拌棒数次，洗涤液全部注入容量瓶中，最后用蒸馏水稀释至刻度，摇匀。贴上标签。

用移液管移取 25mL 上述试液 3 份，分别置于 250mL 锥形瓶中，各加甲基橙指示剂 1～2滴，用上述所配的 HCl 标准溶液滴定至溶液呈橙色，即为终点。根据消耗盐酸的体积计算盐酸的准确浓度。

3. 碱灰总碱度的测定

准确称取碱灰试样 1.0～1.5g，置于烧杯中，加水少许，使之溶解（必要时稍加热），待冷却后转移至 250mL 容量瓶中，并以洗瓶洗烧杯的内壁和搅拌棒数次，洗涤液全部注入容量瓶中，最后用蒸馏水稀释到刻度，摇匀。贴上标签。

准确移取 25mL 上述试液 3 份，分别置于 250mL 锥形瓶中，各加甲基橙指示剂 1～2 滴，用 HCl 标准溶液滴定至溶液呈橙色，即为终点。

计算总碱度，以 Na_2CO_3%表示。

【数据记录与结果处理】

1. 0.1mol·L^{-1} HCl 标准溶液的标定

项目	Ⅰ	Ⅱ	Ⅲ
$m_{Na_2CO_3}$/g			
V_{HCl}/mL			
c_{HCl}/mol·L^{-1}			
c_{HCl}平均值/mol·L^{-1}			
相对平均偏差/%			

2. 碱灰总碱度的测定

项目	Ⅰ	Ⅱ	Ⅲ
$m_{碱灰}$/g			
V_{HCl}/mL			
总碱度 Na_2CO_3/%			
总碱度平均值/%			
相对平均偏差/%			

【思考题】

1. 碱灰的主要成分是什么？还含有哪些主要杂质？为什么说这个测定是“总碱量”的测定？

2. “总碱量”的测定应选用何种指示剂？终点如何控制？为什么？

3. 此处称取碱灰试样，要求称准至小数点后第几位？为什么？

4. 本实验中为什么要把试样溶解成250mL后再吸取25mL进行滴定？为什么不直接称取0.16～0.20g进行滴定？

5. 若以Na_2CO_3形式表示总碱量，其计算结果的公式应如何表示？

6. 假设某碱灰试样含100%的Na_2CO_3，以Na_2O表示的总碱量为多少？

7. 无水Na_2CO_3如保存不当，吸收了少量水分，对标定HCl溶液浓度有何影响？

实验32 混合碱的分析（双指示剂法）

【实验目的】

1. 进一步熟练滴定操作和滴定终点的判断。
2. 掌握盐酸标准溶液的配制和标定方法。
3. 掌握定量转移操作的基本要点。
4. 掌握混合碱分析的测定原理、方法和计算。

【实验原理】

混合碱是Na_2CO_3与NaOH或Na_2CO_3与$NaHCO_3$的混合物。可采用双指示剂法进行分析，测定各组分的含量。

在混合碱的试液中加入酚酞指示剂，用HCl标准溶液滴定至溶液呈微红色。此时试液中所含NaOH完全被中和，Na_2CO_3也被滴定成$NaHCO_3$。此时是第一个化学计量点，pH＝8.31。反应方程式如下：

$$NaOH + HCl \xlongequal{} NaCl + H_2O$$

$$Na_2CO_3 + HCl \xlongequal{} NaHCO_3 + NaCl$$

设滴定体积为V_1mL，再加入甲基橙指示剂，继续用HCl标准溶液滴定至溶液由黄色变为橙色即为终点，此时$NaHCO_3$被中和成H_2CO_3，此时是第二个化学计量点，pH＝3.88。反应方程式如下：

$$NaHCO_3 + HCl \xlongequal{} NaCl + H_2O + CO_2$$

设此时消耗HCl标准溶液的体积为V_2mL，根据V_1和V_2可以判断出混合碱的组成。

当$V_1 > V_2$时，试液为Na_2CO_3与NaOH的混合物。

当$V_1 < V_2$时，试液为Na_2CO_3与$NaHCO_3$的混合物。

【实验用品】

6 $mol \cdot L^{-1}$ HCl溶液，碳酸钠基准物质，混合碱试样，1$g \cdot L^{-1}$甲基橙水溶液，2$g \cdot L^{-1}$酚酞乙醇溶液。

【实验步骤】

1. 0.1$mol \cdot L^{-1}$ HCl溶液的配制

用洁净的小量筒量取一定体积的6$mol \cdot L^{-1}$ HCl，倒入试剂瓶中，用蒸馏水稀释至500mL，盖上玻璃塞，摇匀。贴上标签。

2. 0.1mol·L^{-1} HCl 溶液浓度的标定

在电子分析天平上准确称取 3 份 0.15～0.2g 基准 Na_2CO_3 于 3 个锥形瓶中，加 30mL 水溶解后，加 2 滴甲基橙，然后用待标定的 0.1mol·L^{-1} HCl 滴定至溶液由淡黄色变为橙红色即为终点，记下消耗 HCl 溶液的体积，根据消耗 HCl 的体积计算盐酸的准确浓度。

3. 混合碱的测定

准确称取试样约 2g 于烧杯中，加少量水使其溶解后，定量转移到 250mL 容量瓶中，加水稀释至刻度线，摇匀。用 25mL 移液管移取 25mL 上述溶液于锥形瓶中，加 2～3 滴酚酞[1]，以 0.10mol·L^{-1} HCl 标准溶液滴定至红色变为微红色[2]为第一终点，记下 HCl 标准溶液的体积 V_1，再加入 2 滴甲基橙，继续用 HCl 标准溶液滴定至溶液由黄色恰变为橙色[3]，为第二终点，记下 HCl 标准溶液的体积 V_2。平行测定三次，根据 V_1、V_2 的大小判断混合物的组成，计算各组分的含量。

【实验数据记录与结果处理】

1. 0.1mol·L^{-1} HCl 标准溶液的标定

项目	Ⅰ	Ⅱ	Ⅲ
$m_{Na_2CO_3}$/g			
V_{HCl}/mL			
c_{HCl}/mol·L^{-1}			
c_{HCl} 平均值/mol·L^{-1}			
相对平均偏差/%			

2. 混合碱的测定

项目	Ⅰ	Ⅱ	Ⅲ
$m_{混合碱}$/g			
V_1/mL			
V_2/mL			
混合碱组成			
w_{NaOH}/%			
w_{NaOH} 平均值/%			
相对平均偏差/%			
$w_{Na_2CO_3}$/%			
$w_{Na_2CO_3}$ 平均值/%			
相对平均偏差/%			
w_{NaHCO_3}/%			
w_{NaHCO_3} 平均值/%			
相对平均偏差/%			

【注释】

[1] 混合碱系 NaOH 和 Na_2CO_3 组成时，酚酞指示剂可适当多加几滴，否则常因滴定不完全使 NaOH 的测定结果偏低，Na_2CO_3 的测定结果偏高。

[2] 最好用 $NaHCO_3$ 的酚酞溶液（浓度相当）作对照。在达到第一终点前，不要因为滴定速度过快，造成溶液中 HCl 局部过浓，引起 CO_2 的损失，带来较大的误差，滴定速度

也不能太慢，摇动要均匀。

［3］近终点时，一定要充分摇动，以防形成 CO_2 的过饱和溶液而使终点提前到达。

【思考题】

1. 在第一终点滴完后的锥形瓶中加入甲基橙，立即滴 V_2，能否先在三个锥形瓶中分别滴 V_1，再分别滴 V_2？为什么？

2. 能否平行取两份试液，一份用甲基橙作指示剂，用 HCl 标准溶液滴至终点；另一份用酚酞作指示剂，用同一 HCl 标准溶液滴至终点。用两种指示剂所消耗的 HCl 标准溶液体积判断混合碱的组成并计算含量？

实验 33 EDTA 标准溶液的配制与标定

【实验目的】

1. 学习 EDTA 标准溶液的配制和标定方法。
2. 掌握配位滴定的原理。
3. 了解配位滴定的特点。

【实验原理】

乙二胺四乙酸（简称 EDTA，常用 H_4Y 表示）难溶于水，常温下其溶解度为 $0.2g \cdot L^{-1}$（约 $0.0007mol \cdot L^{-1}$），在分析中不适用，通常使用其二钠盐配制标准溶液。乙二胺四乙酸二钠盐的溶解度为 $120g \cdot L^{-1}$，可配成 $0.3\ mol \cdot L^{-1}$ 的溶液，其水溶液的 pH=4.8，分析中常用的浓度是 $0.01 \sim 0.05mol \cdot L^{-1}$。通常采用间接法配制标准溶液。

标定 EDTA 溶液常用的基准物质有 Zn、ZnO、$CaCO_3$、$NH_4Fe(SO_4)_2 \cdot 24H_2O$、Bi、Cu、$MgSO_4 \cdot 7H_2O$、Hg、Ni、Pb 等。标定 EDTA 溶液常用下面几种方法。

1. 以纯金属 Zn 或 ZnO 为基准物，铬黑 T 或二甲酚橙为指示剂进行标定。

（1）在 pH=10 的 NH_3-NH_4Cl 缓冲溶液中，以铬黑 T 为指示剂进行标定。

在 pH=10 时，铬黑 T 呈蓝色，它与 Zn^{2+} 的配合物呈红色。

$$\underset{}{Zn^{2+}} + \underset{\text{(蓝色)}}{HIn^{2-}} \rightleftharpoons \underset{\text{(红色)}}{ZnIn^-} + H^+$$

当滴入 EDTA 时，溶液中游离的 Zn^{2+} 首先与 EDTA 配合。

$$Zn^{2+} + H_2Y^{2-} \rightleftharpoons ZnY^{2-} + 2H^+$$

此时，溶液仍为红色，到达化学计量点附近时，EDTA 夺取 $ZnIn^-$ 配合物中的 Zn^{2+}，释放出指示剂，从而引起溶液颜色的变化，溶液呈指示剂的蓝色，即为终点。

$$\underset{\text{(红色)}}{ZnIn^-} + H_2Y^{2-} \rightleftharpoons ZnY^{2-} + \underset{\text{(蓝色)}}{HIn^{2-}} + H^+$$

（2）在 pH=5～6 的六亚甲基四胺-HCl 缓冲溶液中，以二甲酚橙为指示剂进行标定。

在 pH=5～6 时，二甲酚橙呈黄色，它与 Zn^{2+} 的配合物呈紫红色。滴定到达终点时，溶液由紫红色变为亮黄色。其反应式为：

$$Zn^{2+} + HIn^{2-} \rightleftharpoons ZnIn^{-} + H^{+}$$

（黄色）　（紫红色）

$$H_2Y^{2-} + Zn^{2+} \rightleftharpoons ZnY^{2-} + 2H^{+}$$

$$ZnIn^{-} + H_2Y^{2-} \rightleftharpoons ZnY^{2-} + HIn^{2-} + H^{+}$$

（紫红色）　　　　（黄色）

根据 Zn 的量和消耗 EDTA 的体积即可求得 EDTA 标准溶液的浓度。

2. 以 $CaCO_3$ 作基准物，“钙指示剂”或铬黑 T 为指示剂进行标定。

（1）在 pH=12～14，以“钙指示剂”为指示剂，进行标定。

在 pH=12～14 时，“钙指示剂”（简写 NN）呈蓝色，它与 Ca^{2+} 的配合物 NN-Ca^{2+} 呈酒红色。滴定到达终点时，溶液由酒红色变为蓝色。其反应为：

$$Ca^{2+} + NN \rightleftharpoons NN\text{-}Ca^{2+}$$

（纯蓝色）（酒红色）

$$H_2Y^{2-} + Ca^{2+} \rightleftharpoons CaY^{2-} + 2H^{+}$$

$$NN\text{-}Ca^{2+} + H_2Y^{2-} \rightleftharpoons CaY^{2-} + NN + 2H^{+}$$

（酒红色）　　　　　　（纯蓝色）

（2）在 pH=10 的 NH_3-NH_4Cl 缓冲溶液中，以铬黑 T 为指示剂，加入少量 MgY^{2-} 进行标定。

其滴定过程中变色原理如下：

$$Ca^{2+} + MgY^{2-} + HIn^{2-} \rightleftharpoons CaY^{2-} + MgIn^{-} + H^{+}$$

（纯蓝色）　　　　（红色）

$$H_2Y^{2-} + Ca^{2+} \rightleftharpoons CaY^{2-} + 2H^{+}$$

$$MgIn^{-} + H_2Y^{2-} \rightleftharpoons MgY^{2-} + HIn^{2-} + H$$

（红色）　　　　　　（纯蓝色）

在上述滴定中，加入的少量 MgY^{2-} 不仅不干扰测定，终点反而比 Ca^{2+} 单独存在时更敏锐 。

3. 以硫酸铁铵 $NH_4Fe(SO_4)_2 \cdot 12H_2O$ 为基准物，磺基水杨酸为指示剂进行标定。

在 pH=1.3～2.0 时，Fe^{3+} 与磺基水杨酸指示剂的配合物呈紫红色，磺基水杨酸指示剂本身呈黄色，滴定到达终点时，溶液由紫红色变为亮黄色。

实验中，通常选用与被测组分相同的物质作基准物进行标定，这样，标定和测定的条件较一致，可减少误差。

【实验用品】

基准试剂 $CaCO_3$，基准试剂 ZnO，纯 Zn，硫酸铁铵 $NH_4Fe(SO_4)_2 \cdot 12H_2O$（A. R.），$Na_2H_2Y \cdot 2H_2O$（固体），6 $mol \cdot L^{-1}$ HCl，1∶1 H_2SO_4，10% KOH，20% 六亚甲基四胺溶液，1∶1 氨水，NH_3-NH_4Cl 缓冲溶液（pH=10），0.2%二甲酚橙指示剂，甲基红指示剂，铬黑 T 指示剂，钙指示剂，10%磺基水杨酸指示剂。

【实验步骤】

1. 0.01 $mol \cdot L^{-1}$ EDTA 溶液的配制

称取 3.7g $Na_2H_2Y \cdot 2H_2O$ 固体，加热溶解后稀释至 1L，储存于聚乙烯塑料瓶中。

2. 用金属 Zn 或 ZnO 标定 EDTA 溶液

(1) Zn^{2+} 标准溶液的配制

① 基准物为金属 Zn　准确称取 0.13～0.19g 金属纯 Zn，置于 100mL 烧杯中，加入 10mL 6 mol·L^{-1} HCl 溶液，盖上表面皿，待完全溶解后，将溶液定量转移至 250mL 容量瓶中，用水稀释至刻度，摇匀。

② 基准物为 ZnO　准确称取基准 ZnO（在 800～1000℃下灼烧 20min 以上）0.16～0.24g 于 250mL 烧杯中，加几滴水润湿，盖上表面皿，从杯嘴逐滴加入 6mol·L^{-1} HCl，边加边摇，至刚好全部溶解。用水吹洗表面皿和烧杯壁，将溶液定量转移至 250mL 容量瓶中，用水稀释至刻度，摇匀。

(2) EDTA 溶液浓度的标定

① 以铬黑 T 为指示剂进行标定　用移液管移取 25.00mL Zn^{2+} 标准溶液于 250mL 锥形瓶中，加甲基红指示剂一滴，滴加氨水至呈微黄色，再加蒸馏水 25mL、氨缓冲溶液 10mL，摇匀。加铬黑 T 指示剂 5 滴，用 EDTA 溶液滴定至溶液由紫红色变为纯蓝色，即为终点。根据 Zn 或 ZnO 的质量及 EDTA 用量，计算 EDTA 溶液的准确浓度。

② 以二甲酚橙为指示剂进行标定　用移液管移取 25.00mL Zn^{2+} 标准溶液于 250mL 锥形瓶中，加 2 滴二甲酚橙指示剂，滴加六亚甲基四胺溶液至溶液呈稳定紫红色后，再继续滴加 3mL，用 EDTA 溶液滴定，试液由紫红色变为亮黄色，即为终点。根据金属 Zn 或 ZnO 的质量及 EDTA 用量计算 EDTA 溶液的准确浓度。重复三次。

3. 用 $CaCO_3$ 标定 EDTA 溶液

(1) Ca^{2+} 标准溶液的配制

准确称取 0.2～0.3g $CaCO_3$ 于 250mL 烧杯中，先滴几滴水润湿，盖上表面皿，从杯嘴边逐滴加入 6mol·L^{-1} HCl 至完全溶解，加热煮沸，用纯水把可能溅到表面皿上的溶液淋洗入烧杯中，待冷却后转入 250mL 容量瓶中，稀释至刻度，摇匀。

(2) EDTA 溶液浓度的标定

① 以铬黑 T 为指示剂进行标定　见实验 34。

② 以“钙指示剂”为指示剂进行标定　用移液管移取 25.00mLCa^{2+} 标准溶液于 250mL 锥形瓶中，加入少量钙指示剂（约 0.1g），逐滴加入 10% KOH 溶液（大约 20 滴）至溶液呈稳定的紫红色后，用 EDTA 溶液滴定至溶液由紫红色变为纯蓝色，即为终点。重复三次。计算 EDTA 溶液的准确浓度。

4. 以硫酸铁铵 $NH_4Fe(SO_4)_2 \cdot 12H_2O$ 为基准物，磺基水杨酸为指示剂进行标定

(1) Fe^{3+} 标准溶液的配制

准确称取约 1.2g 硫酸铁铵 $NH_4Fe(SO_4)_2 \cdot 12H_2O$ 于 150mL 烧杯中，加入 10mL 1∶1 H_2SO_4 和少量蒸馏水溶解后，再定量转移至 250mL 容量瓶中，稀释至刻度，摇匀。

(2) EDTA 溶液浓度的标定

用移液管移取 25.00mL Fe^{3+} 标准溶液于 250mL 锥形瓶中，加水稀释至 100mL，边振荡边逐滴加入 1∶1 氨水至刚出现沉淀时，再滴加 6mol·L^{-1} HCl 至沉淀刚消失，加 10 滴 10%磺基水杨酸指示剂，如果溶液的酸度已调节至 pH＝1.3～2，溶液应呈紫红色。加热至 70～80℃，用 EDTA 溶液滴定至溶液由紫红色变为亮黄色，即为终点。注意，滴定时温度应在 70℃左右。重复三次。计算 EDTA 溶液的准确浓度。

【数据记录与结果处理】

1. 用金属 Zn 或 ZnO 标定 0.01mol·L^{-1} EDTA 溶液

项目	Ⅰ	Ⅱ	Ⅲ
$m_{Zn或ZnO}$/g			
	铬黑 T 为指示剂		
V_{EDTA}/mL			
c_{EDTA}/mol·L^{-1}			
c_{EDTA}平均值/mol·L^{-1}			
相对平均偏差/%			
	二甲酚橙为指示剂		
V_{EDTA}/mL			
c_{EDTA}/mol·L^{-1}			
c_{EDTA}平均值/mol·L^{-1}			
相对平均偏差/%			

2. 用 $CaCO_3$ 标定 0.01mol·L^{-1} EDTA 溶液

项目	Ⅰ	Ⅱ	Ⅲ
m_{CaCO_3}/g			
	铬黑 T 为指示剂		
V_{EDTA}/mL			
c_{EDTA}/mol·L^{-1}			
c_{EDTA}平均值/mol·L^{-1}			
相对平均偏差/%			
	“钙指示剂”为指示剂		
V_{EDTA}/mL			
c_{EDTA}/mol·L^{-1}			
c_{EDTA}平均值/mol·L^{-1}			
相对平均偏差/%			

3. 用 $NH_4Fe(SO_4)_2 \cdot 12H_2O$ 标定 0.01 mol·L^{-1} EDTA 溶液

项目	Ⅰ	Ⅱ	Ⅲ
$m_{硫酸铁铵}$/g			
V_{EDTA}/mL			
c_{EDTA}/mol·L^{-1}			
c_{EDTA}平均值/mol·L^{-1}			
相对平均偏差/%			

【思考题】

1. 如果 EDTA 溶液在长期贮存中，因侵蚀玻璃而含有少量 Ca^{2+}、Mg^{2+}，则在 pH=10 的碱性溶液中用 Ca^{2+} 标定和在 pH=4～5 的酸性介质中用 Zn^{2+} 标定，所得结果是否一致?

2. 以二甲酚橙为指示剂，用 Zn^{2+} 标准溶液标定 EDTA 溶液浓度时，滴定前是如何调节溶液为 pH=5～6 的缓冲溶液?

实验 34 自来水总硬度的测定

【实验目的】

1. 了解水硬度的测定意义和常用硬度的表示方法。

2. 掌握 EDTA 配位滴定法测定水硬度的原理和方法。

【实验原理】

水的硬度主要由于水中含有钙盐和镁盐所形成，此外铁、铝、锰、锶、锌等盐类也形成硬度，但含量少，一般不计在内。硬度有暂时硬度和永久硬度之分。

① 暂时硬度　水中含有钙、镁的酸式碳酸盐，遇热形成碳酸盐沉淀而失去其硬性。反应如下：

$$Ca(HCO_3)_2 \xlongequal{} CaCO_3(\text{完全沉淀}) + CO_2\uparrow + H_2O$$

$$Mg(HCO_3)_2 \xlongequal{} MgCO_3(\text{不完全沉淀}) + CO_2\uparrow + H_2O$$

$$MgCO_3 + H_2O \xlongequal{} Mg(OH)_2 + CO_2\uparrow$$

② 永久硬度　水中含有钙、镁的硫酸盐、氯化物、硝酸盐，在加热下亦不沉淀（但锅炉运行温度下，溶解度低的可析出成为锅垢）。

暂时硬度和永久硬度的总和称为“总硬”，由镁离子形成的硬度称为“镁硬”，由钙离子形成的硬度称为“钙硬”。总硬度的测定是滴定钙、镁总量，然后以钙换算为相应的硬度单位。水中钙、镁离子含量，可用 EDTA 法测定。

EDTA 可以制成基准物质，但其标准溶液通常采用间接法配制。标定 EDTA 溶液常用的基准物质有 Zn、ZnO、$CaCO_3$、Bi、Cu、$MgSO_4 \cdot 7H_2O$、Hg、Ni、Pb 等。测定水的硬度时，可选用 $CaCO_3$ 作基准物，这样，滴定条件较一致，可减少误差。$CaCO_3$ 用 HCl 溶解后制成钙标准溶液，吸取一定体积，调节酸度为 pH=10，用铬黑 T 作指示剂，加入少量 MgY^{2-}，以 EDTA 滴至溶液由红色转变为纯蓝色，即为终点。

铬黑 T 在 pH=7～11 之间呈蓝色，在此 pH 值范围内，铬黑 T 与金属离子（Mg^{2+}、Ca^{2+}、Zn^{2+} 等）的配合物呈红色。其滴定过程中变色原理如下：

$$Ca^{2+} + \underset{(\text{蓝色})}{HIn^{2-}} \xlongequal{} \underset{(\text{红色})}{CaIn^-} + H^+$$

$$\underset{(\text{红色})}{CaIn^-} + H_2Y^{2-} \xlongequal{} CaY^{2-} + \underset{(\text{蓝色})}{HIn^{2-}} + H^+$$

由于 CaY^{2-} 无色，所以到达终点时溶液由红色转变为纯蓝色。为了使终点更敏锐，在用 $CaCO_3$ 标定 EDTA 时，需加入少量 MgY^{2-}（见实验 33）。

测定水的总硬度以铬黑 T 为指示剂，控制溶液酸度为 pH =10，以 EDTA 标准溶液进行滴定。

各国对水的硬度表示方法不同。德国硬度是水质硬度表示比较早的一种方法，它以度（°）计，它表示十万份水中含有一份 CaO，即一升水中含有 10mg CaO 时为 1°。水质分类是：0～4°为很软的水，4°～8°为软水，8°～16°为中等硬水，16°～30°为很硬的水。

【实验用品】

药品：$CaCO_3$(s)，1∶1 HCl，NH_3-NH_4Cl 缓冲溶液（pH=10），0.01mol·L^{-1}EDTA 标准溶液，铬黑 T 指示剂。

【操作步骤】

1. EDTA 标准溶液的标定

准确称取 0.2～0.3g $CaCO_3$ 于 250mL 烧杯中，先滴几滴水润湿，盖上表面皿，从杯嘴边逐滴加入 1∶1 HCl 至完全溶解，加热煮沸，用纯水把可能溅到表面皿上的溶液淋洗入烧杯中，待冷却后转入 250mL 容量瓶中，稀释至刻度，摇匀。移取 25.00mL Ca^{2+} 溶液于 250mL 锥形瓶中，加入 5mL MgY^{2-}（来自步骤 2）、pH=10 缓冲溶液 10mL、铬黑 T 指示剂 2～3 滴，用 EDTA 标准溶液滴定至纯蓝色为终点。记下 V_{EDTA}，重复三次。根据 $CaCO_3$ 的质量和消耗的 V_{EDTA}，计算 EDTA 的准确浓度。

2. 总硬度的测定

量取自来水样 100mL 于 250mL 锥形瓶中，加 10 mL pH=10 缓冲溶液和 3 滴铬黑 T 指示剂，以 EDTA 标准溶液滴定至纯蓝色，即为终点。记下 V_{EDTA}，重复三次。将其中一份倒入烧杯中保留备用（EDTA 标定作 MgY^{2-} 试剂）。计算水的硬度（以度表示）。

【数据记录与结果处理】

1. 0.01 $mol \cdot L^{-1}$ EDTA 溶液的标定

项目	Ⅰ	Ⅱ	Ⅲ
m_{CaCO_3}/g			
V_{EDTA}/mL			
$c_{EDTA}/mol \cdot L^{-1}$			
c_{EDTA} 平均值/$mol \cdot L^{-1}$			
相对平均偏差/%			

2. 自来水总硬度的测定

项目	Ⅰ	Ⅱ	Ⅲ
$V_水/mL$	100	100	100
V_{EDTA}/mL			
硬度/(°)			
硬度平均值/(°)			
相对平均偏差/%			

【思考题】

1. HCl 溶液溶解 $CaCO_3$ 基准物时，操作中应注意些什么？
2. 以 $CaCO_3$ 基准物标定 EDTA 时，加入 MgY^{2-} 溶液的目的是什么？
3. 如果硬度测定结果只要求保留两位有效数字，应如何取 100mL 水样？
4. 用 EDTA 法测定水的硬度时，哪些离子的存在有干扰？如何消除？

实验 35 铅、铋混合液中 Pb^{2+}、Bi^{3+} 含量的连续测定

【实验目的】

1. 掌握控制溶液的酸度用 EDTA 连续滴定多种金属离子的原理和方法。
2. 熟悉溶液的配制和标定方法。

【实验原理】

Pb^{2+}、Bi^{3+} 均能与 EDTA 形成稳定的配合物，其稳定性又有相当大的差别（它们的 $pK^{\ominus}_{稳}$ 值分别为 27.94 和 18.40），因此可以利用控制溶液酸度来进行连续滴定。通常在 pH≈1时滴定 Bi^{3+}，在 pH=5～6 时滴定 Pb^{2+}。

在测定中，均以二甲酚橙为指示剂。先调节溶液的酸度为 pH≈1，用 EDTA 滴定

Bi^{3+}，溶液由紫红色突变为亮黄色，即为终点。在滴定 Bi^{3+} 后的溶液中，加入六亚甲基四胺溶液，调节溶液 pH＝5～6，此时 Pb^{2+} 与二甲酚橙形成紫红色的配合物，溶液再次呈现紫红色，然后用 EDTA 标准溶液继续滴定至突变为亮黄色，即为滴定 Pb^{2+} 的终点。

EDTA 溶液若用于测定 Pb^{2+}、Bi^{3+}，则宜以 ZnO 和金属锌为基准物，以二甲酚橙为指示剂。在 pH＝5～6 的溶液中，二甲酚橙指示剂本身显黄色，与 Zn^{2+} 形成紫红色的配合物，用 EDTA 滴定至终点时，二甲酚橙被游离了出来，溶液由紫红色变为黄色。

【实验用品】

药品：0.01mol·L^{-1} EDTA 标准溶液，0.2%二甲酚橙指示剂，20%六亚甲基四胺溶液，ZnO(基准物)，6mol·L^{-1} HCl。

【实验步骤】

1. EDTA 溶液的标定

准确称取基准 ZnO（在 800～1000℃下灼烧 20min 以上）0.16～0.24g 于 250mL 烧杯中，加几滴水润湿，盖上表面皿。从杯嘴逐滴加入 6mol·L^{-1} HCl，边加边摇，至刚好全部溶解。用水吹洗表面皿和烧杯壁，将溶液定量转移至 250mL 容量瓶，用水稀释至刻度，摇匀。移取 25.00mL（3 份）该溶液于锥形瓶中，加 2 滴二甲酚橙指示剂，滴加六亚甲基四胺溶液至溶液呈稳定的紫红色，再继续滴加 3mL，用 EDTA 溶液滴定，试液由紫红色经橙色，变为亮黄色，即为终点。根据 ZnO 质量及 EDTA 用量计算 EDTA 溶液的浓度。

2. 试液中的连续测定

吸取试液（pH≈1）25.00mL（3 份）于锥形瓶中，加 2 滴二甲酚橙指示剂，用 EDTA 标准溶液滴定，试液由紫红色经橙色变为亮黄色，即为第一终点。记录滴定剂用量 V_1。滴加六亚甲基四胺溶液至试液呈稳定的紫色，再继续滴加 3mL。继续用 EDTA 滴定。试液再次由紫红色经橙色变为亮黄色，即为第二终点，记录滴定剂用量 V_2。测定结果以 Bi（g·L^{-1}）及 Pb（g·L^{-1}）表示。

【数据记录和结果处理】

1. 0.01 mol·L^{-1} EDTA 溶液标定

项目	Ⅰ	Ⅱ	Ⅲ
m_{ZnO}/g			
V_{EDTA}/mL			
c_{EDTA}/mol·L^{-1}			
c_{EDTA}平均值/mol·L^{-1}			
相对平均偏差/%			

2. Pb^{2+}、Bi^{3+} 连续滴定

项目	Ⅰ	Ⅱ	Ⅲ
$V_{试液}$/mL	25.00	25.00	25.00
V_1/mL			
V_2/mL			
w(Bi)/g·L^{-1}			
w(Bi) 平均值/g·L^{-1}			
相对平均偏差/%			
w(Pb) /g·L^{-1}			
w(Pb) 平均值/g·L^{-1}			
相对平均偏差/%			

【思考题】

1. 试分析本实验中，金属指示剂由滴定 Bi^{3+} 到调节 pH＝5～6、又到滴定 Pb^{2+} 后终点变色的过程和原因。

2. 本实验为什么不用氨或碱调节 pH＝5～6，而用六亚甲基四胺来调节溶液 pH 值呢？用 HAc 缓冲溶液代替行吗？

实验 36 过氧化氢含量的测定（高锰酸钾法）

【实验目的】

1. 了解氧化还原滴定的特点。
2. 掌握 $KMnO_4$ 溶液的配制和标定方法。
3. 掌握 $KMnO_4$ 法测定 H_2O_2 含量的原理和方法。

【实验原理】

1. $KMnO_4$ 溶液的标定

标定 $KMnO_4$ 溶液的基准物质有 $Na_2C_2O_4$、$H_2C_2O_4 \cdot 2H_2O$、$(NH_4)_2Fe(SO_4)_2 \cdot 6H_2O$、$As_2O_3$ 等，其中以 $Na_2C_2O_4$ 较常用，$Na_2C_2O_4$ 不含结晶水，容易精制。在 H_2SO_4 溶液中，$KMnO_4$ 和 $Na_2C_2O_4$ 的反应式如下：

$$2MnO_4^- + 5C_2O_4^{2-} + 16H^+ = 2Mn^{2+} + 10CO_2 + 8H_2O$$

滴定时利用 MnO_4^- 本身的颜色指示滴定终点。MnO_4^- 与 $C_2O_4^{2-}$ 的反应速率较慢，为了使反应定量进行，滴定时应注意以下滴定条件。

（1）此反应需加热至 70～85℃时滴定，温度不宜过高或过低。如果温度太低，反应速率缓慢。但也不能过高，若超过 90℃，则 $H_2C_2O_4$ 部分分解：

$$H_2C_2O_4 = CO_2\uparrow + CO\uparrow + H_2O$$

这样使 $KMnO_4$ 的用量减少，以致标得的溶液浓度偏高。

（2）此反应需要足够的酸度，若酸度过低，MnO_4^- 会部分还原为 $MnO_2 \cdot nH_2O$；酸度过高，会促使 $H_2C_2O_4$ 缓慢分解。因此滴定开始时 H_2SO_4 浓度以 $0.5 \sim 1mol \cdot L^{-1}$ 为宜。

（3）因 MnO_4^- 与 $C_2O_4^{2-}$ 反应速率较慢，在滴定的最初阶段，$KMnO_4$ 褪色很慢。故开始滴定时，滴定速度不宜太快，否则，滴入的 $KMnO_4$ 来不及和 $C_2O_4^{2-}$ 反应，就在热的酸性溶液中发生分解：

$$4MnO_4^- + 12H^+ = 4Mn^{2+} + 5O_2 + 6H_2O$$

$KMnO_4$ 的分解将使它的用量增加，使标定结果偏低。如果溶液中有 Mn^{2+}，MnO_4^- 与 $C_2O_4^{2-}$ 的反应能很快进行，这里的 Mn^{2+} 起了催化剂的作用。若不加 Mn^{2+}，刚开始时反应很慢。随着反应的进行，不断地产生 Mn^{2+}，反应将越来越快，滴定速度可适当加快。

2. H_2O_2 含量的测定

过氧化氢在工业、医药等方面有着广泛的应用，常需要测定它的含量，在酸性溶液中 H_2O_2 遇 $KMnO_4$，表现为还原剂，可在室温条件下用 $KMnO_4$ 标准溶液直接滴定，其反应式为：

$$5H_2O_2 + 2MnO_4^- + 6H^+ = 5O_2 + 8H_2O + 2Mn^{2+}$$

开始时反应速率慢，滴入第一滴溶液不容易褪色，待 Mn^{2+} 生成后，由于 Mn^{2+} 的催化作用，加快了反应速率，故能顺利地滴定到终点。

根据 $KMnO_4$ 溶液的浓度和滴定消耗的体积，即可计算溶液中 H_2O_2 的含量。

【实验用品】

基准 $Na_2C_2O_4$（在 105～110℃ 烘干 2h 备用），H_2SO_4（3mol·L^{-1}），H_2O_2 试液（约 0.3%），$KMnO_4$ 溶液（0.02 mol·L^{-1}）。

称取计算量的 $KMnO_4$，溶于适当量的水中，加热煮沸 20～30min（随时加水，以补充蒸发损失），冷却后在暗处放置 7～10d，然后用玻璃砂芯漏斗过滤[1]，滤液贮于洁净的玻璃塞棕色瓶中，放置暗处保存。如果溶液煮沸并在水浴上保温 1h[2]，冷却后过滤，则不必长期放置，就可以标定其浓度（实验室准备）。

【实验步骤】

1. 0.02 mol·L^{-1} $KMnO_4$ 溶液的标定

准确称取 0.13～0.20g 基准 $Na_2C_2O_4$ 3 份，分别置于 250mL 锥形瓶中，加水约 30mL 溶解，再加 10mL 3mol·L^{-1} H_2SO_4 溶液[3]，加热至 75～85℃，趁热用待标定的 $KMnO_4$ 溶液滴定[4]至呈微红色 30s 不褪为终点[5]。终点时溶液的温度应在 60℃以上。记下 $KMnO_4$ 的用量。

根据每份滴定中 $Na_2C_2O_4$ 的质量和所消耗的 $KMnO_4$ 溶液的体积，计算 $KMnO_4$ 溶液的浓度，相对平均偏差应不大于 0.2%。

2. H_2O_2 含量的测定

用移液管吸取 H_2O_2 试液 10.00mL 于 250mL 锥形瓶中，加 10mL 3mol·L^{-1} H_2SO_4 和蒸馏水 20mL，用 $KMnO_4$ 标准溶液滴定至呈微红色 30s 不褪即为终点。重复测定 3 次，根据 $KMnO_4$ 溶液的浓度和消耗的体积，计算试液中 H_2O_2 的含量（以 g·L^{-1} 表示），并计算测定结果的相对平均偏差。

【数据记录和结果处理】

1. 0.02mol·L^{-1} $KMnO_4$ 标准溶液的标定

项目	Ⅰ	Ⅱ	Ⅲ
$m_{Na_2C_2O_4}$/g			
V_{KMnO_4}/mL			
c_{KMnO_4}/mol·L^{-1}			
c_{KMnO_4} 平均值/mol·L^{-1}			
相对平均偏差/%			

2. H_2O_2 含量的测定

项目	Ⅰ	Ⅱ	Ⅲ
$V_{H_2O_2}$/mL	10.00	10.00	10.00
V_{KMnO_4}/mL			
$c_{H_2O_2}$/g·L^{-1}			
$c_{H_2O_2}$ 平均值/g·L^{-1}			
相对平均偏差/%			

【注释】

[1] 蒸馏水中常含有少量的还原性物质，使 $KMnO_4$ 还原为 $MnO_2 \cdot nH_2O$。细粉状的 $MnO_2 \cdot nH_2O$ 能加速 $KMnO_4$ 的分解，故通常将 $KMnO_4$ 溶液煮沸一段时间，冷却后滤去

$MnO_2 \cdot nH_2O$ 沉淀。

[2] 加热及放置时均应盖上表面皿，以免掉入尘埃。

[3] $KMnO_4$和 $Na_2C_2O_4$的反应需要足够的酸度，滴定过程中若发现产生棕色浑浊，是酸度不足引起的，应立即加入 H_2SO_4补救，但若已达到终点，则加 H_2SO_4已无效，这时应该重做。

[4] $KMnO_4$溶液应装在酸式滴定管中。由于 $KMnO_4$溶液颜色很深，不易观察溶液弯月面的最低点，因此应该从液面最高边上读数。滴定时，第一滴 $KMnO_4$溶液褪色很慢，在第一滴 $KMnO_4$溶液褪色以前，不要加入第二滴，等几滴 $KMnO_4$溶液已经起作用之后，滴定的速度就可以稍快些，但不能让 $KMnO_4$溶液像流水似地流下去，近终点时更需小心缓慢滴入。

[5] $KMnO_4$滴定的终点是不太稳定的，这是由于空气中含有还原性气体及尘埃等杂质，落入溶液中能使 $KMnO_4$慢慢分解，而使粉红色消失，所以经过 30s 不褪色，即可认为终点已到。

【思考题】

1. 用 $Na_2C_2O_4$标定 $KMnO_4$溶液的浓度时，为什么必须在大量 H_2SO_4（HCl 或 HNO_3 可以吗?）存在下进行？酸度过高或过低有无影响？为什么要加热至 75～85℃后才能滴定？溶液温度过高或过低有什么影响？

2. 用 $KMnO_4$溶液滴定 $Na_2C_2O_4$溶液，$KMnO_4$溶液为什么一定要装在酸式滴定管中？为什么第一滴 $KMnO_4$溶液加入后红色褪去很慢，以后褪色较快？

3. 盛放在滴定管中的 $KMnO_4$溶液，它的体积应怎样读取？

实验 37 碘量法测定水中溶解氧

【实验目的】

1. 了解溶解氧的测定原理及意义。
2. 掌握碘量法滴定的基本操作及标准溶液的配制及标定方法。
3. 掌握碘量法测定溶解氧的基本操作规程。

【实验原理】

溶解氧（D. O）是指溶解在水中的分子态氧。氧在水中有较大的溶解度。例如 20℃时，一般低矿化水中可溶解氧为 $30mg \cdot L^{-1}$。氧在水中的溶解度与外界压力、温度和矿化度有关，故地下水与地表水中的溶解氧含量有较大差别。一般清洁的地面水溶解氧接近饱和，如果由于藻类的生长，可达到过饱和，但是，当水体受有机或无机还原性物质污染后，会使溶解氧降低。因此水体溶解氧是水体污染程度及水生动物生存条件的一项重要指标。

水中溶解氧的测定，一般用碘量法。水样中加入硫酸锰和碱性碘化钾，水中溶解氧在碱性条件下定量氧化 Mn^{2+}为 Mn(Ⅲ）和 Mn(Ⅳ)，而 Mn(Ⅲ）和 Mn(Ⅳ）又定量氧化 I^-为 I_2，用硫代硫酸钠标准溶液滴定，即可求出溶解氧的含量。

1. 在碱性条件下，二价锰生成白色的氢氧化亚锰沉淀

$$MnSO_4 + 2NaOH \xlongequal{} Mn(OH)_2 \downarrow + Na_2SO_4$$

2. 水中溶解氧与 $Mn(OH)_2$ 作用生成 Mn(Ⅲ) 和 Mn(Ⅳ)

$$2Mn(OH)_2 + O_2 = 2H_2MnO_3$$

$$H_2MnO_3 + Mn(OH)_2 = MnMnO_3\downarrow + 2H_2O$$

（棕色沉淀）

$$4Mn(OH)_2 + O_2 + 2H_2O = 4Mn(OH)_3\downarrow$$

3. 在酸性条件下，Mn(Ⅲ) 和 Mn(Ⅳ) 氧化 I^- 为 I_2

$$2KI + H_2SO_4 = 2HI + K_2SO_4$$

$$MnMnO_3 + 2H_2SO_4 + 2HI = 2MnSO_4 + I_2 + 3H_2O$$

$$2Mn(OH)_3 + 2H_2SO_4 + 2HI = I_2 + 6H_2O + 2MnSO_4$$

4. 用硫代硫酸钠标准溶液滴定定量生成的碘

$$I_2 + 2Na_2S_2O_3 = 2NaI + Na_2S_4O_6$$

【实验用品】

药品：硫酸锰溶液[1]，碱性碘化钾溶液[2]，浓硫酸，硫酸溶液（1+5），淀粉溶液（1%），$Na_2S_2O_3$溶液（$0.025mol \cdot L^{-1}$）[3]，$K_2Cr_2O_7$标准溶液［$0.02500mol \cdot L^{-1}$（$\frac{1}{6}K_2Cr_2O_7$）］[4]。

【实验步骤】

1. $0.025mol \cdot L^{-1}$ $Na_2S_2O_3$溶液的标定

于 250mL 碘量瓶中，加入 100mL 水和 1g KI，加入 10.00mL $0.02500mol \cdot L^{-1}$重铬酸钾（$\frac{1}{6}K_2Cr_2O_7$）标准溶液及 5mL(1+5) 硫酸溶液，密塞，摇匀。于暗处静置 5min 后，用待标定的 $Na_2S_2O_3$溶液滴定至溶液呈淡黄色，加入 1mL 淀粉溶液，继续滴定至蓝色刚好褪去为止，记录用量。平行标定 3 次，按下式计算 $Na_2S_2O_3$的浓度。

$$c_{Na_2S_2O_3}(mol \cdot L^{-1}) = \frac{(cV)_{\frac{1}{6}K_2Cr_2O_7}}{V_{Na_2S_2O_3}}$$

2. 自来水溶解氧的测定

(1) 水样的采集与固定

① 水样采集　将自来水龙头接一段乳胶管。打开水龙头，放水 10min 之后，将乳胶管插入溶解氧瓶底部，采集水样，直至水样从瓶口溢流 10min 左右。取样时应注意水的流速不应过大，严禁气泡产生（若为其他水样，应在水样采集后，用虹吸法转移到溶解氧瓶中，同样要求水样从瓶口溢流）。平行取三份水样。

② 溶解氧固定　将移液管插入液面下，依次加入 1mL 硫酸锰溶液及 2mL 的碱性碘化钾溶液，盖好瓶塞，勿使瓶内有气泡，颠倒混合 15 次，静置。待棕色絮状沉淀降到一半时，再颠倒几次。固定了溶解氧的水样不应久放。最好立即测定。

(2) 水样溶解氧的测定

① 酸化　分析时轻轻打开瓶塞，立即将吸量管插入液面下，加入 1.5～2.0mL 浓硫酸，小心盖好瓶塞，颠倒混合摇匀至沉淀物全部溶解为止。若溶解不完全，可继续加入少量浓硫酸，但此时不可溢流出溶液。然后放置暗处 5min。

② 测定　用移液管吸取 100mL 上述溶液，注入 250mL 锥形瓶中，用 $0.025mol \cdot L^{-1}$硫代硫酸钠标准溶液滴定到溶液呈微黄色，加入 1mL 淀粉溶液，继续滴定至蓝色恰好褪去为

止，记录用量。按下式计算溶解氧的浓度。

$$\text{D. O(mg·L}^{-1}) = \frac{(cV)_{Na_2S_2O_3} M_{\frac{1}{4}O_2} \times 1000}{V_{水}}$$

$$M_{\frac{1}{4}O_2} = 8$$

【数据记录与结果处理】

1. 0.025mol·L⁻¹ $Na_2S_2O_3$溶液的标定

项目	Ⅰ	Ⅱ	Ⅲ
$c_{\frac{1}{6}K_2Cr_2O_7}$ /mol·L^{-1}		0.02500	
$V_{\frac{1}{6}K_2Cr_2O_7}$ /mL	10.00	10.00	10.00
$V_{Na_2S_2O_3}$ /mL			
$c_{Na_2S_2O_3}$ /mol·L^{-1}			
$c_{Na_2S_2O_3}$ 平均值 /mol·L^{-1}			
相对平均偏差/%			

2. 溶解氧的测定

项目	Ⅰ	Ⅱ	Ⅲ
$V_{水样}$ /mL	100.0	100.0	100.0
$V_{Na_2S_2O_3}$ /mL			
D. O/mg·L^{-1}			
D. O 平均值/mg·L^{-1}			
相对平均偏差/%			

【注释】

［1］硫酸锰溶液：溶解 480g 分析纯硫酸锰（$MnSO_4 \cdot H_2O$）于蒸馏水中，过滤后稀释成 1L（实验室准备）。

［2］碱性碘化钾溶液：取 500g 分析纯氢氧化钠溶解于 300～400mL 蒸馏水中（如氢氧化钠溶液表面吸收二氧化碳生成了碳酸钠，此时如有沉淀生成，可过滤除去）。另称取 150g 碘化钾溶解于 200mL 蒸馏水中。将上述两种溶液合并，加蒸馏水稀释至 1L。溶液贮于棕色瓶中。用橡皮塞塞紧，避光保存。此溶液酸化后，遇淀粉应不呈蓝色（实验室准备）。

［3］硫代硫酸钠标准溶液：溶解 6.2g 分析纯硫代硫酸钠（$Na_2S_2O_3 \cdot 5H_2O$）于煮沸放冷的蒸馏水中，然后在加入 0.2g 无水碳酸钠，移入 1L 容量瓶中，加入蒸馏水至刻度（0.02500mol·L^{-1}）。为了防止分解，可加入氯仿数毫升，储于棕色瓶中，用前进行标定（实验室准备）。

［4］重铬酸钾标准溶液：精确称取于 110℃干燥 2h 的分析纯重铬酸钾 1.2258g，溶于蒸馏水中，移入 1L 容量瓶中，稀释至刻度［0.02500mol·L^{-1}（$\frac{1}{6}K_2Cr_2O_7$）］（实验室准备）。

【思考题】

1. 测定水中溶解氧的基本原理是什么？
2. 测定溶解氧有何意义？
3. 三价铁离子对测定有何影响？如何消除？

4. 取水样时溶解氧瓶为什么不能含有气泡？

5. 加硫酸时为什么要插入液面以下？

6. 当碘析出时为什么把溶解氧瓶放置暗处 5min？

实验 38 水中化学耗氧量（COD）的测定

【实验目的】

1. 了解水中化学耗氧量（COD）的测定意义。

2. 了解水中化学耗氧量（COD）与水体污染的关系。

3. 掌握 $KMnO_4$ 法测定水样中化学耗氧量的原理和方法。

【实验原理】

水中化学耗氧量（COD）是环境水质标准及废水排放标准的控制项目之一，是度量水体受还原性物质（主要是有机物）污染程度的综合性指标。COD 是指在一定条件下，水体中易被强氧化剂氧化的还原性物质所消耗的氧化剂的量，换算成氧的含量（以 $mg \cdot L^{-1}$ 计）。

水中 COD 的测定，一般情况下多采用酸性高锰酸钾法。此法简便快速，适合于测定地面水、河水等污染不十分严重的水质。工业污水及生活污水中含有成分复杂的污染物，宜采用重铬酸钾法。

酸性高锰酸钾法是在水样中加入 H_2SO_4 及一定过量的 $KMnO_4$ 溶液，置于沸水浴中加热，使其中的还原性物质氧化，剩余的 $KMnO_4$ 用一定量过量的 $Na_2C_2O_4$ 还原，再以 $KMnO_4$ 标准溶液返滴 $Na_2C_2O_4$ 的过量部分。其反应式如下：

$$4MnO_4^- + 5C + 12H^+ = 4Mn^{2+} + 5CO_2\uparrow + 6H_2O$$

$$2MnO_4^- + 5C_2O_4^{2-} + 16H^+ = 2Mn^{2+} + 10CO_2\uparrow + 8H_2O$$

据此，测定结果的计算式为

$$COD = \frac{[\frac{5}{4}c_{MnO_4^-}(V_1+V_2)_{MnO_4^-} - \frac{1}{2}(cV)_{C_2O_4^{2-}}] \times 32.00 \times 1000}{V_{水样}} \ (O_2 \ mg \cdot L^{-1})$$

式中，V_1 为第一次加入 $KMnO_4$ 溶液的体积；V_2 为第二次加入 $KMnO_4$ 溶液的体积。

水样中实际 COD＝测定 COD－测定空白值

【实验用品】

仪器：酸式滴定管，容量瓶（250mL、500mL），移液管（50mL，10mL），锥形瓶，电炉，分析天平，称量瓶。

药品：$KMnO_4$（$0.02mol \cdot L^{-1}$），H_2SO_4（$3mol \cdot L^{-1}$），$Na_2C_2O_4$(s)(A. R)。

【实验步骤】

1. 0.05000 $mol \cdot L^{-1}$ $Na_2C_2O_4$ 标准溶液的配制

将 $Na_2C_2O_4$ 置于 100～105℃下干燥 2h。准确称取 3.3500g $Na_2C_2O_4$ 于小烧杯中，加入约 50mL 去离子水溶解后，定量转入 500mL 容量瓶中，加水稀释至刻度，充分摇匀，备用。

2. 0.02 mol·L^{-1} $KMnO_4$溶液的标定

准确移取 $Na_2C_2O_4$ 标准溶液 25.00mL，分别置于 3 个 250mL 锥形瓶中，再加 10mL 3mol·L^{-1} H_2SO_4溶液，加热至 75～85℃，趁热用待标定的 $KMnO_4$溶液滴定至呈微红色 30s 不褪为终点。终点时溶液的温度应在 60℃以上。记下 $KMnO_4$的用量。

根据每份滴定中所消耗 $KMnO_4$溶液的体积，计算 $KMnO_4$溶液的浓度，相对平均偏差应不大于 0.2%。

3. COD 的测定

准确移取 50.00mL 水样于锥形瓶中，加入 8mL 3mol·L^{-1} H_2SO_4，再由滴定管放入 0.02mol·L^{-1} $KMnO_4$标准溶液 5.00mL(V_1)，在电炉上立即加热至沸（若此时红色褪去，说明水样中有机物含量较多，应补加适量 $KMnO_4$溶液至试样溶液呈现稳定的红色）。从冒第一个大气泡开始计时，准确煮沸 10min，取下锥形瓶，冷却 1min 后，准确加入 10.00mL 0.05000mol·L^{-1} $Na_2C_2O_4$标准溶液，摇匀，此时溶液应由红色转为无色。再用 $KMnO_4$标准溶液滴定，由无色变成粉红色，且 30s 之内不褪色为终点。记下消耗 $KMnO_4$标准溶液的体积（V_2）。计算出 COD 的值。平行测定 3 份，求其平均值。

另取 50.00mL 去离子水代替水样，重复上述操作，求出空白值。

【数据记录与结果处理】

1. 0.02mol·L^{-1} $KMnO_4$标准溶液的标定

项目	Ⅰ	Ⅱ	Ⅲ
$c_{Na_2C_2O_4}$/mol·L^{-1}	0.05000		
$V_{Na_2C_2O_4}$/mL	25.00	25.00	25.00
V_{KMnO_4}/mL			
c_{KMnO_4}/mol·L^{-1}			
c_{KMnO_4}平均值/mol·L^{-1}			
相对平均偏差/%			

2. 水样中 COD 的测定

项目	Ⅰ	Ⅱ	Ⅲ
$V_水$/mL	50	50	50
$V_{1,KMnO_4}$/mL	5.00	5.00	5.00
$V_{Na_2C_2O_4}$/mL	10.00	10.00	10.00
$V_{2,KMnO_4}$/mL			
COD/mg·L^{-1}			
COD 平均值/mg·L^{-1}			
相对平均偏差/%			
空白值/mg·L^{-1}			
COD 实际值/mg·L^{-1}			

【注意事项】

1. 水样取后应立即进行分析，如需放置可加少量硫酸铜固体，以抑制微生物对有机物的分解。

2. 取水样的量视水质污染程度而定。污染严重的水样应取 10～20mL，加去离子水稀释后测定。

3. 经验证明，控制加热时间很重要，煮沸 10min，要从冒第一个大气泡开始记录，否则精密度较差。

【思考题】

1. 水样中加入一定量 $KMnO_4$ 并加热处理后，红色褪去，说明什么问题？加入 $Na_2C_2O_4$ 后溶液仍显红色，又说明什么问题？此时，应怎样进行实验操作？

2. 加热煮沸时间过长，对测定有何影响？

3. 测定水中 COD 采用的是何种滴定方式？为什么？

4. 水样中氯离子含量高时为什么对测定有干扰？应采取什么方法加以消除？

5. 测定水中化学耗氧量的意义何在？

第9章 设计与综合实验

9.1 设计实验

实验39 未知阳离子（给定范围）混合液的定性分析

【实验目的】

1. 熟悉未知阳离子混合液的分离鉴定方案的制定。
2. 掌握常见阳离子的个别鉴定方法。
3. 培养综合应用基础知识的能力。

【实验用品】

仪器：离心机，铂丝，定性分析常用玻璃仪器。

药品（除注明外，试剂浓度单位为 $mol\cdot L^{-1}$）：阳离子分析试液（硫化氢系统所含25种阳离子），HCl（2.0，6.0，浓），HNO_3（6.0，浓），HAc（6.0），$NH_3\cdot H_2O$(6.0，2.0)，NaOH(40%，6.0)，H_2O_2（3%），NH_4Cl(3.0)，NaAc(3.0)，$(NH_4)_2CO_3$(1.0)，$SnCl_2$(0.2)，$HgCl_2$(0.2)，Na_2S(1.0)，5%硫代乙酰胺(TAA)，$CaSO_4$饱和溶液，$(NH_4)_2SO_4$饱和溶液，NH_4SCN饱和溶液，NaBrO(新配制）饱和溶液，0.02% Co^{2+}，EDTA(0.05)，1∶1甘油，0.1%铝试剂，0.05%镁试剂，奈斯勒试剂，$K_3[Fe(CN)_6]$(0.25)，$K_4[Fe(CN)_6]$(0.25)，1%丁二酮肟，$(NH_4)_2[Hg(SCN)_4]$(0.1)，醋酸双氧铀锌试剂，NaF(s)，$NaBiO_3$(s)，Na_2CO_3(s)，锡箔，铁丝，戊醇，丙酮。

【实验要求】

1. 由常见阳离子（Pb^{2+}、Fe^{3+}、Cd^{2+}、NH_4^+、Ca^{2+}、Ba^{2+}、Ag^+、Hg^{2+}、Cu^{2+}、Ni^{2+}、Co^{2+}、Mn^{2+}、Al^{3+}、Cr^{3+}、Zn^{2+}、$Sn^{Ⅳ}$）中的3～4种组成一组未知阳离子混合试液。

2. 向教师领取混合阳离子未知液（给出未知液含可能的6种离子，其中3～4种离子存在），拟定分离鉴定方案（分离鉴定示意图），分析鉴定未知液中所含的阳离子。

3. 给出鉴定结果，写出鉴定步骤及相关的反应方程式。

4. 提交书面报告。

实验40 胃舒平药片中铝和镁的测定

【实验目的】

1. 学习药剂测定的前处理方法。

2. 学习用返滴定法测定铝的方法。

3. 掌握沉淀分离的操作方法。

【实验原理】

胃舒平是一种中和胃酸的胃药，用于胃酸过多及胃和十二指肠溃疡的治疗，其主要成分为氢氧化铝、三硅酸铝及少量中药颠茄流浸膏，在制成片剂时还加入了大量糊精等赋形剂。药片中Al和Mg的含量可用EDTA配位滴定法测定。

首先溶解样品，分离除去水不溶物质，然后取试液加入过量的EDTA溶液，调节pH值至4左右，煮沸使EDTA与Al配位完全，再以二甲酚橙为指示剂，用Zn标准溶液返滴过量的EDTA，测出Al含量。另取试液，调节pH＝8～9，将Al沉淀分离后在pH值为10的条件下以铬黑T作指示剂，用EDTA标准溶液滴定滤液中的Mg。

【实验用品】

仪器：电炉，托盘天平，研钵，滴定管，容量瓶（250mL），吸量管（5mL，10mL），移液管（10mL，25mL），锥形瓶等。

试剂：胃舒平药片，EDTA标准溶液($0.02mol\cdot L^{-1}$)，Zn^{2+}标准溶液($0.02mol\cdot L^{-1}$)，六亚甲基四胺（20%），三乙醇胺水溶液（1∶2），氨水（1∶1），盐酸（1∶1），甲基红指示剂（0.2%乙醇溶液），铬黑T指示剂，二甲酚橙指示剂（0.2%），NH_3-NH_4Cl缓冲溶液。

【实验步骤】

1. $0.02mol\cdot L^{-1}$ EDTA标准溶液的配制与标定

见实验33。

2. $0.02000mol\cdot L^{-1}$ Zn^{2+}标准溶液的配制

准确称取基准ZnO(在800～1000℃下灼烧20min以上）0.4069g于250mL烧杯中，加几滴水润湿，盖上表面皿，从杯嘴逐滴加入$6mol\cdot L^{-1}$ HCl，边加边摇，至刚好全部溶解。用水吹洗表面皿和烧杯壁，将溶液定量转移至250mL容量瓶中，用水稀释至刻度，摇匀。

3. 样品处理

称取胃舒平药片10片，研细后从中称出药粉2g左右，加入20mL HCl(1∶1)，加蒸馏水100mL，煮沸，冷却后过滤，并以水洗涤沉淀，收集滤液及洗涤液于250mL容量瓶中，稀释至刻度，摇匀。

4. 铝的测定

准确吸取上述试液5.00mL，加水至25mL左右，滴加1∶1 $NH_3\cdot H_2O$溶液至刚出现浑浊，再加1∶1 HCl溶液至沉淀恰好溶解，准确加入EDTA标准溶液25.00mL，再加入10mL六亚甲基四胺溶液，煮沸10min并冷却后，加入二甲酚橙指示剂2～3滴，以Zn^{2+}标准溶液的滴定至溶液由黄色变为红色，即为终点。根据EDTA加入量与Zn^{2+}标准溶液的滴定体积，计算每片药片中$Al(OH)_3$的质量分数。

5. 镁的测定

吸取试液 25.00mL，滴加 1∶1 $NH_3 \cdot H_2O$ 溶液至刚出现沉淀，再加 1∶1 HCl 溶液至沉淀恰好溶解，加入 2g 固体 NH_4Cl，滴加六亚甲基四胺溶液至沉淀出现并过量 15mL，加热至 80℃，维持 10～15min，冷却后过滤，以少量蒸馏水洗涤沉淀数次，收集滤液与洗涤液于 250mL 锥形瓶中，加入三乙醇胺溶液 10mL、NH_3-NH_4Cl 缓冲溶液 10mL 及甲基红指示剂 1 滴，铬黑 T 指示剂少许，用 EDTA 标准溶液滴定至试液由暗红色转变为蓝绿色，即为终点。计算每片药片中 Mg 的质量分数（以 MgO 表示）。

【数据记录与结果处理】

1. 铝的测定

项目	Ⅰ	Ⅱ	Ⅲ
m_1(药片)/g			
m_2(药粉)/g			
$V_{试液}$/mL	5.00	5.00	5.00
V_{EDTA}/mL	25.00	25.00	25.00
$V_{Zn标准}$/mL			
$Al(OH)_3$/%			
$Al(OH)_3$平均值/%			
相对平均偏差/%			

2. 镁的测定

项目	Ⅰ	Ⅱ	Ⅲ
m_1(药片)/g			
m_2(药粉)/g			
$V_{试液}$/mL	25.00	25.00	25.00
V_{EDTA}/mL			
MgO/%			
MgO 平均值/%			
相对平均偏差/%			

【注意事项】

1. 为使测定结果具有代表性，应取较多样品，研细后再取部分进行分析。
2. 测定镁时加入甲基红一滴可使终点更为敏锐。

【思考题】

1. 本实验为什么要称取大样后，再分取部分试液进行滴定？
2. 在分离铝后的滤液中测定镁，为什么要加三乙醇胺？

实验 41 碘量法测定维生素 C（药片）

【实验目的】

1. 掌握碘标准溶液的配制和标定方法。
2. 了解直接碘量法测定维生素 C 的原理和方法。

【实验原理】

维生素C(Vc)又称抗坏血酸，分子式$C_6H_8O_6$，分子量176.12。维生素C具有还原性，可被I_2定量氧化，因而可用I_2标准溶液直接滴定。其滴定反应式为：

$$C_6H_8O_6 + I_2 = C_6H_6O_6 + 2HI$$

由于维生素C的还原性很强，较易被溶液和空气中的氧氧化，在碱性介质中这种氧化作用更强，因此滴定宜在酸性介质中进行，以减少副反应的发生。考虑到I_2在强酸性溶液中也易被氧化，故一般选在pH=3～4的弱酸性溶液中进行滴定。

【实验用品】

药品：I_2溶液(约$0.05mol \cdot L^{-1}$)[1]，$Na_2S_2O_3$标准溶液($0.1mol \cdot L^{-1}$)，HAc($2mol \cdot L^{-1}$)，淀粉溶液，维生素C片剂，KI溶液。

【实验步骤】

1. $0.1mol \cdot L^{-1}$ $Na_2S_2O_3$标准溶液的标定

见实验37。

2. I_2溶液的标定

用移液管移取20.00mL $Na_2S_2O_3$标准溶液于250mL锥形瓶中，加40mL蒸馏水、4mL淀粉溶液，然后用I_2溶液滴定至溶液呈浅蓝色，30s内不褪色即为终点。平行标定3份，记录并计算I_2溶液的浓度。

3. 维生素C片剂中Vc含量的测定

准确称取2片维生素C药片，置于250mL锥形瓶中，加入100mL新煮沸过并冷却的蒸馏水、10mL HAc溶液和5mL淀粉溶液，立即用I_2标准溶液滴定至出现稳定的浅蓝色，且在30s内不褪色即为终点，记下消耗I_2标准溶液的体积。平行滴定3份，计算试样中Vc的质量分数。

【数据记录与结果处理】

1. I_2溶液的标定

项目	Ⅰ	Ⅱ	Ⅲ
$c_{Na_2S_2O_3}/mol \cdot L^{-1}$			
$V_{Na_2S_2O_3}/mL$	20.00	20.00	20.00
V_{I_2}/mL			
$c_{I_2}/mol \cdot L^{-1}$			
平均$c_{I_2}/mol \cdot L^{-1}$			
相对平均偏差/%			

2. 维生素C片剂中Vc含量的测定

项目	Ⅰ	Ⅱ	Ⅲ
m(药片)/g			
V_{I_2}/mL			
Vc/%			
Vc平均值/%			
相对平均偏差/%			

【注释】

[1]称取3.3g I_2和5g KI，置于研钵中，加少量水，在通风橱中研磨。待I_2全部溶解后，将溶液转入棕色试剂瓶中，加水稀释至250mL，充分摇匀，放阴暗处保存。

【思考题】

1. 溶解I_2时，加入过量KI的作用是什么？
2. 维生素C固体试样溶解时，为何要加入新煮沸并冷却的蒸馏水？
3. 碘量法的误差来源有哪些？应采取哪些措施减少误差？

9.2 综合实验

实验42 硫酸亚铁铵的制备及组成分析

【实验目的】

1. 了解复盐的一般特征和制备方法。
2. 熟练掌握水浴加热、蒸发、结晶、常压过滤和减压过滤等基本操作。
3. 了解检验产品纯度的方法。

【实验原理】

硫酸亚铁铵$(NH_4)_2Fe(SO_4)_2 \cdot 6H_2O$俗称摩尔盐，为浅蓝绿色单斜晶体。易溶于水，难溶于乙醇。一般亚铁盐在空气中易被氧化，往往带有不同程度的黄棕色，但这种复盐较稳定，在空气中不易被氧化，因此在定量分析中常用作氧化还原滴定法的基准物。

本实验采用铁与稀硫酸作用制得硫酸亚铁：

$$Fe + H_2SO_4 = FeSO_4 + H_2\uparrow$$

由于复盐$(NH_4)_2Fe(SO_4)_2 \cdot 6H_2O$的溶解度比组成它的简单盐的溶解度都要小（见表9.1），因此等物质的量的硫酸亚铁与硫酸铵在水溶液中相互作用，可以得到$(NH_4)_2Fe(SO_4)_2 \cdot 6H_2O$复盐。其反应为：

$$FeSO_4 + (NH_4)_2SO_4 + 6H_2O = (NH_4)_2Fe(SO_4)_2 \cdot 6H_2O$$

表9.1 溶解度表/($g/100gH_2O$)

物质	10℃	20℃	30℃	40℃	60℃
$FeSO_4 \cdot 7H_2O$	40.0	48.0	60.0	73.3	100
$(NH_4)_2SO_4$	73.0	75.4	78.0	81	88
$(NH_4)_2Fe(SO_4)_2 \cdot 6H_2O$	17.2	36.5	45.0	—	—

【实验用品】

仪器：台秤，烧杯（100mL），酒精灯，普通漏斗，蒸发皿，布氏漏斗，吸滤瓶，比色管（25mL）。

药品：铁屑，10% Na_2CO_3，H_2SO_4（3.0$mol \cdot L^{-1}$），$(NH_4)_2SO_4$（固体），KSCN（1.0$mol \cdot L^{-1}$）。

材料：pH 试纸，滤纸。

【实验步骤】

1. 硫酸亚铁铵的制备

(1) 铁屑表面油污的去除

用台秤称取 1.0g 铁屑，放入烧杯中，加入 10mL 10% Na_2CO_3 溶液，小火加热约 10min，用倾析法除去碱液（回收），用自来水把铁屑冲洗干净，备用。

(2) 硫酸亚铁的制备

在盛有铁屑的烧杯中加入约 10mL 3mol·L^{-1} H_2SO_4溶液，盖上表面皿，放在石棉网上用小火加热，使铁屑和 H_2SO_4反应直到不再有气泡冒出为止（约需 30min）。在加热过程中应视水分蒸发情况，不时补充少量水，避免硫酸亚铁析出。停止反应后，迅速趁热用普通漏斗过滤，滤液即为 $FeSO_4$溶液，此时溶液的 pH 值应在 1 左右。

(3) 硫酸亚铁铵的制备

根据相关反应方程式计算所需固体硫酸铵的量（考虑到铁屑中油污的去除，$FeSO_4$ 在过滤中的损失，硫酸铵的用量可按 $FeSO_4$的理论产量的 80%计算）。在室温下称取所需的硫酸铵固体，加到制备好的硫酸亚铁溶液中，搅拌使其溶解，用 3mol·L^{-1} H_2SO_4 溶液调节 pH 值为 1～2。用水浴蒸发浓缩至表面出现晶膜为止，冷却至室温，硫酸亚铁铵晶体即可析出。用减压过滤法滤出晶体，晶体用滤纸吸干。观察晶体的形状和颜色。称重并计算产率。

2. 产品的检验——Fe^{3+} 的限量分析

产品的主要杂质是 Fe^{3+}，利用 Fe^{3+} 与 KSCN 形成血红色配离子$[Fe(SCN)_n]^{3-n}$ 颜色的深浅，用目视比色法可确定其含 Fe^{3+} 的级别。

称取 1.0g 产品，放入 25mL 比色管中，用 15mL 不含氧的蒸馏水（将蒸馏水用小火煮沸 5min，以除去所溶解的氧，盖好表面皿，冷却后使用）溶解，加入 1.0mL1mol·L^{-1} H_2SO_4和 1.0mL1mol·L^{-1}KSCN，再加入不含氧的蒸馏水至 25mL，摇匀。观察溶液颜色并与三种标准色阶溶液进行比较，确定产品中 Fe^{3+} 的含量级别(见表 9.2)。

表 9.2　不同等级的 Fe^{3+} 标准溶液

规格	Ⅰ级	Ⅱ级	Ⅲ级
含 Fe^{3+} 量/mg	0.05	0.1	0.2

比色后，算出产品中 Fe^{3+} 的百分含量。

标准色阶溶液的配制：依次用移液管量取每毫升含 Fe^{3+} 0.1mg 的标准溶液 0.50mL、1.00mL、2.00mL，分别置于 3 个 25mL 比色管中，并加入 1.0mL · 1mol·L^{-1} H_2SO_4 和 1.0mL · 1mol·L^{-1}KSCN，最后用不含氧的蒸馏水稀释至刻度，摇匀，即可配制成如表 9.2 所示的不同等级的 Fe^{3+} 标准色阶溶液。

【注意事项】

铁屑一般含有少量硫、磷、砷等杂质，在与硫酸反应时会产生其氢化物，再加上反应中产生的大量氢气，为避免发生事故，此步应注意室内通风或在通风橱中进行。

【思考题】

1. 为什么要保持硫酸亚铁溶液和硫酸亚铁铵溶液有较强的酸性？

2. 浓缩硫酸亚铁铵溶液时，能否把溶液蒸干？若蒸干，则可能出现什么结果？

3. 进行产品含 Fe^{3+} 的限量分析时，为什么要用不含氧气的蒸馏水溶解产品？

实验 43 硫酸铜的提纯及铜含量的测定

【实验目的】

1. 了解用化学法提纯硫酸铜的方法。
2. 掌握溶解、加热、蒸发浓缩、过滤、重结晶等基本操作。
3. 掌握铜含量的测定方法。

【实验原理】

1. 硫酸铜提纯

粗硫酸铜中含有不溶性杂质和可溶性杂质 $FeSO_4$、$Fe_2(SO_4)_3$ 及其他重金属盐等。不溶性杂质可通过常压过滤、减压过滤的方法除去。可溶性杂质 Fe^{2+}、Fe^{3+} 的除去方法是：先将 Fe^{2+} 用氧化剂 H_2O_2 或 Br_2 氧化成 Fe^{3+}，然后调节溶液的 pH 值在 3.5～4 之间，使 Fe^{3+} 水解成为 $Fe(OH)_3$ 沉淀而除去，反应式如下：

$$2Fe^{2+} + H_2O_2 + 2H^+ \longrightarrow 2Fe^{3+} + 2H_2O$$

$$Fe^{3+} + 3H_2O \longrightarrow Fe(OH)_3 \downarrow + 3H^+$$

根据溶度积规则进行计算，在 pH 值为 4.1 时，Cu^{2+} 有可能产生 $Cu(OH)_2$ 沉淀。pH 值大于 3.3 时，Fe^{3+} 完全沉淀，因此控制溶液的 pH 值在 3.3～4.1 之间，便可使 Fe^{3+} 完全沉淀而 Cu^{2+} 不沉淀，从而达到除去 Fe^{3+} 的目的。pH 值相对越高，Fe^{3+} 沉淀就越完全，同理 pH 值相对越低，Cu^{2+} 越不可能沉淀，因此本实验要求控制 pH 值在 3.5～4 之间。其他可溶性杂质因含量少，可以通过重结晶的方法除去。

2. 硫酸铜的纯度检验

将提纯过的样品溶于蒸馏水中，加入过量的氨水使 Cu^{2+} 生成深蓝色的 $[Cu(NH_3)_4]^{2+}$，Fe^{3+} 形成 $Fe(OH)_3$ 沉淀。过滤后用 HCl 溶解 $Fe(OH)_3$，然后加 KSCN 溶液，Fe^{3+} 越多，血红色越深。其反应式为：

$$Fe^{3+} + 3NH_3 \cdot H_2O \longrightarrow Fe(OH)_3 \downarrow + 3NH_4^+$$

$$2Cu^{2+} + SO_4^{2-} + 2NH_3 \cdot H_2O \longrightarrow \underset{\text{浅蓝色}}{Cu_2(OH)_2SO_4} \downarrow + 2NH_4^+$$

$$Cu_2(OH)_2SO_4 \downarrow + 2NH_4^+ + 6NH_3 \cdot H_2O \longrightarrow \underset{\text{深蓝色}}{2[Cu(NH_3)_4]^{2+}} + SO_4^{2-} + 8H_2O$$

$$Fe(OH)_3 + 3H^+ \longrightarrow Fe^{3+} + 3H_2O$$

$$Fe^{3+} + nSCN^- \longrightarrow [Fe(SCN)_n]^{3-n} \ (n=1\sim6)$$

3. 铜的含量测定

硫酸铜中铜的含量可用碘量法测定。在微酸性溶液（pH＝3～4）中，Cu^{2+} 与过量 I^- 作用，生成 CuI 沉淀和 I_2，其反应式为：

$$2Cu^{2+} + 4I^- \longrightarrow 2CuI \downarrow + I_2$$

生成的 I_2 以淀粉为指示剂，用 $Na_2S_2O_3$ 标准溶液滴定至溶液的蓝色刚好消失即为终点。反应式为：

$$I_2 + 2S_2O_3^{2-} = 2I^- + S_4O_6^{2-}$$

由此可以计算出铜的含量。

Cu^{2+} 与 I^- 之间的反应是可逆的，为了促使反应能趋于完全，必须加入过量的KI，但由于CuI沉淀强烈地吸附 I_3^-，会使测定结果偏低。通常的办法是加入KSCN，使CuI（$K_{sp}^{\ominus}=1.1\times10^{-12}$）转化为溶解度更小的CuSCN（$K_{sp}^{\ominus}=4.8\times10^{-15}$）：

$$CuI + SCN^- = CuSCN\downarrow + I^-$$

把吸附的 I_3^- 释放出来，使反应更趋于完全。但是KSCN只能在接近终点时加入，否则 SCN^- 可能直接还原 Cu^{2+} 而使结果偏低：

$$6Cu^{2+} + 7SCN^- + 4H_2O = 6CuSCN\downarrow + SO_4^{2-} + HCN + 7H^+$$

溶液的pH值一般控制在3～4之间。酸度过低，由于 Cu^{2+} 的水解，使反应不完全，结果偏低，而且反应速率慢，终点拖长；酸度过高，则 I^- 易被空气中的氧氧化为 I_2（且 Cu^{2+} 催化此反应），使结果偏高。

Fe^{3+} 能氧化 I^-，对测定有干扰，但可加入 NH_4HF_2 掩蔽。同时 NH_4HF_2（即 $NH_4F\cdot HF$）是一种很好的缓冲溶液，能使溶液的pH值控制在3～4之间。

$Na_2S_2O_3$ 溶液可用 $K_2Cr_2O_7$、$KBrO_3$、KIO_3、纯铜等基准试剂标定。$K_2Cr_2O_7$ 较便宜，又易提纯，是最常用的基准试剂。在酸性溶液中，它与KI作用析出等计量的 I_2，然后用 $Na_2S_2O_3$ 溶液滴定析出的 I_2，反应如下：

$$Cr_2O_7^{2-} + 6I^- + 14H^+ = 2Cr^{3+} + 3I_2 + 7H_2O$$

$$I_2 + 2S_2O_3^{2-} = 2I^- + S_4O_6^{2-}$$

根据 $K_2Cr_2O_7$ 的质量和所消耗的 $Na_2S_2O_3$ 溶液的体积计算 $Na_2S_2O_3$ 溶液的浓度。

$Cr_2O_7^{2-}$ 和 I^- 的反应较慢，通常是加入过量的KI和提高溶液的酸度来加速这个反应。加入过量的KI还可使 I_2 生成 I_3^-，防止 I_2 的挥发。但酸度也不宜太高，否则溶液中的 I^- 被空气中的氧氧化的速率也会加快。酸度一般保持在 $0.4\sim0.5mol\cdot L^{-1}$。

【实验用品】

仪器：台秤，研钵，漏斗和漏斗架，布氏漏斗，吸滤瓶，蒸发皿，25mL比色管，水真空泵（或油真空泵），分析天平，酸式滴定管，称量瓶，移液管、温度计(373K)，玻璃管(40mm)，容量瓶(100mL)，烧杯(100mL)。

药品(除注明外，试剂浓度单位为 $mol\cdot L^{-1}$)：H_2SO_4(1.0)，HCl(2.0,6.0)，H_2O_2(3%)，NaOH(2.0)，KSCN(1.0)，$NH_3\cdot H_2O$(1.0,6.0)，KI(3%)，淀粉(1%)，基准试剂 $K_2Cr_2O_7$，$Na_2S_2O_3$(0.02)，NH_4HF_2(20%)。

材料：滤纸，pH试纸。

【实验步骤】

1. 粗硫酸铜的提纯

用台式天平秤取8g粗硫酸铜，放在100mL洁净的小烧杯中，加入25mL蒸馏水，加热并不断用玻璃棒搅拌，使其完全溶解，停止加热。

往溶液中滴加1～2mL 3% H_2O_2，将溶液加热使其充分反应，并分解过量的 H_2O_2，同时在不断搅拌下逐滴加入 0.5～1mol·L^{-1} NaOH（自己稀释），调节溶液的 pH 值直到 pH 值在 3.5～4 之间。再加热片刻，静置使水解生成的 $Fe(OH)_3$ 沉降。常压过滤，滤液转移至洁净的蒸发皿中。

用 1mol·L^{-1} H_2SO_4 调节滤液的 pH 值为 1～2，然后加热、蒸发、浓缩至溶液表面出现一层晶膜时，即停止加热。冷却至室温，将析出晶体转移至布氏漏斗上，减压抽滤，取出晶体，用滤纸吸干其表面水分，称重，计算产率。

2. 硫酸铜纯度的检验

称取 1g 提纯过的硫酸铜晶体，放在小烧杯中，用 10mL 蒸馏水溶解，加入 1mL 1mol·L^{-1} H_2SO_4 酸化，再加入 2mL 3% H_2O_2，充分搅拌后，煮沸片刻，使溶液中的 Fe^{2+} 全部氧化成 Fe^{3+}。待溶液冷却后，逐滴加入 6mol·L^{-1} 氨水，并不断搅拌直至生成的蓝色沉淀溶解为深蓝色溶液为止。

常压过滤，并用滴管将 1mL 1mol·L^{-1} 氨水滴在滤纸，直至蓝色洗去为止。弃去滤液，用 3mL 2mol·L^{-1} HCl 溶解滤纸上的氢氧化铁。如有 $Fe(OH)_3$ 未溶解，可将滤下的滤液再滴加到滤纸上。在滤液中滴入 2 滴 1mol·L^{-1} KSCN 溶液，观察溶液的颜色，根据溶液颜色的深浅可以比较 Fe^{3+} 的多少，评定产品的纯度。

3. 铜的含量的测定

（1）0.02mol·L^{-1} $Na_2S_2O_3$ 溶液的标定

称取已烘干的 $K_2Cr_2O_7$ 0.2～0.3g 于 250mL 烧杯中，加 50mL 水，微热溶解，冷却。将溶液定量转移至 250mL 容量瓶中，用蒸馏水稀释至刻度，摇匀。移取 25.00mL（3 份）于 250mL 锥形瓶中，加 10mL 4%KI、5mL 6mol·L^{-1} HCl，混匀后，盖上表面皿，放置暗处 5min。待反应完全后，加水 50mL，用待标定的 $Na_2S_2O_3$ 溶液滴定到溶液由暗红色变为浅黄色时，加入 1% 淀粉溶液 1mL，继续滴定至蓝色刚变成绿色，即为终点。记录消耗的 $Na_2S_2O_3$ 的体积，计算其浓度。

（2）硫酸铜中铜含量的测定

准确称取硫酸铜产品 1.2g 左右，置于 100mL 烧杯中，加 10mL 1mol·L^{-1} H_2SO_4，加水少量，使样品溶解，定量转移至 250mL 容量瓶中，用水稀释至刻度，摇匀。

移取上述 $CuSO_4$ 试液 25.00mL 于 250mL 锥形瓶中，加 5mL 20% NH_4HF_2、10mL 4%KI，立即用 $Na_2S_2O_3$ 标准溶液滴定至浅黄色时，加入 1%淀粉溶液 1mL，继续滴定至浅蓝色，加入 5mL 4% KSCN，继续滴定至蓝色刚好消除，即为终点。此时溶液为米色悬浊液。记录滴定剂用量。平行测定 3 份。根据每次消耗的 $Na_2S_2O_3$ 溶液的体积，计算试样中 Cu 的含量。

【思考题】

1. 粗硫酸铜中 Fe^{2+} 杂质为什么要氧化成 Fe^{3+} 除去？采用 H_2O_2 作氧化剂比其他氧化剂有什么优点？

2. 为什么除 Fe^{3+} 后的滤液还要调节 pH 值约为 2，再进行蒸发浓缩？

3. 用碘量法测定铜含量时，加入过量 KI 的目的是什么？

4. 用碘量法测定铜含量时，为什么要加入 KSCN 溶液？如果在酸化后立即加入 KSCN 溶液，会产生什么影响？

5. 测定反应为什么一定要在弱酸性介质中进行？

6. 如果试液中含有干扰性杂质如 NO_3^-、Fe^{3+} 等，应如何消除它们的干扰？

7. 淀粉指示剂为什么要在近终点时加入？

实验 44　三草酸根合铁(Ⅲ)酸钾的制备及表征

【实验目的】

1. 用实验 42 自制的硫酸亚铁铵制备三草酸根合铁(Ⅲ)酸钾。

2. 了解表征配合物结构的方法。

【实验原理】

1. 制备

三草酸根合铁(Ⅲ)酸钾 $K_3[Fe(C_2O_4)_3]\cdot 3H_2O$ 是一种绿色的单斜晶体，溶于水而不溶于乙醇，受光照易分解。三草酸根合铁(Ⅲ)酸钾晶体的制备有多种方法，本实验采用自制硫酸亚铁铵为原料，先与草酸反应制备出草酸亚铁：

$$(NH_4)_2Fe(SO_4)_2\cdot 6H_2O+H_2C_2O_4 = FeC_2O_4\cdot 2H_2O\downarrow +(NH_4)_2SO_4+H_2SO_4+4H_2O$$

然后草酸亚铁在草酸钾和草酸的存在下，被过氧化氢氧化为草酸高铁配合物：

$$2FeC_2O_4\cdot 2H_2O+H_2O_2+3K_2C_2O_4+H_2C_2O_4 = 2K_3[Fe(C_2O_4)_3]\cdot 3H_2O+H_2O$$

加入乙醇后，放置即可析出三草酸合铁(Ⅲ)酸钾晶体。

2. 表征

(1) 磁化率的测定

通过对三草酸根合铁(Ⅲ)酸钾配合物磁化率的测定，可推算出配合物中心离子的未成对电子数，进而推断出中心离子 Fe^{3+} 的外层电子结构及杂化类型。

(2) 三草酸根合铁(Ⅲ)酸根离子的电荷数测定

将准确称量的三草酸根合铁(Ⅲ)酸钾晶体溶解于水，使其通过装有国产 $R\equiv N^+Cl^-$ 717 型苯乙烯强碱性阴离子交换树脂的交换柱，三草酸根合铁(Ⅲ)酸钾溶液中的配阴离子 X^{z-} 与阴离子树脂上的 Cl^- 进行交换：

$$zR\equiv N^+Cl^- + X^{z-} \rightleftharpoons (R\equiv N^+)_z X^{z-} + zCl^-$$

只要收集交换出来的含 Cl^- 的溶液，用硝酸银标准溶液滴定（莫尔法），测定氯离子的含量，就可以确定配阴离子的电荷数 z：

$$z=\frac{Cl^-\text{的物质的量}}{\text{配合物的物质的量}}=\frac{n_{Cl^-}}{n_{K_3[Fe(C_2O_4)_3]\cdot 3H_2O}}$$

【实验用品】

仪器：托盘天平，分析天平，酸式滴定管，称量瓶，移液管，温度计(373K)，玻璃管(40mm)，容量瓶(100mL)，烧杯(100mL)，磁天平，玛瑙研钵。

药品（除注明外，试剂浓度单位为 $mol\cdot L^{-1}$）：$(NH_4)_2Fe(SO_4)_2\cdot 6H_2O$(自制)，$H_2SO_4$(1.0)，$H_2C_2O_4$(饱和溶液)，$K_2C_2O_4$(饱和溶液)，3% H_2O_2 溶液，95%乙醇溶液，$AgNO_3$ 标准溶液（0.1），5% K_2CrO_4 溶液，NaCl 溶液(1.0)，国产 717 型苯乙烯强碱性阴离子交换树脂。

材料：滤纸。

【实验步骤】

1. 草酸亚铁的制备

在100mL烧杯中加入3.0g自制的$(NH_4)_2Fe(SO_4)_2 \cdot 6H_2O$固体，加入10mL蒸馏水和5滴3 $mol \cdot L^{-1}$ H_2SO_4，加热溶解后再加入15mL饱和$H_2C_2O_4$溶液，加热至沸，搅拌片刻，停止加热，静置，弃去上清液。

2. 三草酸根合铁(Ⅲ)酸钾的制备

在上述沉淀中加入8mL饱和$K_2C_2O_4$溶液，水浴加热至313K。用滴管慢慢加入12mL 3% H_2O_2溶液，恒温在313K左右（此时有什么现象?），边加边搅拌，然后将溶液加热至沸，加入$H_2C_2O_4$饱和溶液至翠绿色为止，趁热过滤。滤液加热浓缩至接近饱和后加入8mL 95%乙醇，温热溶液使析出的晶体再溶解后，用表面皿盖好烧杯，静置，自然冷却（避光放置过夜），晶体完全析出后减压抽滤，用少量乙醇洗涤产品，继续抽干，称重，计算产率，产品保留作表征用。

3. 磁化率的测定

（1）样品管的预处理

将洗涤好的样品管用蒸馏水冲洗，再用酒精、丙酮润洗一次，干燥备用。

（2）样品管的测定

将预处理的样品管挂在磁天平的挂钩上，并使其处于两磁极的中间，调节样品管的高度至样品管底部对准磁场强度最强处。

打开天平电源开关，调节天平读数至零，分别测定空样品管在无外加磁场和有外加磁场条件下的质量m_1和m_2(励磁电流为5A，注意电流变化应缓慢、平稳。)

（3）标准物质的测定

将电流缓慢调至零。取出样品管，填充已经研磨好的标准样品[莫尔盐，$(NH_4)_2Fe(SO_4)_2 \cdot 6H_2O$]至刻度处，分别测定样品管+标准样品在无外加磁场和有外加磁场条件下的质量m_3和m_4(电流调节同上)。

（4）样品的测定

样品管内填充待测样品，分别测定样品管+待测样品在无外加磁场和有外加磁场条件下的质量m_5和m_6(方法同上)。

注：磁天平的使用方法见仪器使用手册。

4. 三草酸根合铁(Ⅲ)酸根离子电荷的测定

（1）装柱

将预先处理好的国产717型乙烯强碱性阴离子交换树脂（氯型）$R{\equiv}N^+Cl^-$ 装入一支20mm×400mm的玻璃管中，要求树脂高度约为20cm，注意树脂顶部应保留0.5cm的水，放入一小团玻璃丝，以防止注入溶液时将树脂冲起，装好的交换柱应该均匀无裂缝，无气泡。

（2）交换

用蒸馏水淋洗树脂床至用硝酸银溶液检查流出的水不含Cl^-为止，再使水面下降至树脂顶部相距0.5cm左右，即用螺旋夹夹紧柱下部的胶管。

称取1g（准至1mg）三草酸合铁(Ⅲ)酸钾，用10～15mL蒸馏水溶解，全部转移入交换柱。松开螺旋夹，控制3$mL \cdot min^{-1}$的速度流出，用100mL容量瓶收集流出液，当柱中液面下降离树脂 0.5cm 左右时，用少量蒸馏水（约 5mL）洗涤小烧杯并转入交换柱，重复2～3 次后再用滴管吸取蒸馏水洗涤交换柱上部管壁上残留的溶液，使样品溶液尽量全部流过树脂床。待容量瓶收集的流水液达 60～70 mL 时，可检查流出液不含 Cl^- 为止（与开始淋洗时比较），将螺旋夹夹紧。用蒸馏水稀释容量瓶内溶液至刻度，摇匀，作滴定用。

准确吸取 25.00mL 淋洗液于锥形瓶中，加入 1mL 5% K_2CrO_4 溶液，以 0.1 $mol \cdot L^{-1}$ $AgNO_3$ 标准溶液滴定至终点，记录数据。重复滴定 1～2 次。

用 1$mol \cdot L^{-1}$ NaCl 溶液淋洗树脂柱，直至流出液酸化后检测不出 Fe^{3+} 为止，树脂回收。

(3) 记录与结果

① 以表格形式记录本实验的有关数据。

② 计算出收集到的 Cl^- 的物质的量和配阴离子的电荷数。

【思考题】

1. 影响三草酸根合铁(Ⅲ)酸钾产量的主要因素有哪些？

2. 三草酸根合铁(Ⅲ)酸钾见光易分解，应如何保存？

3. 用离子交换法测定三草酸根合铁(Ⅲ)酸钾配阴离子的电荷时，如果交换后的流出速度过快，对实验结果有什么影响？

实验 45 氯化镍氨的制备、组成分析及物性测定

【实验目的】

1. 训练无机制备和定量分析的常规操作。

2. 了解并掌握某些物性的测试方法。

【实验原理】

以镍为原料，先制备硝酸镍，再以此为原料制备氯化镍氨。

氯化镍氨溶于水后，可与二乙酰二肟生成很稳定的红色螯合物沉淀。将沉淀烘干，称重，即可测出 Ni^{2+} 的含量，用返滴定法测 NH_3 量，莫尔法测 Cl^- 量。

电导法是测定配离子电荷的常用方法。对能全部解离的配合物，在极稀溶液中解离出一定数量的离子，测定它们的摩尔电导 Λ_m，取其上、下限的平均值。由此数据范围来确定其离子数，从而可确定配离子的电荷数。对解离为配离子和一价离子的配合物，在 25°C 时，测定浓度为 1.00×10^{-3} $mol \cdot L^{-1}$ 溶液的摩尔电导，其实验规律是：

离子数	2	3	4	5
摩尔电导/$S \cdot m^2 \cdot mol^{-1}$	0.0100	0.0250	0.0400	0.0500

根据组成分析和配离子电荷的测定，能确定配合物的化学式。

通过磁化率的测定，可知道中心离子 Ni^{2+} 的 d 电子组态及该配合物的磁性。

通过测定配合物的电子光谱，可计算分裂能（Δ）值。不同 d 电子和不同构型的配合物的电子光谱是不同的，因此，计算分裂能值的方法也不同。对 d^2、d^3、d^7、d^8 电子的电子光谱都有 3 个吸收峰，其中八面体中的 d^3、d^8 和四面体中的 d^2、d^7 电子，由最大波长的吸收峰位置的波长来计算 Δ 值。

【实验用品】

仪器：G_3玻璃坩埚、抽滤瓶、干燥器、酸式滴定管、DDS-11A 型电导率仪、古埃磁天平、751 型分光光度计、2D-2 型自动电位滴定仪。

药品：镍片（或镍粉）、浓 HNO_3、$6mol\cdot L^{-1}$ HNO_3、浓 $NH_3\cdot H_2O$，$6mol\cdot L^{-1}$ HCl、NH_3-NH_4Cl 混合液（每 100mL 浓 $NH_3\cdot H_2O$ 中含 30g NH_4Cl）、乙醇、乙醚、1%的二乙酰二肟，0.1%的 $AgNO_3$，$0.5\ mol\cdot L^{-1}$ HCl 标准溶液、$0.5\ mol\cdot L^{-1}$ NaOH 标准溶液、$2mol\cdot L^{-1}$ NaOH、$0.1mol\cdot L^{-1}$ $AgNO_3$标准溶液、5%的 K_2CrO_4。

【实验步骤】

1. $NiCl_x(NH_3)_y$ 的制备

在 6g 镍片中，分批加入 26mL 浓 HNO_3，水浴加热（在通风橱中进行）。视反应情况，再补加 5～10mL 浓 HNO_3。待镍片近于全部溶解后，用倾析法将溶液转移至另一烧杯中，并在冰盐浴中冷却。慢慢加入 40mL 浓 $NH_3\cdot H_2O$ 至沉淀完全（此时溶液的绿色变得很淡，或近于无色）。减压过滤，并用 5mL 冷却过的 $NH_3\cdot H_2O$ 洗涤沉淀（分 3 次），沉淀呈蓝紫色。将所得的潮湿沉淀溶于 40m L$6mol\cdot L^{-1}$ HCl 溶液中，并用冰盐浴冷却，然后慢慢加入 120mL NH_3-NH_4Cl 混合液，减压过滤，依次用 $NH_3\cdot H_2O$、乙醇、乙醚洗涤沉淀，并置于空气中干燥，称重后保存待用。

2. 组成分析

(1) Ni^{2+} 含量的测定

将 G_3玻璃坩埚放入烘箱，在 110～120℃之间烘 1h，取出放入干燥器中冷却 30min 后称量，同法，再烘 30min，冷却，称量至恒重。

准确称取 0.14～0.16g 产物，溶于 100mL 水中，水浴加热至 70～89℃，慢慢加入 10～15mL 1%的二乙酰二肟乙醇溶液，再滴加 $NH_3\cdot H_2O$ 使溶液的 pH 值为 8～9，在 70～80℃水浴上保温 1h，用已恒量的 G_3玻璃坩埚过滤，用 40～50℃的热水洗涤沉淀，直至溶液中不再有 Cl^- 为止。将装有沉淀的坩埚放入烘箱，在 110～120℃烘干约 1h，取出放入干燥器内冷却 30min 后称量，同法再烘 30min，称量至恒重。

按下式计算 Ni^{2+}的含量：

$$w(Ni^{2+})=\frac{沉淀质量\times 0.2032}{试样质量}\times 100\%$$

式中，0.2032 是二乙酰二肟镍换算成镍的质量因数。

(2) NH_3含量的测定

准确称取 0.17～0.19g 产物，准确加入 30～35 mL $0.5\ mol\cdot L^{-1}$ HCl 标准溶液，用 pH 滴定法测定剩余的 HCl。用作图法求出剩余的 HCl 量，进而求出 NH_3含量。

(3) Cl^- 含量的测定

准确称取 0.28～0.29g 产物，加入 3 mL $6\ mol\cdot L^{-1}$ HNO_3溶液和 25mL 水。溶解后，用 $2mol\cdot L^{-1}$ NaOH 溶液调节溶液的 pH＝6.5～10.5。加入 1mL 5%的 K_2CrO_4溶液作指示剂，用 $0.1\ mol\cdot L^{-1}$ $AgNO_3$标准溶液滴定至刚好出现浅红色浑浊为终点。按下式计算 Cl^- 含量：

$$w(Cl^-)=\frac{cV\times 35.45}{1000\times 试样质量}\times 100\%$$

式中，V 为 $AgNO_3$ 溶液的体积，mL；c 为 $AgNO_3$ 溶液的浓度，$mol \cdot L^{-1}$。

(4) 产物解离类型的确定

配制稀度分别为 128、256、512、1024 的产物溶液（稀度为浓度的倒数，表示溶液的稀释程度）。用 DDS-11A 型电导率仪测溶液的电导率 κ，并按下式计算摩尔电导。

$$\Lambda_m = \frac{\kappa \times 10^{-3}}{c}$$

式中，$1/c$ 是稀度。

3. 物性测定

(1) 磁化率的测定

用古埃磁天平测定产物的磁化率。测定条件是在励磁电流 6.5A 下测定。

(2) 产物电子光谱的测定

取 0.5g 产物溶于 50mL 1.5 $mol \cdot L^{-1}$ $NH_3 \cdot H_2O$ 溶液中，以蒸馏水为参比液，用 1cm 带盖的比色皿，在 751 型分光光度计的整个波长范围内，每隔 10nm 测一次吸光度。

【数据记录与结果处理】

1. 根据组成分析的实验结果，确定产物 $NiCl_x(NH_3)_y$ 中的 x，y

组分	Ni^{2+}	NH_3	Cl^-
含量（理论值）/%	25.32	44.08	30.59

2. 根据解离类型测定结果，确定配离子的电荷和产物的化学式。摩尔电导文献值为 $0.0250 S \cdot m^2 \cdot mol^{-1}$。

3. 根据测得的磁化率计算磁矩，并确定 Ni^{2+} 的外层电子结构。磁矩文献值为 2.83 μ_B。

4. 根据测得的吸光度，作吸光度-波长曲线，在图上找出最大波长的吸收峰位置的波长，用下式计算分裂能：

$$\Delta = \frac{1}{\lambda} \times 10^7 (cm^{-1})$$

分裂能文献值为 10800cm^{-1}。

【思考题】

1. 在什么条件下沉淀 Ni^{2+} 最合适？
2. 洗涤二乙酰二肟镍时，为什么不用冷水或高于 50℃ 的热水洗？
3. 在测 Cl^- 含量时，K_2CrO_4 溶液的浓度对分析结果有何影响？合适的条件是什么？

实验 46 饲料中钙含量的测定（高锰酸钾法）

【实验目的】

1. 掌握用 $KMnO_4$ 法测定钙的原理、步骤和操作技术。
2. 了解用沉淀分离法消除杂质的干扰。
3. 熟悉沉淀、过滤、洗涤和消化法处理样品的操作技术。

【实验原理】

利用 $KMnO_4$ 法测定钙的含量，只能采用间接法测定。将样品用酸处理成溶液，使

Ca^{2+}溶解在溶液中。Ca^{2+}在一定条件下与 $C_2O_4^{2-}$ 作用，形成白色的 CaC_2O_4沉淀。过滤洗涤后再将 CaC_2O_4沉淀溶于热的稀 H_2SO_4中。用 $KMnO_4$标准溶液滴定与 Ca^{2+} 1∶1 结合的 $C_2O_4^{2-}$ 含量。其反应式如下：

$$Ca^{2+}+C_2O_4^{2-} \longrightarrow CaC_2O_4\downarrow$$

$$CaC_2O_4+2H^+ \longrightarrow Ca^{2+}+H_2C_2O_4$$

$$5H_2C_2O_4+2MnO_4^-+6H^+ \longrightarrow 2Mn^{2+}+10CO_2\uparrow+8H_2O$$

沉淀 Ca^{2+}时，为了得到易于过滤和洗涤的粗晶形沉淀，必须很好地控制沉淀的条件。通常是在含 Ca^{2+} 的酸性溶液中加入足够使 Ca^{2+} 沉淀完全的 $(NH_4)_2C_2O_4$沉淀剂。由于酸性溶液中 $C_2O_4^{2-}$ 大部分是以 $HC_2O_4^-$ 形式存在的，这样会影响 CaC_2O_4的生成。所以在加入沉淀剂后必须慢慢滴加氨水，使溶液中的 H^+ 逐渐被中和，$C_2O_4^{2-}$ 浓度缓慢地增加，这样就易得到 CaC_2O_4粗晶形沉淀。沉淀完毕，溶液 pH 值仍在 3.5～4.5，既可防止其他难溶性钙盐的生成，又不致使 CaC_2O_4溶解度太大。加热 30min 使沉淀陈化（陈化的过程中小颗粒晶体溶解，大颗粒晶体长大）。过滤后，沉淀表面吸附的 $C_2O_4^{2-}$ 必须洗净，否则分析结果偏高。为了减少 CaC_2O_4在洗涤时的损失，则先用稀 $(NH_4)_2C_2O_4$溶液洗涤，然后再用微热的蒸馏水洗到不含 $C_2O_4^{2-}$ 时为止。将洗净的 CaC_2O_4沉淀溶解于稀 H_2SO_4中，加热至 75～85℃，用 $KMnO_4$标准溶液滴定。

此法不仅适于测定饲料、牲畜体、畜产品、粪尿、血液中的钙，也可以测定凡是能与 $C_2O_4^{2-}$ 定量地生成沉淀的金属离子，例如测定 Th^{4+} 和稀土元素等。

【实验用品】

药品：H_2SO_4(3mol·L^{-1}，10%，浓)，H_2O_2(30%)，氨水(1∶1)，$(NH_4)_2C_2O_4$溶液(0.1%，4.5%)，甲基橙指示剂，$KMnO_4$标准溶液[0.1 mol·L^{-1} ($\frac{1}{5}KMnO_4$)]，$BaCl_2$溶液(10%)。

【实验步骤】

1. 0.1 mol·L^{-1}($\frac{1}{5}KMnO_4$)溶液的标定

见实验 36。

2. 饲料样品的预处理

样品预处理常用消化法和灰化法两种。凡样品中含钙量高时用消化法为宜；含钙量低时用灰化法为宜。两种方法制备的溶液均可测定钙、磷、锰等元素。本实验采用消化法。

准确称取风干饲料样品 2g 左右，放入 250mL 凯氏定氮瓶底部，加入 16mL 浓 H_2SO_4，混匀润湿后慢慢加热至开始冒大量白烟，微沸约 5min，取下冷却（约 0.5min)，逐滴加入约 1mL 30% H_2O_2，继续加热微沸 2～5min，取下稍冷后，添加几滴 H_2O_2，再加热煮几分钟，稍冷。必要时再加少量 H_2O_2(用量逐次减少）消煮，直到消煮液完全清亮为止。最后要微沸 5min，以除尽 H_2O_2，冷却后转移到 250mL 容量瓶中，用蒸馏水多次冲洗凯氏定氮瓶，一并放入容量瓶中，在室温下定容。放置澄清后使用。

3. 草酸钙的沉淀

用移液管准确吸取上述处理过的溶液 25.00mL[吸取的体积取决于样品中钙的含量，一般以消耗 25mL 左右 0.1 mol·L^{-1}($\frac{1}{5}KMnO_4$) 标准溶液为宜]，放入 250mL 烧杯中，加水稀至50mL，沿玻璃棒加20mL 5% $(NH_4)_2C_2O_4$溶液，加热到75～85℃（用手触及烧杯，觉得烫）。再加入甲基橙指示剂2～3滴，在不断搅拌下，逐滴加入1∶1氨水至溶液由红色变为黄色，再过量数滴。检查沉淀是否完全。如沉淀不完全，继续加入$(NH_4)_2C_2O_4$溶液，至沉淀完全。继续加热30min或放置过夜，陈化沉淀，使之形成$Ca_2C_2O_4$粗晶形沉淀。

4. 沉淀的洗涤

用倾析法过滤及洗涤沉淀，先把沉淀与溶液放置一段时间，再将上层清液倾入漏斗中，让沉淀尽可能地留在烧杯内，以免沉淀堵塞滤纸小孔，清液倾析完毕进行沉淀的洗涤。沉淀先用0.1% $(NH_4)_2C_2O_4$溶液洗涤3次（每次用洗涤剂10～15 mL，用玻璃棒在烧杯中充分搅动沉淀，放置澄清，再倾析过滤），再用微热的蒸馏水洗至无$C_2O_4^{2-}$（用10% $BaCl_2$溶液检查滤液）为止。

5. 测定

将带有沉淀的烧杯放在上述过滤时用的漏斗下面，从漏斗上取下带有沉淀的滤纸放在烧杯中，并用少量10% H_2SO_4冲洗漏斗，洗涤液也收在烧杯中。加入50mL10% H_2SO_4，使$Ca_2C_2O_4$沉淀溶解，将溶液稀释至约100mL，加热溶液至75～85℃，用$KMnO_4$标准溶液滴定至溶液呈微红，30s内不褪色为终点。记录消耗$KMnO_4$的体积V_1。

6. 空白试验

用25.00mL蒸馏水代替试液，重复步骤3～5操作。记录空白试验所消耗$KMnO_4$的体积V_2。

【数据记录与结果处理】

项目	Ⅰ	Ⅱ	Ⅲ
$m_{试样}$/g			
$c_{\frac{1}{5}KMnO_4}$/mol·L^{-1}			
V_1/mL			
V_2/mL			
w(Ca)/%			
w(Ca)平均值/%			
相对平均偏差/%			

【注意事项】

1. 标定$\frac{1}{5}KMnO_4$溶液时浓度按下式计算

$$c_{\frac{1}{5}KMnO_4}=\frac{m_{Na_2C_2O_4}\times1000}{M_{\frac{1}{2}Na_2C_2O_4}V_{\frac{1}{5}KMnO_4}}\qquad M_{\frac{1}{2}Na_2C_2O_4}=67.00$$

2. 结果按下式计算

$$w(Ca)=\frac{c_{\frac{1}{5}KMnO_4}(V_1-V_2)M_{\frac{1}{2}Ca}\times250}{m_{试样}\times25\times1000}\times100\qquad M_{\frac{1}{2}Ca}=20.04$$

3. 过滤时，尽量将沉淀留在器皿中，否则沉淀移到滤纸上会把滤孔堵塞，影响过滤速度。

4. 本实验过程长、繁，为使测定结果准确，必须做2～3份平行，本实验要求3份平行。

【思考题】

1. 以本实验中 CaC_2O_4 沉淀的制作为例，说明晶形沉淀形成的条件是什么？

2. 为什么需先用很稀的 $(NH_4)_2C_2O_4$ 溶液来洗草酸钙沉淀，而后又需要用蒸馏水洗草酸钙沉淀？怎样证明草酸钙洗净了？

3. 本实验的结果偏高或偏低的主要因素有哪些？

4. 实验中为何要做空白试验？不做，对实验结果有何影响？

实验 47 含铬废水的处理

【实验目的】

1. 了解含铬废液的处理方法。

2. 学习使用分光光度计。

【实验原理】

铬(Ⅵ)化合物对人体的毒害很大，能引起皮肤溃疡、贫血、肾炎及神经炎。所以含铬的工业废水必须经过处理达到排放标准才准排放。

铬(Ⅲ)的毒性远比铬(Ⅵ)小，所以可用硫酸亚铁石灰法来处理含铬废液，使铬(Ⅵ)转化成 $Cr(OH)_3$ 难溶物除去。

铬(Ⅵ)与二苯碳酰二肼作用生成紫红色配合物，可进行比色测定确定溶液中铬(Ⅵ)的含量。Hg(Ⅰ,Ⅱ) 也与配合剂生成紫色化合物，但在实验的酸度下不灵敏。Fe(Ⅲ)浓度超过 $1mg \cdot L^{-1}$ 时，能与试剂生成黄色溶液，后者可用 H_3PO_4 消除。

【实验用品】

仪器：72 型分光光度计。

药品：H_2SO_4 溶液（$3.0mg \cdot L^{-1}$，1∶1），NaOH(s)，H_2O_2 溶液(3%)，H_3PO_4 溶液(1∶1)，$FeSO_4 \cdot 7H_2O(s)$。

【实验步骤】

1. 在含铬(Ⅵ)废液中逐滴加入 H_2SO_4 使呈酸性，然后加入 $FeSO_4 \cdot 7H_2O$ 固体充分搅拌，使溶液中铬(Ⅵ)转变成铬(Ⅲ)。加 CaO 或 NaOH 固体，将溶液调至 pH8.5～9，此时 $Cr(OH)_3$ 和 $Fe(OH)_3$ 等沉淀，可过滤除去。

2. 将除去 $Cr(OH)_3$ 的滤液，在碱性条件下加入 H_2O_2，使溶液中残留的 Cr(Ⅲ)转变成 Cr(Ⅵ)。然后除去过量的 H_2O_2。

3. 配制 Cr(Ⅵ) 标准溶液用移液管量取 10mL Cr(Ⅵ) 贮备液 [此液 1mL 含 Cr(Ⅵ) 0.100mg] 放入 1000mL 容量瓶中，用蒸馏水稀释至刻度，摇匀备用。

用移液管分别量取 1.0mL、2.0mL、4.0mL、6.0mL、8.0mL、10.0mL 上面配制的 Cr(Ⅵ) 标准溶液，放入 6 个 25mL 比色管中，稀释至刻度；用移液管量取 25mL 步骤 (2) 得到的溶液放入另一比色管中（或干净、干燥的小烧杯中）。

分别往上面 7 份溶液中加入 5 滴 1∶1 H_3PO_4 和 5 滴 1∶1 H_2SO_4，摇匀后再分别加入 15mL 二苯碳酰二肼溶液，再摇匀。用 72 型分光光度计，以 540nm 波长，2cm 比色皿测定各溶液的吸光度。

【数据记录与结果处理】

序号	1	2	3	4	5	6	含铬废液
标准液体积/mL	1.0	2.0	4.0	6.0	8.0	10.0	25.0
吸光度 A							

1. 绘制 V-A 标准曲线。作吸光度-标准液中 Cr(Ⅵ) 含量(μg) 图。
2. 从曲线中查出含铬废液中 Cr(Ⅵ) 的含量（μg）。
3. 求算废液中 Cr(Ⅵ) 的含量，以 $\mu g \cdot mL^{-1}$表示。

【思考题】

1. 在实验步骤 1 中，加 CaO 或 NaOH 固体后，首先生成的是什么沉淀？
2. 在实验步骤 2 中，为什么要除去过量的 H_2O_2？

9.3 文献实验

实验 48 双核大环配合物的合成与表征

【实验目的】

1. 学会依据合成产物查找文献资料。
2. 能依据实验条件选择合适的实验路线。
3. 掌握基本的化学实验操作技能。
4. 能对合成的产物进行基本结构表征。

【实验原理】

本次实验的内容是指定合成的初始原料，学生通过查阅资料、设计实验方案和合成路线，形成如何开展研究工作的基本方法；通过合成操作掌握相关基本操作技能；通过产物的物化性质的分析，逐步熟悉产物分析方法及原理；通过合成的中间产物及指定的原料设计新的配合物，培养研究创新能力。

金属原子或离子具有空的价电子轨道，它可与具有孤对电子或π键电子的电子给予体以配位键相结合，从而形成配位化合物。电子给予体可以是含有多个配位原子的配位体，也可以是原子或离子。配合物的性质与金属离子、配位的种类、金属离子配位的几何构型及配位体的差异等因素有关，上述任一个因素的变化，都会引起配合物性质的改变。形成了具有各种各样结构及性质的配合物。

具有 $N(imine)_4O_2$型系统的大环配体对过渡金属离子具有很强的配位能力，它是由2,6-二甲酰基对取代苯酚（取代基为—CH_3、Cl、F、Br)与二胺类物质发生席夫碱缩合反应而形成的。该类配体不仅能与金属离子形成同双核大环配合物，而且还能提供不同的配位环境与金属离子键合形成非匀称的异双核大环配合物，并可在适当的条件下形成二聚体和多聚体。由于该类配合物中金属离子一般相距较近，具有特殊的光、电、磁学性质，以及可以作为金属酶的模拟物，而一直受到众多研究者的青睐。具有 $N(imine)_4O_2$型系统的大环配合物大多是由2,6-二甲酰基对取代苯酚与含有两个伯氨基的胺类化合物通过缩合环化而形成的，其主要的配体见图9.1。

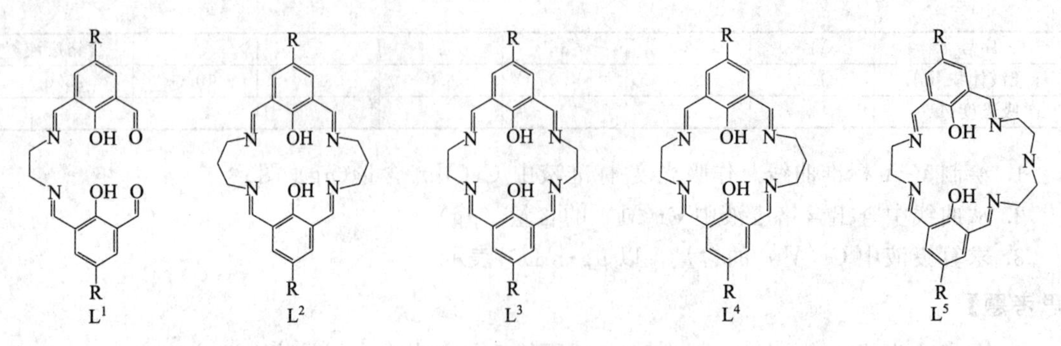

图9.1　主要的配体

其中，配体L^2、L^3在同一金属离子的模板作用下可形成同双核大环配合物，L^4、L^5在金属离子的模板作用下可形成同双核或异双核大环配合物，此类反应往往在弱碱性介质中进行，或加入弱酸盐，弱酸盐可与酚基上的氢离子形成弱酸而使酚基上的氢离子离去，这时酚基上的氧就可提供两对孤对电子与金属离子形成配位键。上述L^2～L^5四个配体有两个配位空腔，可与两个金属离子形成双核配合物，其中，前三个配体各有两个［N_2O_2］配位空腔，L^5配体有一个［N_2O_2］和一个［N_3O_2］配位空腔。同一金属离子可与不同的配体形成配位数或空间构型不同的配合物，而同一配体也因配位的金属离子的差异而产生不同的结构取向，形成多种类型的配合物。

【实验用品】

药品：对位取代苯酚（取代基为—CH_3、Cl、F、Br，A.R.），乙二胺(A.R.)，二亚乙基三胺(A.R.)，乙醇胺(A.R.)，2-羟基-1,3-丙二胺(A.R.)，1,3-丙二胺（A.R.)，浓盐酸，甲醛溶液，乙醇，碳酸锰。

仪器：100mL三口烧瓶，球形冷凝管，电动机械搅拌器，聚四氟乙烯搅拌棒，马弗炉，电热套，干燥器，台秤，分析天平。

【实验步骤】

1. 合成2,6-二甲酰基对取代苯酚（取代基为—CH_3、Cl、F、Br）

(1) 认识实验器皿，了解操作要领，画出利用下列仪器及玻璃器皿进行回流操作的实验装置示意图，写出操作的步骤及注意事项。

仪器：三口烧瓶，球形冷凝管，电动机械搅拌器，聚四氟乙烯搅拌棒，电热套。

(2) 依据文献资料，确定以对取代苯酚为原料合成2,6-二甲酰基对取代苯酚（取代基为—CH_3、Cl、F、Br）的方法，比较方法的优、缺点，确定合成路线。

R　　　　　　R

⟶

OH　　　　OHC　OH　CHO

CA(Chemical Abstracts) 由美国化学文摘服务社（CAS，Chemical Abstracts Service）编辑出版。摘录了世界范围内约98%的化学化工文献，所报道的内容几乎涉及化学家感兴趣的所有领域。因此，对于化学工作者，学会利用CA的文献资源，对开展科学研究具有重要意义，如何查阅CA在文献检索课程中将专门进行讲解和练习，本次文献实验着重介绍更为简明而实用的方法，即利用CA网络版（SciFinder Scholar）查阅相关文献。

CA网络版是在充分吸收原纸质版CA精华的基础上，利用现代机检技术进行化学文摘快速检索的方法，很多高校及研究机构已购买CA网络版版权，极大地提高了检索的效率及精确度。

CA网络版的查阅方法：依据CA安装的相关信息，安装CA网络版。在计算机开始菜单上双击CA图标，就进入CA查阅界面。选择Structure选项，用其提供的绘图工具绘出所要查找的化合物的结构式。点击就会出现各相关化合物的结构式，选择与设计结构最相似的化合物，点击文摘，就可以查到所对应的论文的文摘，依据文摘内容判断是否与所要的文献有关，再根据所给期刊名，发表的年、卷、期及页码，即可直接查阅所需的文献。

阅读所查文献，对合成方法进行总结，写出文献综述：要求对各合成方法的合成原理、路线、反应条件进行分述，并通过归纳比较其各自的优缺点。

（3）合成二醛化合物

首先依据合成路线及方法，准备实验试剂及仪器，确定各反应物包括所用溶剂的实验用量。在进行实验操作前，必须写好预习报告。实验中必须详细记录实验过程的现象、反应时间、温度等。对所获得的产物要进行熔点的测定、红外光谱的表征。

写出合成二醛化合物的实验报告：实验原理，合成路线，实验内容，收率，表征及结论。

2. 合成席夫碱配合物

（1）用二醛为原料选用合适的二胺，通过原料配比、反应介质及合成路途的设计合成新型席夫碱配合物。

（2）参照文献资料确定合成用量及方法，合成新型配合物。

（3）用IR、UV-可见分光光度计对合成产物进行结构表征。

画出所设计的配合物的结构，归纳检索结果，写出合成配合物的实验报告：实验原理、合成路线、实验内容、收率、表征及结论。

【实验要求】

本次文献实验在教师的指导下进行。并要求对制作产品使用的所有方法、仪器进行分析鉴定，进行数据处理和产量、产率计算；对实验过程中出现的现象和问题进行一定的讨论；按实验内容分步写出实验报告和论文；最后，老师依据分步实验报告及论文的水平评判学生的成绩。

以下是以对四丁基苯酚为原料合成新型席夫碱大环配合物的一种合成路线，仅供参考。

OH —(HCHO, NaOH)→ OH OH OH —(MnO_2)→ O OH O —(en)→ N OH O / N OH O

实验49 废锌锰干电池的综合利用研究

【实验目的】

1. 进一步熟练无机物的实验室提取、制备、提纯、分析等方法与技能。
2. 了解废弃物中有效成分的回收和利用方法。
3. 独立自行设计并完成实验方案，培养和提高研究工作能力。

【实验原理与材料准备】

日常生活中用的干电池为锌锰干电池。其负极是作为电池壳体的锌电极，正极是被MnO_2（为增强导电能力，填充有炭粉）包围着的石墨电极，电解质是氯化锌及氯化铵的糊状物，其电池反应为：

$$Zn + 2NH_4Cl + 2MnO_2 \xlongequal{} Zn(NH_3)_2Cl_2 + 2MnOOH$$

在使用过程中，锌皮消耗最多，二氧化锰只起氧化作用，氯化铵作为电解质没有消耗，炭粉是填料。因而回收处理废锌锰干电池可以获得多种物质，如铜、锌、二氧化锰、氯化铵和炭棒等，实为变废为宝的一种可利用资源。

回收时，剥去电池外层包装纸，用螺丝刀撬去顶盖，用小刀挖去盖下面的沥青层，即可用钳子慢慢拔出炭棒（连同铜帽），可留作电解食盐水等的电极用。

用剪刀（或钢锯片）把废电池外壳剥开，即可取出里面黑色的物质，它为二氧化锰、炭粉、氯化铵、氯化锌等的混合物。把这些黑色混合物倒入烧杯中，加入蒸馏水（按每节1号电池加50mL水计算），搅拌、过滤、滤液用于提取氯化铵，滤渣用于制备MnO_2及锰的化合物。电池的锌壳可以用于制锌及锌盐。

【实验步骤】

查阅有关的文献资料，综合文献资料中的相关内容，结合自己对本课题的认识，提出实验方案。具体拟定操作步骤、产品性能检验方法以及实验中应注意的问题等。经指导教师审阅后进行实验。可从下列三项研究内容中选做一项。

1. 从黑色混合物的滤液中提取NH_4Cl

(1) 设计实验方案，提取并提纯NH_4Cl。

(2) 产品定性检验：证实其为铵盐；证实其为氯化物；判断有无杂质存在。

(3) 测定产品中NH_4Cl的含量。

2. 从黑色混合物的滤渣中提取MnO_2

(1) 设计实验方案，精制MnO_2。

(2) 设计实验方案，验证 MnO_2 的催化作用（对氯酸钾热分解反应有催化作用）。

(3) 试验 MnO_2 与盐酸、MnO_2 与 $KMnO_4$ 的作用（MnO_3^{2-} 的生成及其歧化反应）。

注意：所设计的实验方案或采用的装置，要尽可能避免产生实验室空气污染。

3. 由锌壳制备 $ZnSO_4 \cdot 7H_2O$

(1) 设计实验方案，以锌单质制备 $ZnSO_4 \cdot 7H_2O$。

(2) 产品定性实验：证实为硫酸盐；证实为锌盐；不含 Fe^{3+}、Cu^{2+}。

【结果与讨论】

1. 交出合格的产品，并按小论文的形式撰写研究性实验报告。
2. 对实验结果作出评价，提出改进意见。

【思考题】

1. MnO_2 与浓 HCl 作用时主要是什么物质污染实验室空气？应如何避免？
2. 由锌壳制备 $ZnSO_4 \cdot 7H_2O$ 时，如何除去 Fe^{3+}、Cu^{2+} 等杂质？

附录

附录1 常用酸碱试剂的浓度和密度

名称	含量/%	浓度/$mol \cdot L^{-1}$	密度(20℃)/$g \cdot mL^{-1}$
浓盐酸	38	12	1.19
稀盐酸	7	2	1.03
浓硫酸	98	18	1.84
稀硫酸	9	1	1.06
浓硝酸	69	16	1.42
稀硝酸	12	2	1.07
浓磷酸	85	15	1.7
稀磷酸	9	1	1.05
高氯酸	70	12	1.7
冰醋酸	99	17	1.05
稀醋酸	12	2	1.02
浓氨水	28	15	0.88
稀氨水	4	2	0.98
浓氢氧化钠	40	14	1.43

附录2 一些常用试剂的配制

试剂	配制方法
铝试剂	1g铝试剂溶于1L水中
茜素S	茜素S在乙醇中的饱和溶液
镁试剂	溶解0.01g镁试剂于1L 1$mol \cdot L^{-1}$ NaOH中
镍试剂	溶解10g镍试剂(二乙酰二肟)于1L95%的乙醇中
奈斯勒试剂	溶解115g HgI_2和80g KI于足够的水中，稀释至100mL
邻二氮菲(2%)	将2g邻二氮菲先溶于乙醇中，再用水稀释至100mL
六硝基合钴酸钠	溶解230g $NaNO_2$于500mL水中，加入165mL 6$mol \cdot L^{-1}$ HAc和30g $Co(NO_3)_2 \cdot 6H_2O$，放置24h，取其清液，稀释至1L，并保存在棕色瓶中(此溶液应呈橙色，若变成红色，表示已分解，应重新配制)
钼酸铵(0.1$mol \cdot L^{-1}$)	溶解124g $(NH_4)_6Mo_7O_{24}+H_2O$于1L水中，将所得溶液倒入1L 6$mol \cdot L^{-1}$ HNO_3中(不得相反!)，把溶液放置24h，取其澄清液
多硫化铵	加纯的硫黄于无色的硫化铵溶液中，不断搅拌至饱和，过滤，取其清液
淀粉溶液(1%)	将1g淀粉和少量冷水调成糊状，倒入100mL沸水中，煮沸后冷却即可
品红溶液	0.1%的品红水溶液

附录3 常用指示剂及配制

(1) 酸碱指示剂（18～25℃）

指示剂名称	变色pH值范围	颜色变化	溶液的配制方法
甲基紫 (第一变色范围)	0.13～0.5	黄～绿	0.1%或0.05%的水溶液
甲酚红 (第一变色范围)	0.2～1.8	红～黄	0.04g指示剂溶于100mL 50%乙醇
甲基紫 (第二变色范围)	1.0～1.5	绿～蓝	0.1%水溶液
百里酚蓝(麝香草酚蓝) (第一变色范围)	1.2～2.8	红～黄	0.1g指示剂溶于100mL 20%乙醇
甲基紫 (第三变色范围)	2.0～3.0	蓝～紫	0.1%水溶液
甲基橙	3.1～4.4	红～橙黄	0.1%水溶液
溴酚蓝	3.0～4.6	黄～蓝	0.1g指示剂溶于100mL 20%乙醇
刚果红	3.0～5.2	蓝紫～红	0.1%水溶液
溴甲酚绿	3.8～5.4	黄～蓝	0.1g指示剂溶于100mL 20%乙醇
甲基红	4.4～6.2	红～黄	0.1g或0.2g指示剂溶于100mL 60%乙醇
溴酚红	5.0～6.8	黄～红	0.1g或0.04g指示剂溶于100mL 20%乙醇
溴百里酚蓝	6.0～7.6	黄～蓝	0.05g指示剂溶于100mL 20%乙醇
中性红	6.8～8.0	红～亮黄	0.1g指示剂溶于100mL 60%乙醇
酚红	6.8～8.0	黄～红	0.1g指示剂溶于100mL 20%乙醇
甲酚红	7.2～8.8	亮黄～紫红	0.1g指示剂溶于100mL 50%乙醇
百里酚蓝(麝香草酚蓝) (第二变色范围)	8.0～9.0	黄～蓝	参看第一变色范围
酚酞	8.2～10.0	无色～紫红	0.1g指示剂溶于100mL 60%乙醇
百里酚酞	9.4～10.6	无色～蓝	0.1g指示剂溶于100mL 90%乙醇

(2) 酸碱混合指示剂

指示剂溶液的组成	变色点pH	颜色		备注
		酸色	碱色	
三份0.1%溴甲酚绿乙醇溶液 一份0.2%甲基红乙醇溶液	5.1	酒红	绿	
一份0.2%甲基红乙醇溶液 一份0.1%亚甲基蓝乙醇溶液	5.4	红紫	绿	pH5.2 红紫 pH5.4 暗蓝 pH5.6 绿
一份0.1%溴甲酚绿钠盐水溶液 一份0.1%氯酚红钠盐水溶液	6.1	黄绿	蓝紫	pH5.4 蓝绿 pH5.8 蓝 pH6.2 蓝紫
一份0.1%中性红乙醇溶液 一份0.1%亚甲基蓝乙醇溶液	7.0	蓝紫	绿	pH7.0 蓝紫
一份0.1%溴百里酚蓝钠盐水溶液 一份0.1%酚红钠盐水溶液	7.5	黄	绿	pH7.2 暗绿 pH7.4 淡紫 pH7.6 深紫
一份0.1%甲酚红钠盐水溶液 三份0.1%百里酚蓝钠盐水溶液	8.3	黄	紫	pH8.2 玫瑰色 pH8.4 紫色

(3) 金属离子指示剂

指示剂名称	解离平衡	溶液配制方法
铬黑 T (EBT)	$pK_{a2}=6.3$　$pK_{a3}=11.55$ $H_2In^- \rightleftharpoons HIn^{-} \rightleftharpoons In^{3-}$ 紫红　蓝　橙	0.5%水溶液
二甲酚橙 (XO)	$pK_a=6.3$ $H_3In^{4-} \rightleftharpoons H_2In^{5-}$ 黄　红	0.2%水溶液
K-B 指示剂	$pK_{a1}=8$　$pK_{a2}=13$ $H_2In \rightleftharpoons HIn^- \rightleftharpoons In^{2-}$ 红　蓝　紫红 (酸性铬蓝 K)	0.2g 酸性铬蓝 K 与 0.4g 萘酚绿 B 溶于 100mL 水中
钙指示剂	$pK_{a2}=7.4$　$pK_{a3}=13.5$ $H_2In^- \rightleftharpoons HIn^{2-} \rightleftharpoons In^{3-}$ 酒红　蓝　酒红	0.5%的乙醇溶液
吡啶偶氮萘酚 (PAN)	$pK_{a1}=1.9$　$pK_{a2}=12.2$ $H_2In^+ \rightleftharpoons HIn \rightleftharpoons In^-$ 黄绿　黄　淡红	0.1%的乙醇溶液
Cu-PAN (CuY-PAN 溶液)	$CuY+PAN+M^{n+} \rightleftharpoons MY+Cu\text{-}PAN$ 浅绿　无色　红色	将 0.05mol·L^{-1} Cu^{2+}溶液 10mL,加 pH5～6 的 HAc 缓冲液 5mL,1 滴 PAN 指示剂,加热至 60℃左右,用 EDTA 滴至绿色,得到约 0.025mol·L^{-1}的 CuY 溶液,使用时取 2～3mL 于试液中,再加数滴 PAN 溶液
磺基水杨酸	$pK_{a2}=2.7$　$pK_{a3}=13.1$ $H_2In \rightleftharpoons HIn^- \rightleftharpoons In^{2-}$ (无色)	1%的水溶液
钙镁试剂 (Calmagite)	$pK_{a2}=8.1$　$pK_{a3}=12.4$ $H_2In^- \rightleftharpoons HIn^{2-} \rightleftharpoons In^{3-}$ 红　蓝　红橙	0.5%的水溶液

注：EBT、钙指示剂、K-B 指示剂等在水溶液中稳定性较差，可以配成指示剂与 NaCl 之比为 1∶100 或 1∶200 的固体粉末。

(4) 氧化还原指示剂

指示剂名称	$\varphi^{\ominus'}$ / V $[H^+]=1mol\cdot L^{-1}$	颜色变化		溶液的配制方法
		氧化态	还原态	
二苯胺	0.76	紫	无色	1%的浓 H_2SO_4溶液
二苯胺磺酸钠	0.85	紫红	无色	0.5%的水溶液
N-邻苯氨基苯甲酸	1.08	紫红	无色	0.1g 指示剂加 20mL5%的 Na_2CO_3溶液,用水稀至 100mL
邻二氮菲-Fe(Ⅱ)	1.06	浅蓝	红	1.485g 邻二氮菲加 0.965g $FeSO_4$ 溶解,稀至 100mL (0.025mol·L^{-1}水溶液)
5-硝基邻二氮菲-Fe(Ⅱ)	1.25	浅蓝	紫红	1.608g 5-硝基邻二氮菲加 0.695g $FeSO_4$溶解,稀至 100mL (0.025mol·L^{-1}水溶液)

附录4　常用缓冲溶液的配制

缓冲溶液组成	pK_a	缓冲液 pH 值	缓冲溶液的配制方法
氨基乙酸-HCl	2.35 (pK_{a1})	2.3	取氨基乙酸 150g,溶于 500mL 水中后,加浓 HCl 80mL,水稀至 1L
H_3PO_4-柠檬酸盐		2.5	取 $Na_2HPO_4 \cdot 12H_2O$ 113g 溶于 200mL 水后,加柠檬酸 387g,溶解过滤后,稀至 1L
一氯乙酸-NaOH	2.86	2.8	取 200g 一氯乙酸溶于 200mL 水中,加 NaOH 40g,溶解后,稀至 1L
邻苯二甲酸氢钾-HCl	2.95 (pK_{a1})	2.9	取 500g 邻苯二甲酸氢钾溶于 500mL 水中,加浓 HCl 80 mL,稀至 1L
甲酸-NaOH	3.76	3.7	取 95g 甲酸和 NaOH 40g 于 500mL 水中,溶解,稀至 1L
NaAc-HAc	4.74	4.7	取无水 NaAc 83g 溶于水中,加冰醋酸 60mL,稀至 1L
六亚甲基四胺-HCl	5.15	5.4	取六亚甲基四胺 40g 溶于 200mL 水中,加浓 HCl 10mL,稀至 1L
Tris-HCl 三羟甲基氨甲烷$(HOCH_2)_3CNH_2$	8.21	8.2	取 25g Tris 试剂溶于水中,加浓 HCl 8mL,稀至 1L
NH_3-NH_4Cl	9.26	9.2	取 NH_4Cl 54g 溶于水中,加浓氨水 63 mL,稀至 1L

附录5　常见弱酸的解离常数(298.15K，离子强度=0)

化学式	$K_a^\ominus$	$pK_a^\ominus$	化学式	$K_a^\ominus$	$pK_a^\ominus$
H_3AsO_4	5.50×10^{-3}	2.26	H_2MnO_4	7.1×10^{-11}	10.15
$H_2AsO_4^-$	1.74×10^{-7}	6.76	HNO_2	5.62×10^{-4}	3.25
$HAsO_4^{2-}$	5.13×10^{-12}	11.29	H_3PO_4	7.59×10^{-3}	2.12
H_3AsO_3	6.00×10^{-10}	9.22	$H_2PO_4^-$	6.23×10^{-8}	7.21
H_3BO_3	5.80×10^{-10}	9.24	HPO_4^{2-}	4.80×10^{-13}	12.32
$H_2B_4O_7$	1.00×10^{-4}	4.00	$H_4P_2O_7$	1.23×10^{-1}	0.91
$HB_4O_7^-$	1.00×10^{-9}	9.00	$H_3P_2O_7^-$	7.94×10^{-3}	2.10
H_2CO_3	4.47×10^{-7}	6.35	$H_2P_2O_7^{2-}$	2.00×10^{-7}	6.70
HCO_3^-	4.68×10^{-11}	10.33	$HP_2O_7^{3-}$	4.79×10^{-10}	9.32
$HClO_2$	1.15×10^{-2}	1.94	H_2SiO_3	1.70×10^{-10}	9.77
HClO	3.98×10^{-8}	7.40	$HSiO_3^-$	1.58×10^{-12}	11.80
H_2CrO_4	1.80×10^{-1}	0.74	HSO_4^-	1.02×10^{-2}	1.99
$HCrO_4^-$	3.20×10^{-7}	6.49	H_2SO_3	1.40×10^{-2}	1.85
HCN	6.17×10^{-10}	9.21	HSO_3^-	6.31×10^{-8}	7.20
HF	6.31×10^{-4}	3.20	HSCN	1.41×10^{-1}	0.85
H_2O_2	2.4×10^{-12}	11.62	$H_2S_2O_3$	2.50×10^{-1}	0.60
H_2S	8.90×10^{-8}	7.05	$HS_2O_3^-$	1.90×10^{-2}	1.72
HS^-	1.20×10^{-13}	12.92	CH_3COOH	1.90×10^{-5}	4.76
HBrO	2.82×10^{-9}	8.55	C_6H_5COOH	6.45×10^{-5}	4.19
HIO	2.30×10^{-11}	10.64	HCOOH	1.77×10^{-4}	3.75
HIO_3	1.69×10^{-1}	0.77	$H_2C_2O_4$	5.9×10^{-2}	1.23
H_5IO_6	2.3×10^{-2}	1.64	$HC_2O_4^-$	6.46×10^{-5}	4.19

参 考 文 献

[1] 蔡维平主编．基础化学实验（一）．北京：科学出版社，2004.

[2] 罗志刚．基础化学实验技术．广州：华南理工大学出版社，2002.

[3] 王克强等．新编无机化学实验．上海：华东理工大学出版社，2001.

[4] 李铭岫．无机化学实验．北京：北京理工大学出版社，2002.

[5] 袁天佑．无机化学实验．上海：华东理工大学出版社，2005.

[6] 曹国庆．无机化学实验．上海：上海交通大学出版社，2001.

[7] 王希通等．无机化学实验．北京：高等教育出版社，1995.

[8] 王载兴等．无机化学实验．北京：高等教育出版社，1995.

[9] 史启祯，肖新亮主编．无机化学与化学分析实验．北京：高等教育出版社，1995.

[10] 钱可萍 韩志坚等编．无机化学及分析化学实验．北京：高等教育出版社，1994.

[11] 周其镇，方国女，樊行雪．大学基础化学实验（Ⅰ）．北京：化学工业出版社，2000.

[12] 大连理工大学无机化学教研室．无机化学实验．北京：高等教育出版社，2005.

[13] 北京师范大学无机化学教研室．无机化学实验．北京：高等教育出版社，2002.

[14] 武汉工程大学化工与制药学院编．大学基础化学实验．武汉：湖北科学技术出版社，2005.

[15] 华中师大，东北师大，陕西师大编．分析化学实验．第2版．北京：高等教育出版社，1991.

[16] 武汉大学化学系无机化学教研室编．无机化学实验．第2版．武汉：武汉大学出版社，1997.

[17] 华东化工学院无机化学教研室编．无机化学实验．第3版．北京：高等教育出版社，1997.

[18] 中山大学等校编．无机化学实验．第3版．北京：高等教育出版社，1999.